看 图 学 葡 萄 酒

大 师 典 藏 版

THE MASTER
GUIDE

WINE FOLLY

[美] 玛德琳·帕克特　贾斯汀·海默克-著

黄瑶-译　马会勤-审订

中信出版集团 | 北京

图书在版编目（CIP）数据

看图学葡萄酒：大师典藏版 /（美）玛德琳·帕克
特,（美）贾斯汀·海默克著；黄瑶译. -- 北京：中信
出版社, 2019.9（2024.6 重印）
书名原文：Wine Folly: Magnum Edition: The
Master Guide
ISBN 978-7-5217-0454-9

Ⅰ.①看… Ⅱ.①玛… ②贾… ③黄… Ⅲ.①葡萄酒
—基本知识 Ⅳ.①TS262.6

中国版本图书馆CIP数据核字 (2019) 第 078652 号

看图学葡萄酒：大师典藏版

著　者：[美] 玛德琳·帕克特　[美] 贾斯汀·海默克
译　者：黄　瑶
出版发行：中信出版集团股份有限公司
　　　　　（北京市朝阳区东三环北路 27 号嘉铭中心　邮编　100020）
承 印 者：北京雅昌艺术印刷有限公司

开　　本：787mm×1092mm　1/16　　印　张：19.5　　字　数：350 千字
版　　次：2019 年 9 月第 1 版　　印　次：2024 年 6 月第 6 次印刷
京权图字：01-2019-2979
书　　号：ISBN 978-7-5217-0454-9　　审 图 号：GS（2019）3522 号
定　　价：128.00 元

图书策划　小满工作室
总 策 划：卢自强　　　策划编辑：孙若琳　　　　　　　责任编辑：吕　娣
营销编辑：沈兆赫　　　装帧设计：墨中 DESIGN WORKSHOP　内文制作：常　亭

版权所有·侵权必究
如有印刷、装订问题，本公司负责调换。
服务热线：400-600-8099
投稿邮箱：author@citicpub.com

本书所受赞誉

近年来非常优秀的葡萄酒入门书。

——《华盛顿邮报》

葡萄酒是妙趣横生的。它纷繁复杂、生机勃勃、颇具意义。

它应该是你生活的一部分……这本书也一样。

——杰夫·科鲁特，侍酒大师，Guildsomm.com

玛德琳运用巧妙的图表创作了一本葡萄酒指南，

轻松地引导葡萄酒新晋爱好者更好地理解葡萄酒。

——安德鲁·沃特豪斯博士，加利福尼亚大学戴维斯分校

我希望自己刚开始接触葡萄酒时就能拥有

这样一本时髦、方便易查、极易理解的书。

——卡伦·麦克尼尔，《葡萄酒圣经》(The Wine Bible) 作者

在我们这个信息时代，它是一本生动得不可思议的葡萄酒指南，

如同一把砍开香槟的军刀，

在葡萄酒纷繁复杂的信息中独辟蹊径。

——马克·奥尔德曼，《奥尔德曼智饮葡萄酒指南》(Oldman's Guide to Outsmarting Wine)、

《如何像亿万富翁一样饮酒》(How to Drink Like a Billionaire) 作者

CONTENTS 目录

引言 INTRODUCTION

是什么让葡萄酒如此特别？它为什么被视为地球上最美妙的饮品？

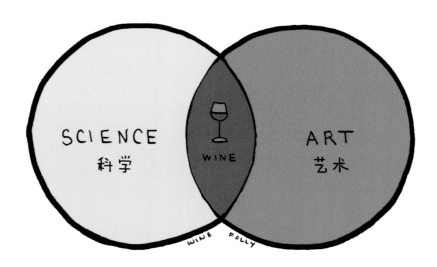

为何热爱葡萄酒？

葡萄酒令人兴趣盎然的显见原因在于其中含有少量（10%~15%）能够使人心情转变的物质——乙醇。没错，就是酒精。然而，仅有乙醇（一种简单化合物）的存在，是无法解释"为什么了解葡萄酒需要具备一定水平的科学严谨性"的。要掌握的知识有很多，其中包括葡萄酒的酿造方法、口感与风味背后的原理，更不必说其健康益处与文化传统，以及它是如何融入我们的历史与发展之中的。简而言之，葡萄酒之所以有趣，正是因为它纷繁复杂。

一个人知道的越多，不知道的就越多。

有多愿意潜心钻研，葡萄酒话题就能有多深入。正因如此，关于葡萄酒的书已经多达上百本。它们中有的学问精深，有的厚重、专业，有些则是酒鬼的托辞！

本书与上述风格都不尽相同，它是实用主义者的工具，为踏上了解葡萄酒之路的你指引方向。无论此路通向何方，它将向你展示葡萄酒的基本要素，为你提供坚实的基础。

本书的创作者？

本书由"Wine Folly.com"（葡萄酒评论家网站）的联合创始人创作。玛德琳·帕克特是一名葡萄酒侍酒师、作家、视觉设计师。贾斯汀·海默克是一名数字分析师、网页开发者、企业家。

在本书的创作过程中，一些人在审核信息的准确性上投入了一定的精力。坎成·辛德拉尔、马克·克雷格、希拉里·拉森、文森特·伦多尼、黑利·梅塞德丝与斯蒂芬·赖斯做出了非常多的贡献。信息来源可参见本书末尾的《资料来源》。

关于本书

本书的基础版曾登上《纽约时报》畅销书排行榜，
位列"亚马逊2015年度美食图书"之一，
在亚马逊网站上获得4.8星的评价，
已被译成20多种语言（甚至还有蒙古语）出版。

世界各地的葡萄酒教育工作者、
侍酒师与餐厅经理都会使用本书向人们传授葡萄酒知识。
在全球的葡萄酒教学网站中，Wine Folly.com高居访问量首位。
最棒之处在于，它是免费的。

本书并非某一个人的思想结晶。
网站的知识基础来自众多葡萄酒专家、作者、酿酒师、
科学家与医生的贡献。

大师典藏版

你会爱上这本书，如果你……

· 想要提高自身对于葡萄酒的认知，却又不知从何开始。
· 曾在葡萄酒的货架通道里面对琳琅满目的商品无从选择。
· 买到过令人失望的葡萄酒，或是曾犹豫是否该尝试新酒。
· 不确定自己喝到的是否是好酒，担心上了营销的当。

它将能帮助你……

· 学会评价葡萄酒的品质。
· 处理、盛倒、储存与陈化葡萄酒。
· 寻找可能喜欢的新酒。
· 获得专业侍酒师水平的葡萄酒知识。
· 避免买到品质低劣的葡萄酒，即便预算并不充裕。
· 更加负责任地饮用葡萄酒。
· 用美食来搭配美酒。
· 提及葡萄酒时充满自信。

本书是基础版的改良与扩充，
所包含的内容是它的两倍，
其中包括全新的章节、葡萄酒地图、信息图表以及更新后的数据。

充分利用这本书

以下是你每次尝试一款新酒时的任务：

· 积极地品尝。（第24页）
· 在本书的"葡萄与百种佳酿"章节（第66~191页）去查找葡萄酒或葡萄品种。
· 了解葡萄酒的产区。（第192~299页）
· 了解与葡萄酒搭配最佳的食物。（第52~65页）
· 获得开启葡萄酒瓶的自信。（第36页）
· 清洗酒杯，再次尝试！

SECTION

1

WINE BASIC

葡萄酒基础知识

这一部分将探索的葡萄酒基础知识包括：
· 如何酿造葡萄酒
· 如何品尝葡萄酒
· 如何侍酒
· 如何储藏葡萄酒

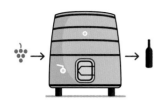

葡萄酒是由葡萄发酵而成的一种酒精饮料。严格来讲，这种酒可以由任何水果制成，但大部分是用酿酒葡萄制作的。

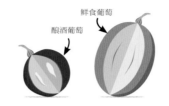

鲜食葡萄
酿酒葡萄

酿酒葡萄不同于鲜食葡萄，它更小、更甜，有籽，果皮更厚。经证明，这些特点更有利于酿酒。

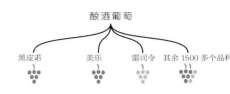

酿酒葡萄

黑皮诺　美乐　雷司令　其余 1500 多个品种

葡萄拥有数千个**不同品种**，大多数属于同一种植物 —— 葡萄（*Vitis vinifera*）—— 的栽培品种。

葡萄为多年生木本植物，一年一熟，生长地的不同气候会影响所产葡萄酒的甜度（或酸度）。

N.V.　2015　2011　1987

年份是指酿酒葡萄收获的年份。

未标明年份的葡萄酒或"NV"葡萄酒是由不同年份的酒混合调制而成的。

佳美酒

单一品种葡萄酒是主要使用或仅使用某一品种葡萄酿成的酒（例如，美乐酒、阿斯提可酒等）。

慕合怀特　西拉
　　　歌海娜

混酿葡萄酒是由不同品种的葡萄混酿而成的。

田间混酿葡萄酒是由一同收获的不同品种的葡萄混酿而成的。

起泡酒　不起泡酒　　芳香酒
　　　　　加强酒

葡萄酒可以分成不同的类型，包括**起泡酒、不起泡酒（静酒）、加强酒**与**芳香酒**（又称"味美思"）。

美国标志　　　欧盟标志

在美国，**有机葡萄酒**必须由有机种植的葡萄酿成，不添加亚硫酸盐。在欧盟，有机葡萄酒中可能含有亚硫酸盐，但其含量最大值比非有机葡萄酒中的含量最大值稍低。

三种命名方式

依据品种命名

单一品种葡萄酒（依葡萄品种命名的葡萄酒）由一种或主要由一种葡萄酿制而成。各国都要求将所涉品种的最低含量标注在酒瓶上。

75%
美国

85%
澳大利亚、奥地利、阿根廷、智利、法国、德国、意大利、新西兰、葡萄牙、南非、匈牙利、希腊、加拿大

依据产区命名

依据产区命名的葡萄酒要遵循该地区严格的法律规定，标明酿酒的葡萄。比如，桑塞尔酒主要由长相思葡萄酿成。

依据产区命名的方式在以下国家十分普遍：

- 法国
- 意大利
- 西班牙
- 葡萄牙
- 希腊
- 匈牙利

依据自造名称命名

这类葡萄酒使用的是自造名称。

该名称既可以是酒庄创造出来的，用于指代某种特殊的调配葡萄酒，也可以是某处葡萄庄园的名称或地名。

比如，"Les Clos"（雷克罗）就是法国夏布利的一处葡萄庄园。

与饮酒有关的事实

一杯葡萄酒的**标准容量**为 5 盎司。一瓶标准葡萄酒（750 毫升）可倒 5 杯。

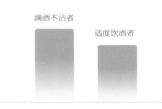

据美国心脏协会，适度饮酒者的**心脏病**发病率低于滴酒不沾者。

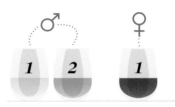

何为"适度"？美国癌症协会建议男性每日饮酒不超过 2 杯（每周 14 杯），女性每日不超过一杯（每周 7 杯）。

要是我在开派对怎么办？男性一天之内饮酒不应超过 3 杯。女性不应超过 2 杯。可以戒酒一天，弥补杯数上的差异。

酒后头痛的主要原因不在于亚硫酸盐——而是脱水！另一主要原因被认为是发酵所衍生的生物胺，例如酪胺。

要想避免饮酒带来的**头痛**，每喝一杯酒可饮用 8 盎司（约 250 毫升）的水。

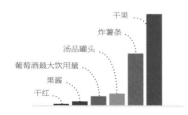

若亚硫酸盐含量超过 10ppm（百万分之十），葡萄酒的标签中会进行标注。该含量的法定上限为 350ppm，大部分介于 50ppm~150ppm 之间。与此相比，一罐苏打水的亚硫酸盐含量为 350ppm。

通常，**红葡萄酒的亚硫酸盐含量低于白葡萄酒**。干型葡萄酒的亚硫酸盐含量低于甜型葡萄酒。在大多数情况下，较低品质葡萄酒的亚硫酸盐含量会高于较高品质的葡萄酒。

葡萄酒中的卡路里？一杯酒精含量为 13%ABV 的标准容量干型酒不含碳水化合物，包含 103 卡路里。一杯甜度为 5%、酒精含量为 13%ABV 的甜型酒含有 29 克碳水化合物（来自糖分）和 132 卡路里。

一瓶酒的组成

水 →

5 杯
一瓶标准装 750 毫升葡萄
酒可倒 5 杯。

卡路里

405 干型
10%ABV（81 卡路里 / 5 盎司）

455 干型
12%ABV（91 卡路里 / 5 盎司）

555 干型
14%ABV（110 卡路里 / 5 盎司）

600 干型
16%ABV（120 卡路里 / 5 盎司）

1080 甜型
20%ABV（108 卡路里 / 3 盎司）

酒精
乙醇

其他
物质

酸（酒石酸、苹果酸等）　　　　　　　氨基酸

亚硫酸盐　　　　　　　　　　　　　　酯类

糖醇

其他醇类　　　　　　　　　　　　　　矿物质（钙、镁、磷、钠、铁等）

红葡萄酒中
的其他成分

酚类（单宁酸、花青素、黄烷醇等）

甘油　　　　　　　　　　　　　　　　糖

挥发性酸（醋酸等）

乙醛

13

WINE TRAITS · 葡萄酒的特征

了解葡萄酒的各个特征是如何影响其品质与口感的。本书会通过5点来描述葡萄酒的特征：酒体、甜度、单宁、酸度与酒精。

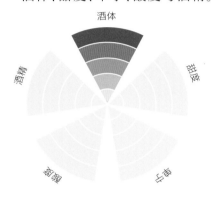

酒体等级 1~5

以某种葡萄酒的单宁、酒精和甜度与其他葡萄酒相比较为基础，本书将葡萄酒的酒体分为 1 至 5 级。

感受酒体

品鉴葡萄酒时，可将葡萄酒"轻盈"与"饱满"酒体之间的区别想象成脱脂与全脂牛奶之间的区别。

酒体

酒体并不是一个科学术语，而是依据葡萄酒的浓郁度，从最低到最高进行分类的方法。

分辨酒体的"轻盈"与"饱满"和分辨牛奶的脱脂与全脂类似：牛奶中的脂肪越多，口感就越厚重。

尽管这一概念适用于所有饮料，尤其是葡萄酒，但是味觉感受器在感受葡萄酒酒体时，我们还会使用到单宁、甜度、酸度与酒精这些特征。

每一特征对葡萄酒酒体的影响都稍有不同：

· 单宁会增加葡萄酒的酒体。鉴于红葡萄酒含有单宁，而白葡萄酒不含，红葡萄酒的口感往往比白葡萄酒更加厚重。
· 甜度会增加葡萄酒的酒体。这就是甜型葡萄酒为何往往比干型葡萄酒喝起来更加饱满的原因，也是某些干型葡萄酒为了增加酒体而时常要维持一定甜度的原因。
· 酸度会减少葡萄酒的酒体。
· 酒精会增加葡萄酒的酒体。和酒精度较低的葡萄酒相比，酒精度较高的葡萄酒（包括加强型葡萄酒）喝起来更饱满，原因就在于此。
· 碳酸饱和度会减少葡萄酒的酒体。起泡型葡萄酒通常比不起泡型葡萄酒的口感更轻盈，正是这个原因。

在酒体方面，酿酒商还有许多其他的把戏可耍，比如选择橡木桶来陈化葡萄酒，或是使用氧化酒来进行陈化，以增加葡萄酒的酒体。我们会在"如何酿造葡萄酒"（第44~51页）中进一步讨论葡萄酒的酿造方法。

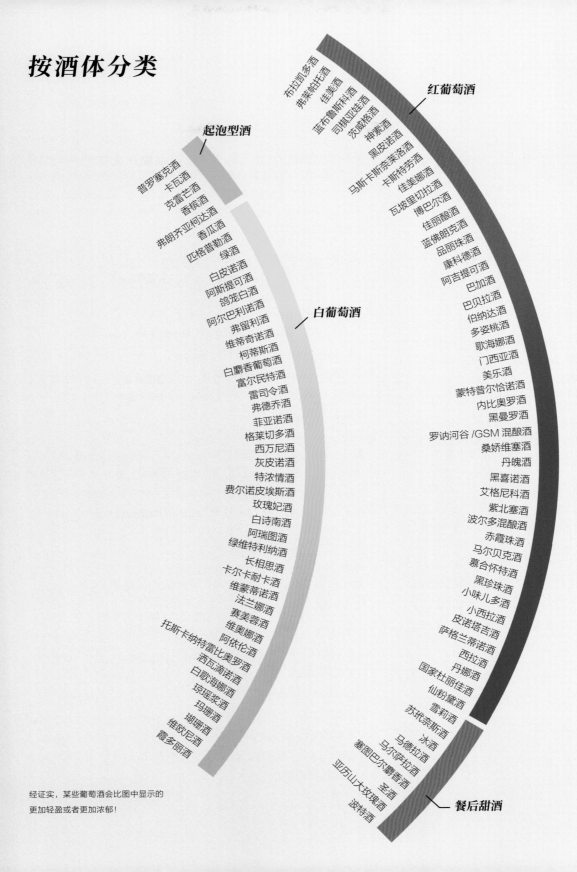

按酒体分类

起泡型酒

红葡萄酒

白葡萄酒

餐后甜酒

经证实，某些葡萄酒会比图中显示的
更加轻盈或者更加浓郁！

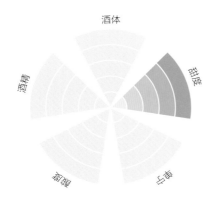

酒体 酒精 涩感 单宁 甜度

甜度等级 1~5

本书以通常可以被感知的甜度水平为基础，为葡萄酒划分等级。鉴于葡萄酒的甜度是有可能被控制的，你看到的也许是一个范畴。

| 2.7 pH 酸度较高 | 3 pH 酸度较低 |
| 17 克/升 残糖 | 17 克/升 残糖 |

口感更甜

我们对甜度的感知并非十分准确

准确地感知葡萄酒的甜度是十分困难的，因为葡萄酒的其他特征会扭曲我们的感觉！举例而言，单宁和／或酸度更高的葡萄酒口感就没有实际上那么甜。

甜度

葡萄酒中的糖被称为"残糖"（RS），是葡萄酒发酵完成后残留的未发酵糖。

葡萄酒的甜度范围十分广泛，从完全没有甜味——0 克／升到 600 克／升。举例而言，牛奶的残糖量约为 50 克／升，可口可乐约为 113 克／升。糖浆几乎全部是糖，残糖量为 70% 或 700 克／升。残糖量越高，葡萄酒越黏稠。比如，一瓶百年历史的佩德罗－希梅内斯酒流动的速度就和枫糖浆一样缓慢！

不起泡型葡萄酒（静酒）

大部分专业人士在形容葡萄酒的甜度水平时都会使用以下这些常用语：

· **极干型**（Bone Dry）：每杯 0 卡路里（<1 克／升）
· **干型**（Dry）：每杯 0~6 卡路里（1~17 克／升）
· **半干型**（Off-Dry）：每杯 6~21 卡路里（17~35 克／升）
· **半甜型**（Medium Sweet）：每杯 21~72 卡路里（35~120 克／升）
· **甜型**（Sweet）：每杯 72+ 卡路里（>120 克／升）

这里指的是残糖的卡路里。

在品糖方面，我们的味蕾并非十分敏感。干型葡萄酒的残糖量通常可达 17 克／升，即每杯 6 卡路里的糖。因此，如果你试图计算碳水化合物，可以尽力在网上寻找一张"技术参数表"——酒厂通常会在其中列出酒的残糖量。

起泡型葡萄酒

与静酒不同，起泡型葡萄酒（包括香槟酒、普罗塞克酒和卡瓦酒）在制酒的最后一步会添加少量的糖——通常是以浓缩葡萄汁的形式。因此，起泡型葡萄酒的酒瓶上肯定会标示其甜度水平：

· **天然干型**（Brut Nature）：0~3 克／升（无添加糖）
· **超天然干型**（Extra Brut）：0~6 克／升
· **天然型**（Brut）：0~12 克／升
· **极干型**（Extra Dry）：12~17 克／升
· **干型**（Dry）：17~32 克／升
· **半干型**（Demi-Sec）：32~50 克／升
· **甜型**（Doux）：超过 50 克／升

甜度水平

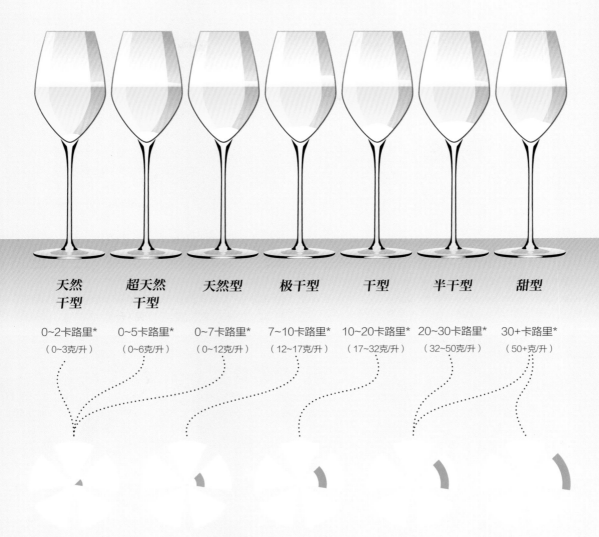

天然 干型	超天然 干型	天然型	极干型	干型	半干型	甜型
0~2卡路里*	0~5卡路里*	0~7卡路里*	7~10卡路里*	10~20卡路里*	20~30卡路里*	30+卡路里*
（0~3克/升）	（0~6克/升）	（0~12克/升）	（12~17克/升）	（17~32克/升）	（32~50克/升）	（50+克/升）

极干型	干型	半干型	甜型	极甜型
0卡路里*	0~10卡路里*	10~21卡路里*	21~72卡路里*	72+卡路里*
（不到1克/升）	（1~17克/升）	（17~35克/升）	（35~120克/升）	（120+克/升）

*5盎司葡萄酒的卡路里。

单宁等级 1~5

年份新的葡萄酒单宁含量高。本书基于葡萄酒口感的苦涩程度来为单宁分级。单宁含量在酿酒的过程中是可控的，并会随着葡萄酒的陈化而降低。

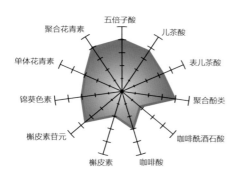

酚类物质表

这张雷达图显示的是一瓶黑皮诺酒所含的酚类物质分析：

· **儿茶酸**与表儿茶酸属于浓缩单宁，都是"有益"的单宁。

· **锦葵色素**和单体花青素赋予了葡萄酒红润的色泽。

· **咖啡酰酒石酸**和咖啡酸被认为是白葡萄酒色泽的来源。

· **五倍子酸**来自葡萄籽，但大部分源于橡木桶陈化。

· **槲皮素**与花青素起反应，能使颜色变深。

单宁

单宁在葡萄酒的品质中扮演着十分重要的角色，是葡萄酒有益健康的主要原因。然而，单宁也许是葡萄酒所有特征中最不受欢迎的特征之一。为什么？很简单：因为单宁的口感是苦涩的。

何为单宁？

单宁是自然存在于种子、树皮、木头、树叶和果皮中的多酚，在许多植物与食物中都能找到，尤其是绿茶、超黑巧克力、胡桃皮与八屋涩柿。在葡萄酒中，单宁存在于葡萄皮与葡萄籽中，也存在于木桶之中。单宁是有益的，因为它们有助于葡萄酒的稳定性，还能减缓氧化。

感受单宁

想要亲自感受纯粹的单宁？在舌头上放置一个湿润的茶包，你所感受到的那种苦涩就是单宁的味道！

在葡萄酒中，单宁有些难以察觉，近似某种会让双唇粘在牙齿上的沙质干涩感。本书将按照单宁的苦涩程度、余味的持久度，将其等级划分为 1 至 5 级。

单宁与健康

许多科学研究都曾发现单宁对于健康的作用。大部分研究表明，单宁具有以下益处：

· 原花青素（即浓缩单宁）能够抑制胆固醇，从而有益于对抗心脏疾病。

· 在有盖培养皿中，鞣花单宁（存在于橡木桶中）能够阻止癌细胞的扩散。

· 在实验老鼠身上，鞣花单宁还有降低脂肪肝、对抗肥胖的效果。

· 在人类实验中，儿茶酸和表儿茶酸（原花青素的两种）能够降低总胆固醇，提高"有益"胆固醇（高密度脂蛋白胆固醇）与"有害"胆固醇（低密度脂蛋白胆固醇）的比率。

· 不过，尚无研究发现单宁会引发头痛或偏头疼。当然，学无止境！

葡萄酒中的单宁

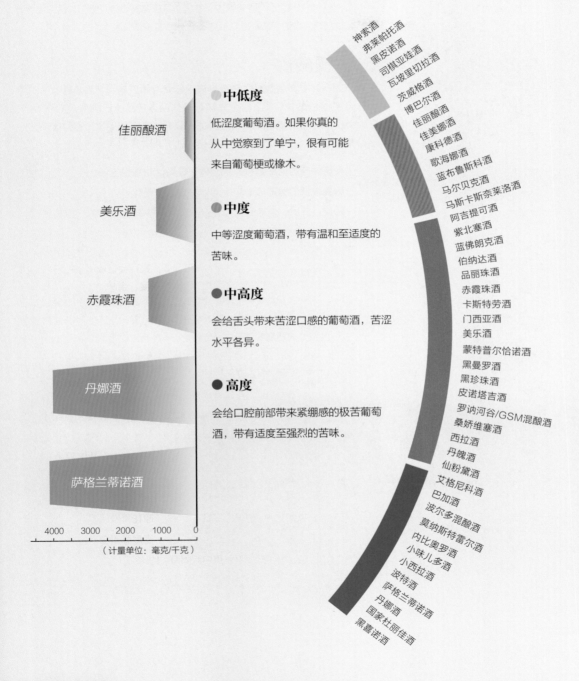

●中低度

低涩度葡萄酒。如果你真的
从中觉察到了单宁，很有可能
来自葡萄梗或橡木。

●中度

中等涩度葡萄酒，带有温和至适度的
苦味。

●中高度

会给舌头带来苦涩口感的葡萄酒，苦涩
水平各异。

●高度

会给口腔前部带来紧绷感的极苦葡萄
酒，带有适度至强烈的苦味。

佳丽酿酒

美乐酒

赤霞珠酒

丹娜酒

萨格兰蒂诺酒

4000 3000 2000 1000 0

（计量单位：毫克/千克）

神索酒
弗莱帕托酒
黑皮诺娃酒
司棋亚切拉酒
瓦坡里切拉酒
茨威格酒
博巴尔酒
佳丽酿酒
佳美娜酒
佳美德酒
康科德酒
歌海娜酒
蓝布鲁斯科酒
马尔贝克酒
马斯卡斯奈莱洛酒
阿吉提可酒
紫北塞酒
蓝佛朗克酒
伯纳达酒
品丽珠酒
赤霞珠酒
卡斯特劳酒
门西亚酒
美乐酒
蒙特普尔恰诺酒
黑曼罗酒
黑珍珠酒
皮诺塔吉酒
罗讷河谷/GSM混酿酒
桑娇维塞酒
西拉酒
丹魄酒
仙粉黛酒
艾格尼科酒
巴加酒
波尔多混酿酒
莫纳斯特雷尔酒
内比奥罗酒
小味儿多酒
小西拉酒
波特酒
萨格兰蒂诺酒
丹娜酒
国家杜丽佳酒
黑喜诺酒

某些葡萄酒中的单宁含量
比本图中显示的更多或更少。

19

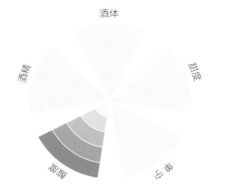

酒体

酒精

甜度

单宁

苦涩

酸度等级 1~5

本书将按葡萄酒中可以被感知的酸度或其代表性口感的酸度进行排列。

凉爽气候下酿造的
雷司令酒

葡萄酒的酸度范围

炎热气候下酿造的
西拉酒

葡萄酒较之其他食物

高酸度葡萄酒的口感与柠檬不相上下，pH 值约为 2.6。低酸度葡萄酒的口感也许和希腊酸奶一样平淡，酸碱度约为 4.5。

酸度

酸度赋予了葡萄酒酸涩的味道。所有的葡萄酒都呈酸性，pH 值为 3~4（水为中性，酸碱度为 7）。酸度在葡萄酒的特征中尤为重要，因为它能减缓导致葡萄酒变质的化学反应速度。

感受酸度

想象一下饮用柠檬汁。注意到自己猛然溢满口水、紧皱嘴唇、嘴巴四周刺痛的感觉了吗？那就是酸在起作用。在品酒记录中，充满活力、明快、酸涩、刺激、清爽之类的形容词时常会被用来形容酸度较高的葡萄酒。

· 酸度较高的葡萄酒尝起来酒体更轻盈，甜感也更低。

· 酸度较低的葡萄酒尝起来酒体更饱满、更甜。

· 酸度过低时，葡萄酒通常会被形容为口感单调、乏味、温和或无力。

· 酸度过高时，葡萄酒通常会被形容为口感辛辣、强烈或太过酸涩。

· 酸碱度为 4 以上的葡萄酒（低酸）不如酸碱度在 4 以下的葡萄酒稳定，更有可能变质。

因此，下一次品尝葡萄酒时，可以注意酒是如何让嘴巴分泌唾液、产生刺痛感的。通过实践，你就能在脑海中创造出属于自己的酸度基准。当然，人各有所好——有些人会比其他人更嗜酸。

葡萄酒中的酸

葡萄酒中最普遍的酸为酒石酸（较为柔和，存在于香蕉中）、苹果酸（带有果味，存在于苹果中）和柠檬酸（会引发刺痛，存在于柑橘类果实中）。当然，酸的种类还有许多，每一种都会以不同的方式影响口感。普遍而言：

· 随着葡萄酒年份的增加，酸会发生变化，最终大部分变为乙酸（醋中最主要的酸）。

· 有些（气候较为炎热的）地方允许加酸，通过酸添加物（粉状酒石酸与苹果酸）来增加酸度。大部分注重品质的酿酒商都会尽量少用这种方式。

· 葡萄酒的总酸介于 4%~12% 之间（起泡型葡萄酒的总酸度偏高）。

葡萄酒的酸度

酸碱度 vs 酸度

酸碱度较低（即远离中性）的葡萄酒口感更酸。

准确地说，酸碱度衡量的不是葡萄酒中酸的量，而是游离氢离子的浓度。对于我们的味觉感受器来说，氢离子的味道就是酸味。

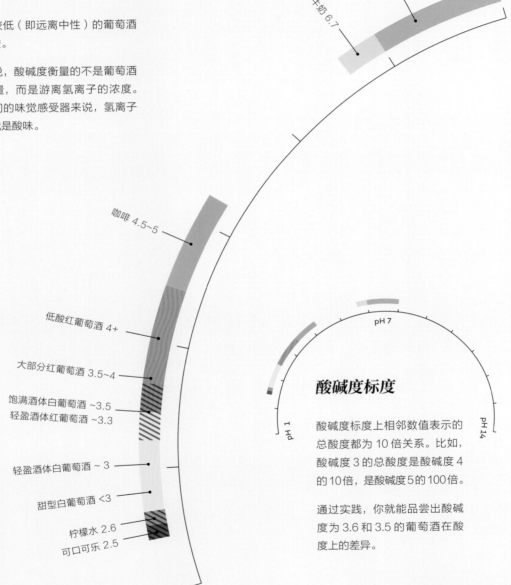

水 7

牛奶 6.7

咖啡 4.5~5

低酸红葡萄酒 4+

大部分红葡萄酒 3.5~4

饱满酒体白葡萄酒 ~3.5
轻盈酒体红葡萄酒 ~3.3

轻盈酒体白葡萄酒 ~ 3

甜型白葡萄酒 <3

柠檬水 2.6
可口可乐 2.5

pH 7

pH 1

pH 14

酸碱度标度

酸碱度标度上相邻数值表示的总酸度都为 10 倍关系。比如，酸碱度 3 的总酸度是酸碱度 4 的 10 倍，是酸碱度 5 的 100 倍。

通过实践，你就能品尝出酸碱度为 3.6 和 3.5 的葡萄酒在酸度上的差异。

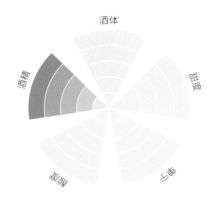

酒精等级 1~5

本书将按照葡萄酒中的普遍酒精含量进行分级：

1= 低酒精度，5%~10%ABV

2= 中低酒精度，10%~11.5%ABV

3= 中酒精度，11.5%~13.5%ABV

4= 中高酒精度，13.5%~15%ABV

5= 高酒精度，超过 15%ABV

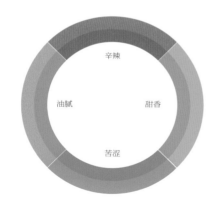

酒精的口感

我们在感受酒精时会用到许多味觉感受器，这也是酒精的口感为何既苦涩又甜香、既辛辣又油腻的原因。基于基因的差异，有些人会觉得酒精发苦，而其他人会觉得甜。

酒精

葡萄酒的乙醇含量多为 12%~15%。这种简单化合物对于葡萄酒的口感、陈年潜力以及人类健康都具有深刻的影响。

酒精与健康

适度也许是"健康"饮酒的关键，但究竟何为适度？这个概念十分简单：饮酒不要超出身体所能代谢的量。

乙醇在肝脏和胃部代谢时会变成毒素。在此过程中，氢原子会从乙醇分子中剥离，使乙醇变为乙醛。大量乙醛是有毒的（酗酒致命的原因就在于此），不过人体能够利用酶来代谢小部分乙醛。

当然，个人的生理机能有所不同。基于自身特点，你可能需要比别人少饮酒。打个比方来说：

· 女性的乙醇脱氢酶少于男性。因此，不建议女性过多饮酒。

· 某些人（比如那些拥有东亚和美洲印第安血统的人）体内的酶就不善于代谢乙醛。如果你饮酒时容易起皮疹、脸红、头痛和恶心，那就计划进一步节制饮酒。

· 酒精在消化过程中有可能引发轻微的血糖上升，但最终会导致血糖下降。因此，如果正在接受血糖异常（糖尿病）的治疗，应格外谨慎。

· 某些人无法控制自己的饮酒量（一杯接一杯，总是没完没了）。如果你的情况如此，自制也许是最好的解决方法。你并不是一个人：在美国，每 16 个人中就有 1 人受到酗酒问题的困扰。

葡萄酒中的酒精

葡萄酒的酒精度与葡萄的甜度存在直接关系。葡萄越甜，酒精度可能越高。

在某些气候凉爽的地方，葡萄并非总能成熟，因此通过添加糖分的方式来增加酒精度是合法的。这种做法被称为"加糖"，在法国和德国等地是允许的。许多人对加糖存在争议，因为它直接"篡改"了葡萄酒成品。因此，大部分注重品质的葡萄酒制造者都会避免这样的做法。

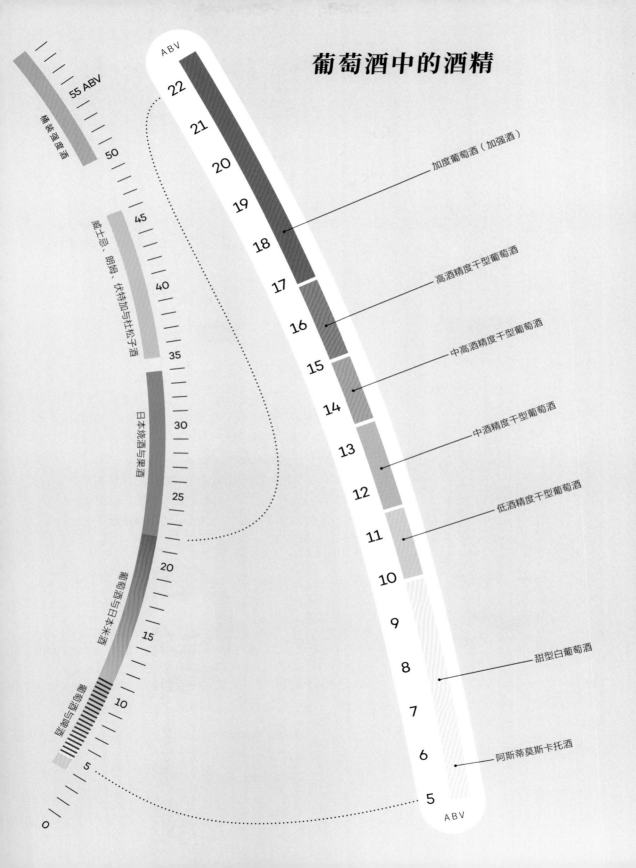

葡萄酒中的酒精

TASTING WINE · 品 尝 葡 萄 酒

想要成为一位伟大的品酒师，你不需要什么大鼻子或是特殊数量的味蕾，仅仅依赖不断积累的品鉴技巧就可以。你尝试的每一瓶新酒都是一次练习的机会！

本章所述的"四步品酒法"正是葡萄酒专业人士使用的技巧。它简单易学，需要实践方能掌握。该方法的基本步骤如下：

观色

在自然光线下将酒杯举到白色背景前，从三方面进行观察：

· 色泽

· 颜色深度

· 黏稠度

闻香

闻杯中的酒，尝试在品酒之前对其香气做一番描述，找寻：

· 两三种水果风味（描述性的）

· 两三种草本或其他风味

· 任何橡木或泥土风味（如果存在）

品味

大口啜上一口酒，在吞咽之前让其流经上腭各处。试着分辨：

· 葡萄酒的结构（单宁、酸度等）

· 味道

· 葡萄酒的综合平衡

归纳

终于，是时候将所得拼凑起来，对整个体验进行评估了。

· 写下你的品鉴笔记

· 对葡萄酒进行评价（可选）

· 与其他葡萄酒进行对比（可选）

观色

色泽与颜色深度

白葡萄酒：白葡萄酒的颜色较深，通常显示酒的陈化或氧化。举例而言，用橡木桶陈化的白葡萄酒就比用不锈钢容器陈化的葡萄酒颜色更深，因为后者隔绝了氧气。

桃红葡萄酒：鉴于桃红葡萄酒的颜色深度可由酿酒商操控，颜色越深只意味着葡萄皮在葡萄酒中浸渍的时间越长。

红葡萄酒：观察酒液边缘的色调，再观察酒液的中央，察看其颜色的不透明度。

· 色泽泛红的葡萄酒可能酸度较高（pH 值更低）。
· 色泽更紫或更蓝的葡萄酒酸度较低。
· 颜色深、不透明的红葡萄酒可能年份短，单宁含量较高。
· 红葡萄酒的年份越久，色泽越浅，呈黄褐色。

黏稠度

黏稠度越高的葡萄酒酒精含量或残糖量越高，抑或两者都高。

挂杯 / 酒泪：葡萄酒的"挂杯"或"酒泪"是一种被称为"吉布斯 – 马兰哥尼"的效应，由酒精蒸发所引起的液体表面张力造成。在受控环境下，"挂杯"多代表葡萄酒的酒精含量更高，它会受温度与湿度的影响。

沉淀物：未经过滤的葡萄酒通常会在杯底留下颗粒。这些颗粒并无害处，通过不锈钢过滤器（例如滤茶器）便可轻易去除。

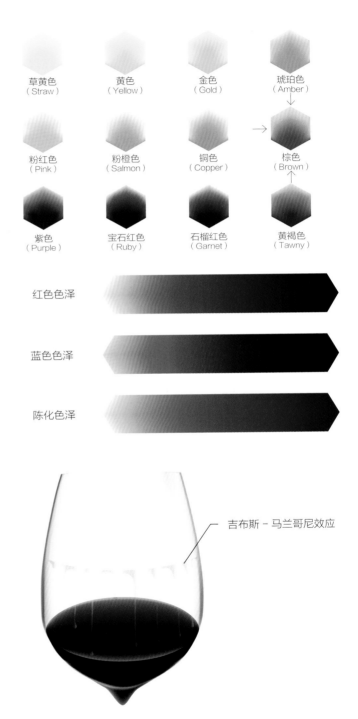

草黄色（Straw） 黄色（Yellow） 金色（Gold） 琥珀色（Amber）

粉红色（Pink） 粉橙色（Salmon） 铜色（Copper） 棕色（Brown）

紫色（Purple） 宝石红色（Ruby） 石榴红色（Garnet） 黄褐色（Tawny）

红色色泽

蓝色色泽

陈化色泽

吉布斯 – 马兰哥尼效应

葡萄酒的颜色

淡草黄色（Pale Straw）
绿酒、密斯卡岱酒、弗德乔酒

中度草黄色（Medium Straw）
雷司令酒、特浓情酒、莫斯卡托酒

深草黄色（Deep Straw）
阿尔巴利诺酒、维蒂奇诺酒

浅黄色（Pale Yellow）
绿维特利纳酒

中度黄色（Medium Yellow）
长相思酒、赛美蓉酒、维蒙蒂诺酒

深黄色（Deep Yellow）
索泰尔讷酒、陈年雷司令酒

浅金色（Pale Gold）
白诗南酒、灰皮诺酒

中度金色（Medium Gold）
维欧尼酒、特雷比奥罗酒

深金色（Deep Gold）
霞多丽酒、陈年白里奥哈酒

浅铜色（Pale Copper）
普罗旺斯桃红酒、灰皮诺酒

浅琥珀色（Pale Amber）
橙酒、白波特酒

中度琥珀色（Medium Amber）
托卡伊奥苏酒、圣酒

深琥珀色（Deep Amber）
茶色波特酒、圣酒

中度铜色（Medium Copper）
黑皮诺桃红酒

浅棕色（Pale Brown）
陈年白酒、雪莉酒

中度棕色（Medium Brown）
雪莉酒、白波特酒

深棕色（Deep Brown）
佩德罗－希梅内斯酒

深铜色（Deep Copper）
堤布宏桃红酒、西拉桃红酒

26

利用本图分辨与明确你所品
鉴的葡萄酒色泽与颜色深度。

本图所包含的例子旨在帮助
你入门，并不详尽。

注意： 经过色彩校正的本图
海报可在 winefolly.com 在
线获得。

浅粉红色（Pale Pink）
邦多勒桃红酒

中度粉红色（Medium Pink）
歌海娜桃红酒

深粉红色（Deep Pink）
塔维尔酒

浅紫色（Pale Purple）
佳美酒、瓦坡里切拉混酿酒

中度紫色（Medium Purple）
马尔贝克酒、西拉酒、特洛迪歌酒

深紫色（Deep Purple）
紫北塞酒、皮诺塔吉酒

浅粉橙色（Pale Salmon）
普罗旺斯桃红酒、白仙粉黛酒

浅宝石红色（Pale Ruby）
黑皮诺酒

中度宝石红色（Medium Ruby）
丹魄酒、GSM 混酿酒

深宝石红色（Deep Ruby）
赤霞珠酒、丹娜酒

中度粉橙色（Medium Salmon）
桑娇维塞桃红酒

浅石榴红色（Pale Garnet）
内比奥罗酒

中度石榴红色（Medium Garnet）
陈年红酒、蒙塔尔奇诺布鲁奈罗酒

深石榴红色（Deep Garnet）
陈年阿玛罗尼酒、巴罗洛酒

深粉橙色（Deep Salmon）
西拉桃红酒、美乐桃红酒

浅黄褐色（Pale Tawny）
茶色波特酒、陈年内比奥罗酒

中度黄褐色（Medium Tawny）
陈年桑娇维塞酒、布尔马德拉酒

深黄褐色（Deep Tawny）
陈年年份波特酒

闻香

葡萄酒含有数百种香气成分。分辨某种香气的最佳方法是在品尝前嗅闻一番。

将鼻子放置于酒杯上方，缓缓拉近，直到可以辨认出某些气味。

杯口上缘的优雅花香会更加浓郁，下缘则是果香更加浓郁。

旋转葡萄酒能使香气集中。

闻香技巧

将酒杯举到鼻子下方，轻轻嗅一嗅，让感官"做好准备"。然后，旋转葡萄酒，缓慢而优雅地轻吸一次。在若有所思地嗅闻与停顿转换间，给自己留出分辨每一种香气的时间。

寻找什么

果香：首先，试着挑出一种果香，然后看看自己能否加入一个形容词。如果你闻到的是草莓香，那么它是哪种草莓呢？新鲜的，成熟的，烂熟的，还是风干的？以两三种果香为目标就够了。

草本/其他香气：某些葡萄酒比其他酒更可口，拥有包括草本香、花香与矿物味在内的许多非果类香气。细细描述一下。没有哪种答案是错误的！

橡木香：如果某种葡萄酒拥有香草、椰子、甜胡椒、牛奶巧克力、可乐、雪松、莳萝或是烟草的香气，那么它可能曾被放置在橡木桶中陈化过！不同种类的橡木（以及不同的橡木制备方法）会带来不同的香味。美国橡木（白栎）通常会有更多的莳萝、椰子香味，但欧洲橡木（白橡木）的香草、甜胡椒与肉豆蔻的香气更浓。

泥土气味：你如果闻到了泥土气味，就试着弄清它闻起来是有机的（壤土、蘑菇、森林地被物），还是无机的（板岩、白垩、碎砾石、黏土）。人们认为，这些香气源自微生物，可为葡萄酒的来源提供线索。记下你所闻到的泥土气味种类，以及它是有机的还是无机的。

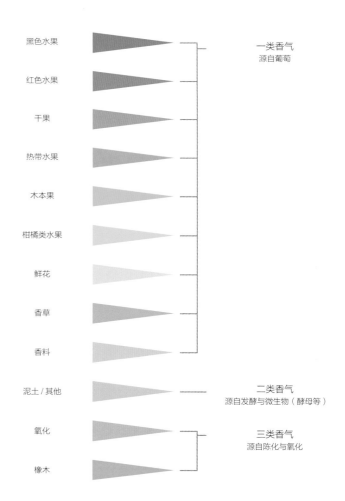

黑色水果
红色水果
干果
热带水果
木本果
柑橘类水果
鲜花
香草
香料

一类香气
源自葡萄

泥土/其他

二类香气
源自发酵与微生物（酵母等）

氧化

三类香气
源自陈化与氧化

橡木

葡萄酒的瑕疵

在餐厅里品尝试饮葡萄酒，就是在检查葡萄酒的瑕疵！导致这些瑕疵的原因通常是储存与处理不当。下文列举的就是葡萄酒最常见的瑕疵，以及如何将它们一一辨别出来。

软木塞污染

（三醋酸纤维素，2，4，6-三氯苯甲醚，总胆汁酸等）

如果葡萄酒闻起来有强烈的潮湿硬纸板、落水狗或地下室发霉的气味，那就是软木塞变质了。这一瑕疵可能是由软木塞接触氯而引起的。使用软木塞的酒瓶中有 1%~3% 会受其影响。餐厅中大部分的侍酒师都能帮助辨别这一瑕疵。没有什么简单的解决方法，将酒退回即可。

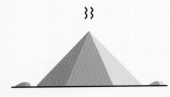

还原反应

（还原反应、硫醇、含硫化合物）

如果葡萄酒闻起来有大蒜、熟卷心菜、腐烂的鸡蛋、熟玉米或燃烧过的火柴异味，便是有了硫黄味道，也即还原反应。制作葡萄酒的过程中氧气不足便会出现还原反应。醒酒能够大大改善葡萄酒的气味，如若不行，可以尝试用银汤匙搅拌葡萄酒。如果这种做法也无用，可以将酒退回。

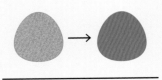

氧化

（葫芦巴内酯及各种醛）

如果葡萄酒闻起来有碰伤后的苹果、菠萝蜜与亚麻籽油的明显气味，看起来还带有些许棕色（却不是陈年马尔萨拉酒或马德拉酒），那就是被氧化了。所有葡萄酒随着时间都会氧化，但储存条件不当会导致氧化提前。在将酒退回之前，可以试着弄清它是否理应氧化。

挥发性酸

（挥发性酸、醋酸、乙酸乙酯）

如果葡萄酒闻起来有明显的醋味或卸甲水味，很有可能是受到了挥发性酸的影响。按照法律规定，每升葡萄酒可以含有 1.2 克的挥发性酸。少量挥发性酸有助于丰富葡萄酒的口感。即便如此，有些人对于挥发性酸极度敏感，不喜欢它。如果你的情况正是如此，看看能否将其换成不同的葡萄酒。

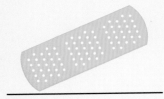

酒香酵母

（又被称为"布雷特"）

如果葡萄酒闻起来有类似创可贴、被汗水浸湿的鞍皮、谷仓院落或是小豆蔻的气味，里面就含有酒香酵母。这是一种野生酵母，能够与葡萄酒酵母（酿酒酵母）一同发酵。从严格意义上来说，它并非有害，有些酒厂会毫无保留地接受它。许多品酒者都很享受酒香酵母的加入带来的充满泥土气息的淳朴香味。其他人则对它嗤之以鼻。如果你不喜欢，可以尝试换饮其他的酒。

紫外线破坏

（又被称为"光线破坏"）

光线破坏发生在葡萄酒暴露于直射阳光或被长时间遗留在人造光下之时。光线会加剧葡萄酒中的化学反应，从而引起过早陈化。白葡萄酒与起泡型葡萄酒最容易受其影响。可以将酒退回。

葡萄酒的香气

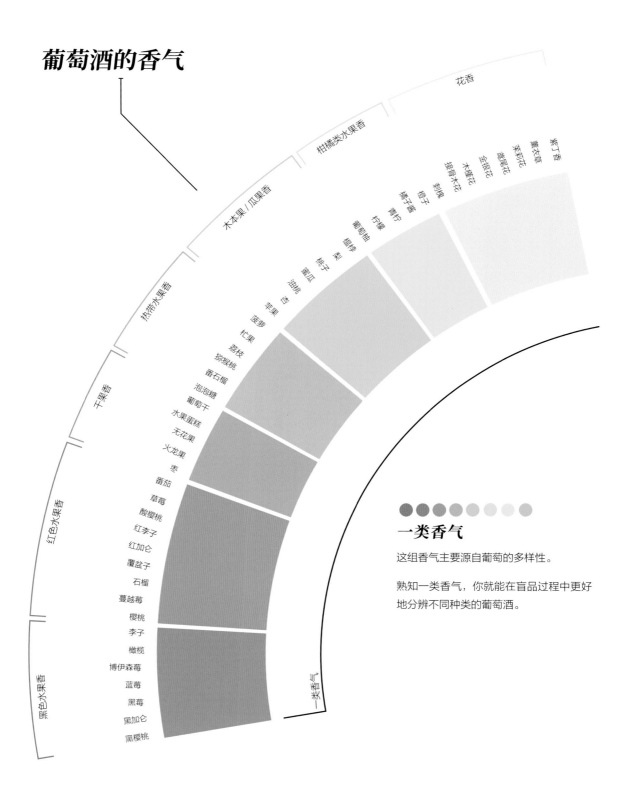

花香

柑橘类水果香

木本果/瓜果香

热带水果香

干果香

红色水果香

黑色水果香

紫丁香
薰衣草
雪兰花
茉莉花
金银花
木槿花
接骨木花
刺槐
橙子酱
橙子
青柠
柠檬
葡萄柚
蜜瓜
梨
桃子
油桃
苹果
菠萝
杧果
荔枝
猕猴桃
番石榴
泡泡糖
葡萄干
水果蛋糕
无花果
火龙果
枣
番茄
草莓
酸樱桃
红李子
红加仑
覆盆子
石榴
蔓越莓
樱桃
李子
橄榄
博伊森莓
蓝莓
黑莓
黑加仑
黑樱桃

一类香气

一类香气

这组香气主要源自葡萄的多样性。

熟知一类香气，你就能在盲品过程中更好地分辨不同种类的葡萄酒。

30

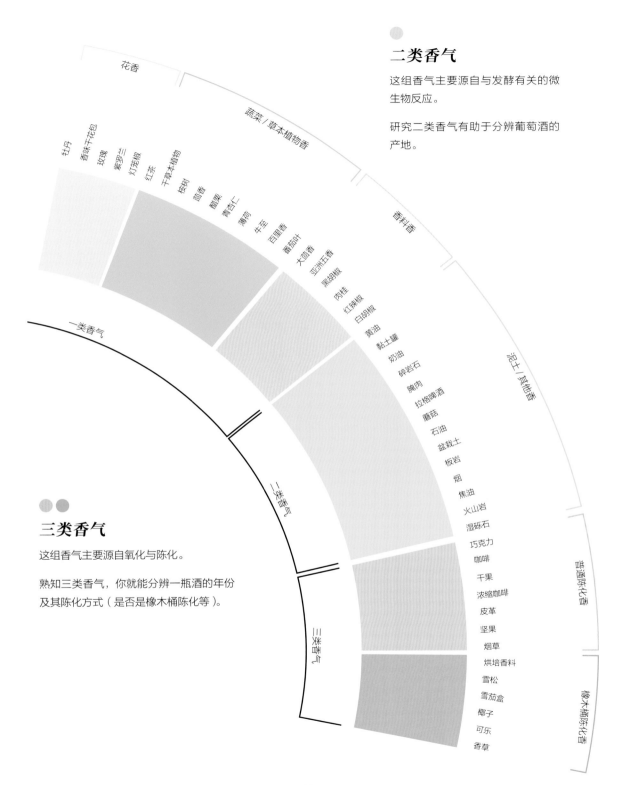

二类香气

这组香气主要源自与发酵有关的微生物反应。

研究二类香气有助于分辨葡萄酒的产地。

三类香气

这组香气主要源自氧化与陈化。

熟知三类香气，你就能分辨一瓶酒的年份及其陈化方式（是否是橡木桶陈化等）。

花香

蔬菜/草本植物香

香料香

泥土/其他香

普通陈化香

橡木桶陈化香

一类香气

二类香气

三类香气

牡丹
香味干花包
玫瑰
紫罗兰
灯笼根
红茶
干草本植物
桉树
茴香
麝香草
青苹果
薄荷
牛至
百里香
番茄叶
大茴香
亚洲五香
黑胡椒
肉桂
红辣椒
白胡椒
黄油
黏土罐
奶油
碎岩石
腌肉
拉格啤酒
蘑菇
石油
盆栽土
板岩
烟
焦油
火山岩
湿砾石
巧克力
咖啡
干果
浓缩咖啡
皮革
坚果
烟草
烘培香料
雪松
雪茄盒
椰子
可乐
香草

品味

取一杯酒，适当抿上一口，"咀嚼"一番，让酒液触碰到每一个角落，然后将其吞下（或吐出），之后缓缓用嘴巴吸气，用鼻子呼气。

结构

甜度：这酒是甜还是干？甜度是你的舌尖能够品尝到的第一个特征。

酸度：这酒会不会让你流口水？高酸度会让你的嘴分泌唾液并产生刺痛。

单宁：这酒有多涩（令人口干）或苦？单宁的味道可被舌头中部和唇齿之间的部位感知。来源于葡萄本身的高含量单宁往往会在口腔前部产生较涩的感觉。橡木单宁通常更容易被舌头中部感知。

酒精：你的喉咙会感到一阵温暖或炙热吗？那就是酒精！

酒体：这酒会让你的嘴里充满味道（酒体饱满）还是几乎没有味道（酒体轻盈）？

回味：这酒最后留下了什么味道？是苦，是酸，还是莫名发咸？其他味道（烟熏味、草本味、香味等）也要留意。

持久度：回味消失要花费多长时间？

复杂程度：辨认出不同的味道和香气是难还是易？滋味众多＝复杂。

层次：抿上一口的过程中，酒的味道会不会发生改变？某些批评家会颇具诗意地将这种感觉说成葡萄酒的"层次"或"维度"。

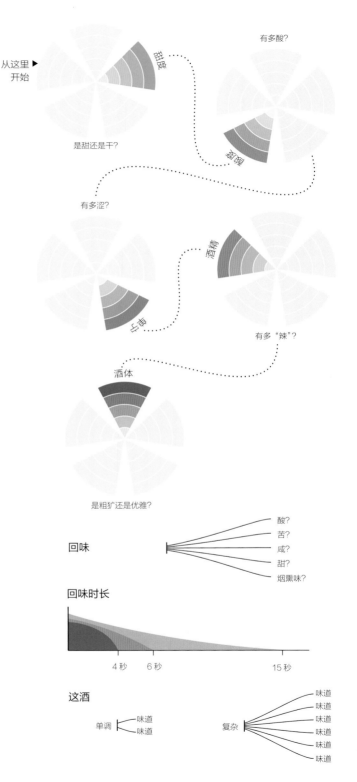

从这里▶开始

有多酸？

甜度

酸度

是甜还是干？

有多涩？

酒精

单宁

有多"辣"？

酒体

是粗犷还是优雅？

回味
酸？
苦？
咸？
甜？
烟熏味？

回味时长
4秒　6秒　15秒

这酒
单调｜味道
味道
复杂
味道
味道
味道
味道
味道
味道

你是哪种品酒者？

一个人的味觉与喜好既会被环境左右，也会受到遗传的影响。某些品酒者天生就比其他人更加敏感。幸运的是，通过练习，人人都能进步。

在舌头上打孔机尺寸的空间里，你能数出多少个味蕾？

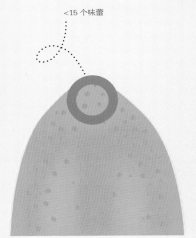

<15 个味蕾

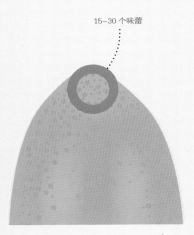

15~30 个味蕾

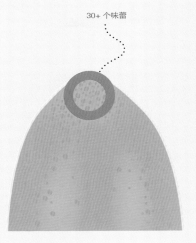

30+ 个味蕾

不敏感

10%~25% 的人

在舌头上打孔机尺寸的区域内，如果你能数出的味蕾数量少于 15 个，那么你有可能属于不敏感人群。

你无法和其他人一样尝出苦味。事实上，某些不会品酒的人根本就尝不出苦味！你在饮食方面更具探索性，喜欢口味丰富、强烈的食物。

可以尝试的葡萄酒

· 高单宁红葡萄酒

· 饱满酒体白葡萄酒

· 甜型白葡萄酒

普通敏感

50%~75% 的人

在舌头上打孔机尺寸的区域内，如果你能数出的味蕾有 15 至 30 个，你很有可能是一个普通敏感的品酒者。

和高度敏感的品酒者一样，普通敏感的品酒者还是能够品尝到苦味的，但不会引发极度不适。这类人既有可能十分挑剔，也有可能颇具探索性。

可以尝试的葡萄酒

· 味道可口的葡萄酒

· 所有葡萄酒。别停止探索！

高度敏感

10%~25% 的人

在舌头上打孔机尺寸的区域内，如果你能数出的味蕾超过 30 个，那么你就是一个高度敏感的人（又被称为"超级味觉者"）。

所有的味道对你来说都是强烈的，你对食物的质地、香味与温度也很有可能十分敏感。你也许是个挑剔的食客。

可以尝试的葡萄酒

· 甜型白葡萄酒

· 低单宁红葡萄酒

1%~2% 的人患有嗅觉缺失症——无法觉察或感知气味。

女性拥有高度敏感味觉的概率是男性的两倍多。

相较于白种人，亚洲人、非洲人和南美人拥有高度敏感味觉的比例更高。

归纳

味觉的培养不能一蹴而就，而是一个积极品味的过程。更重要的是，你需要思考自己的喜好与原因。

葡萄酒的等级评定

20世纪80年代，随着罗伯特·帕克的百分制评分体系的引入，葡萄酒的等级评定第一次普及开来。如今的评分量表不止一种，包括五星体系、百分制与二十分制。

得分高并不能保证你会喜欢，但是，它可以按照批评家针对这款酒的质量等级的观点为你提供一个笼统的概念。最优秀的评定总是会包括细致的品评笔记。

品评葡萄酒始终需要数年的实践。提升技能的一种方法就是练习比较品鉴。

比较品鉴

比较品鉴，是将存在关联的葡萄酒放在一起同时品评的过程，更易分辨出葡萄酒的异同。这里有几个可供尝试的比较品鉴案例：

· 阿根廷马尔贝克酒与法国马尔贝克酒

· 橡木桶陈酿与非橡木桶陈酿霞多丽酒

· 长相思酒与绿维特利纳酒

· 美乐酒与品丽珠酒、赤霞珠酒

· 不同国家的黑皮诺酒

· 不同国家的西拉酒

· 各个年份的同种酒（又被称为"纵向对比"）

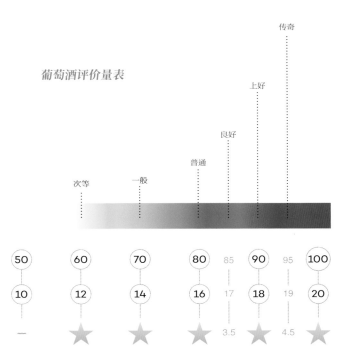

葡萄酒评价量表

通过比较品鉴的练习，你能学会盲品葡萄酒

建立有用的品鉴笔记

你无法记住自己品尝过的每一款葡萄酒。幸运的是，你可以记下有用的品鉴笔记，快速回忆起好酒及品鉴经历。一份有用的品鉴笔记内容包括：

LARKMEAD 2014
CABERNET SAUVIGNON
NAPA VALLEY

TASTED FEB 25, 2017

DEEP PURPLE W/
STAINING OF THE TEARS.

HIGH INTENSITY AROMAS OF
BLACKBERRY, BLACK
CURRANT, VIOLETS, MILK
CHOCOLATE, CHERRY SAUCE
& CRUSHED GRAVEL.

ON THE PALATE: BOLD &
TOOTH-STAINING. MEDIUM
ACIDITY. POWDERY & SWEET
HIGH TANNINS. LAYERS OF
PURE CHERRY FRUIT, COCOA
POWDER & THEN VIOLETS
FINISHING WITH SWEET
POWDERY TANNINS.

93% CABERNET
7% PETIT VERDOT

MY FAVORITE FROM NAPA
VALLEY VINTNERS BARREL
AUCTION.

你所品鉴的葡萄酒
生产商、产区、品种、年份及任何特殊的称号（珍藏酒、白中白等）。

品鉴时间
葡萄酒的味道会随陈化的过程而改变。

你的观点
坚持使用对你行之有效的某一评分体系。

所见
在你去闻葡萄酒之前，去了解它！

所闻
要尽可能具体，列举最明显到最不明显的味道，表明重要性的层次等级。

所尝
鉴于我们已经用鼻子"品尝"了很多，可以试着通过甜度、酸度、单宁和酒精这些结构特征来关注这一部分。也要囊括气味中没有体现出来的一切。

你做了什么
你身在何处？吃了什么？和谁一起？

需要帮助吗？试试这种品酒垫：

winefolly.com/tasting-mats/

HANDLING, SERVING, AND STORING WINE

从 开 瓶、 侍 酒 到 储 藏

开启不起泡型葡萄酒

开启葡萄酒：按照惯例，撕开瓶口下方的箔纸（不过老实说，这不要紧）。

插入开瓶器：旋转，直到它几乎穿透软木塞。缓缓将软木塞拔出，避免其损坏。

螺旋帽与软木塞：对于葡萄酒饮用者来说，螺旋帽与软木塞不存在什么实际差别。许多优质葡萄酒使用的都是螺旋帽。

开启起泡型葡萄酒

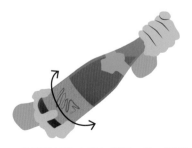

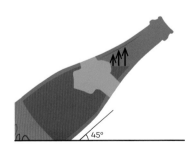

移除箔纸，扭转锁扣6次，将其松开，用拇指按住锁扣与软木塞的顶部，抓紧瓶颈。随锁扣一起移开软木塞的做法更加安全。

一只手紧抓软木塞与锁扣，另一只手旋转瓶底。在软木塞开始推动时施力将其按住，放慢其推动速度。

伴随微弱的"砰"一声，**缓慢拧开**软木塞与锁扣。打开酒瓶后继续以45°角握住瓶身，在释放压力的同时不让气泡喷出。

醒酒

醒酒，是将葡萄酒从酒瓶倒入另一容器中让其"呼吸"。醒酒能使葡萄酒氧化，减少某些酸与单宁的浓度——让葡萄酒的口感更加顺滑，还能将带有臭味的硫化物（参见"葡萄酒的瑕疵"，第 29 页）变成不太容易察觉的气味。总而言之，这一过程十分神奇！

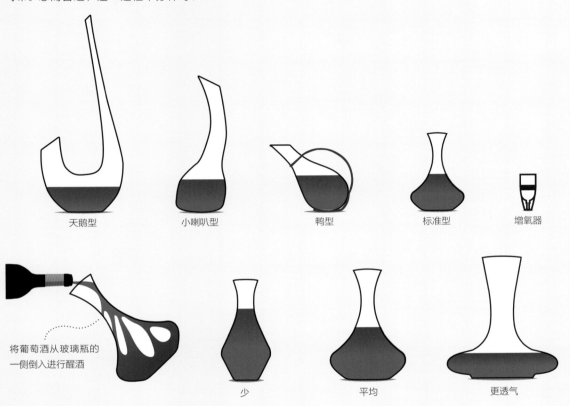

天鹅型　　　　小喇叭型　　　　鸭型　　　　标准型　　　　增氧器

将葡萄酒从玻璃瓶的一侧倒入进行醒酒

少　　　　平均　　　　更透气

如何醒酒

对于所有红葡萄酒而言，醒酒几乎都是有益的。通常，如果酒中含有黏性单宁，或是口感浓烈、辛辣，醒酒便大有裨益！它是改善未熟葡萄酒与平价葡萄酒的好方法。

顺便说一句，醒酒不仅仅是针对红葡萄酒的。香槟、浓郁的白葡萄酒与橙酒也是有可能醒酒的。

醒酒时间

总而言之，葡萄酒的口感越粗犷、单宁含量越多，醒酒的时间就越长。本书为各种葡萄酒推荐了醒酒时间，从"无须醒酒"（针对酒体轻盈的白葡萄酒）到"一小时以上"（针对酒体饱满的高单宁红葡萄酒）。

注意，葡萄酒有可能"醒酒过度"。陈年葡萄酒通常是最敏感的。

选择一款醒酒器

几乎任意一款惰性器皿（玻璃器皿、水晶器皿、瓷器）都可以用来醒酒，所以喜欢哪款，就用哪款好了！只要考虑它是否易于清洗与储存。

如果空间对你来说是个问题，葡萄酒增氧器是个十分普遍的替代品。增氧器能够快速引入大量的氧气，使氧化过程瞬间发生。虽然增氧器对于陈年葡萄酒来说太过激进，但是对于大部分每日饮酒的人来说还是十分实用的。

酒杯

杯沿

尺寸

要确保玻璃杯的尺寸足以集中香气。白葡萄酒酒杯的总容量应在 13~20 盎司左右，红葡萄酒酒杯的总容量应在 17~30 盎司左右。

形状

杯身宽大的酒杯敞开面积更大，能够增加蒸发作用与香味浓度。杯身窄小的酒杯则相反，适用于"辛辣"或酒精含量高的葡萄酒。

杯口

杯口的尺寸会带来两方面的影响：香气入鼻时的集中程度，以及能否把手伸进玻璃杯中进行清洗！

· 杯口较大的酒杯往往能够传递更多的花香。

· 杯口较小的酒杯往往可以集中果香与香料香。

厚度

薄沿玻璃杯能够增加液体的暴露面。

杯身

杯柄

水晶杯

水晶杯这个名称有些用词不当，因为这种酒杯实际上并不具备晶体结构。相反，水晶杯含有例如铅、锌、镁和钛之类的矿物质。

水晶杯的好处是比标准酒杯更耐用。这意味着水晶杯可以很薄。此外，水晶酒杯中的矿物质还能折射光线，让酒杯闪闪发光。

含铅水晶杯用于饮酒是安全的，只要不在杯中隔夜放置液体就好。

含铅水晶杯具有可渗透性，应该用无香香皂手洗。

如果你不能手洗，许多无铅水晶杯也可用洗碗机清洗。

有柄与无柄

准确而言，杯柄并不会影响口感，但手是能温暖酒杯的。根据情况择优选择杯型即可。

杯座

玻璃器皿的选择

酒杯的选择因人而异。即便如此，以下有几条建议：

· 要考虑玻璃杯的清洗难易程度。

· 家中有难以控制的孩子或宠物？无柄酒杯也许是最好的选择。

· 考虑摔碎一只玻璃杯的成本因素。

· 选择一只或两只最符合自己品酒喜好风格的酒杯。

· 计划为陪你一同饮酒的朋友购买足够的玻璃杯！

酒杯的类型

冰激凌杯　　宽口郁金香杯　　郁金香杯　　香槟杯

起泡型葡萄酒

酒杯越薄、越高，就越有利于气泡的保存。香槟杯对于清淡的起泡型葡萄酒来说是极好的。郁金香杯总体来说更适用于普罗塞克酒或陈年起泡酒之类较为浓郁或果香更浓的起泡型葡萄酒。冰激凌杯不算理想，但无疑看起来十分美观！

轻盈酒体
白葡萄酒酒杯

芳香型白葡萄酒 /
桃红葡萄酒酒杯

饱满酒体
白葡萄酒酒杯

白 / 桃红葡萄酒

较小的杯身能让白葡萄酒维持低温，也能让鼻子更加靠近香气。较大的杯身更适合霞多丽酒之类的橡木桶陈化白葡萄酒。

芳香型红葡萄酒 /
桃红葡萄酒酒杯

轻盈酒体
红葡萄酒酒杯

中度酒体
红葡萄酒酒杯

饱满酒体
红葡萄酒酒杯

红葡萄酒

宽大的圆形杯身有助于集中香气，是黑皮诺酒理想的容器。中型红葡萄酒酒杯十分契合桑娇维塞或仙粉黛之类的辛辣葡萄酒。超大玻璃杯的杯沿较宽，有利于缓和（例如赤霞珠酒或波尔多混酿酒的）高含量单宁。

波特酒酒杯　　雪莉酒酒杯　　甜白葡萄酒酒杯　　无柄酒杯

其他酒杯

雪莉酒与波特酒之类的许多葡萄酒都拥有特殊的酒杯。无柄酒杯也是水杯的很好选择。

侍酒

倒酒顺序

举办葡萄酒品鉴会时，有一个十分简单的窍门：
点酒要从最清淡到最浓郁，餐后甜酒最后上桌。

起泡型
葡萄酒

轻盈酒体与
干型白葡萄酒

芳香型
白葡萄酒

饱满酒体
白葡萄酒

桃红葡萄酒、
起泡型红葡萄酒
与干型雪莉酒

轻盈酒体
红葡萄酒

辛辣、泥土味
红葡萄酒

粗犷型
红葡萄酒

餐后甜酒

从这里开始 →

温度

和苏打水或啤酒相似，
葡萄酒也有最佳的侍酒温度。

冰镇
3~7℃

冷藏
7~13℃

窖藏
13~16℃

室温
16~20℃

起泡型葡萄酒

轻盈酒体
白葡萄酒

饱满酒体
白葡萄酒

芳香型
白葡萄酒

桃红葡萄酒

轻盈酒体
红葡萄酒

中度酒体
红葡萄酒

饱满酒体
红葡萄酒

餐后甜酒

葡萄酒礼仪小贴士

为什么？ 表面看来，礼仪是看似愚蠢的事情之一，却在某些场合下十分有用。

握住酒杯的杯柄或杯座。 炫耀一下自己讲究卫生（不留指纹！）和谨慎对待易碎物品的能力。

闻一闻你的葡萄酒。 向旁观者展示一下你有多细腻！研究人员认为，我们的味觉 80% 来自嗅觉。

使用酒杯的同一位置饮酒。 这样做不仅能够减少酒杯上的唇印，还能防止你每喝一口都会闻到自己口中的气味。

开启一瓶酒时， 试着保持安静……像个忍者一样。当然，在某些场合下，发出"嘭"的声响能让所有人的心情都雀跃起来。

碰杯时， 望向与你碰杯的对象，以示尊敬。同时要将杯身相碰，降低撞破酒杯的可能性。

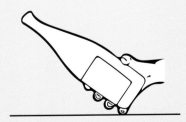

倒酒时， 握住酒瓶靠近瓶底的位置。这一小技巧不仅能够显示你的灵巧，也是讲究卫生的另外一个要点。

在给自己添上第二杯之前，先为其他人添酒。 这能展现你的无私。你就是这种慷慨大方的人！

试着不要成为房间里醉得最厉害的那个人。 在需要你随机应变的商务场合下，这一点尤为有用。

储存开启后的葡萄酒

起泡型葡萄酒

1~3 天 *
放置于冰箱内，使用起泡型葡萄酒酒塞。

轻盈酒体白葡萄酒

和

桃红葡萄酒

5~7 天 *
放置于冰箱内，使用软木塞。

饱满酒体白葡萄酒

3~5 天 *
放置于冰箱内，使用软木塞。

红葡萄酒

3~5 天 *
放置于阴凉处，使用软木塞。

加强型葡萄酒

和

盒装酒

28 天 *
使用软木塞或封口放置于阴凉处。

* 某些葡萄酒的保鲜期更长。

窖藏

✓
安全储藏范围

⚠
危险区域

⚠
危险区域

50 °F
10 ℃

60 °F
15.5 ℃

40 °F
4.4 ℃

70 °F
21.1 ℃

30 °F
-1.1 ℃

80 °F
26.6 ℃

20 °F
-6.6 ℃

90 °F
32.2 ℃

葡萄酒冻结

葡萄酒沸腾

10 °F
-12.2 ℃

100 °F
37.7 ℃

13~15℃

葡萄酒理想的
储藏温度为13~15℃，
湿度为55%~75%。

（氧化）时间 →

热电器　　　　　冷凝器

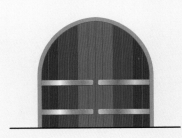

葡萄酒在室温下变质的速度比在气候受控条件下快4倍。如果你没有酒窖或制冷机，尽量将酒储存在阴凉处。

葡萄酒制冷机：酒柜主要有热电型与冷凝型两种。热电型酒柜的温度会随室温上下浮动，但较为安静。冷凝型酒柜声音较大，需要定期维修，但温度更加稳定。

如果你没有酒窖或酒柜，应计划在购买葡萄酒后的一两年内将其饮用。储藏在温度多变环境下的葡萄酒更容易出现瑕疵。

HOW WINE IS MADE · 葡萄酒的酿造

好的葡萄酒是用高质量的葡萄酿造而成的。让我们来看看一株葡萄藤的生命周期，了解每个季节是如何影响当年的年份酒的。

冬季修剪：修剪去年的老枝老叶。为了来年的产量，修剪者会选留最好的一年生枝用于生长新梢。这是个关键性时刻，能够决定葡萄藤的未来。

春季发芽：生机从根部萌发，葡萄庄园里展露新枝。萌芽还非常脆弱，春季的雹灾就能将其摧毁，缩短生长周期（降低葡萄酒的成熟度）。

春季开花：若是萌芽存活下来，便会长出嫩枝、开出花朵。葡萄花被称为"完全花"，它们无须蜜蜂便能授粉。

夏季结果：葡萄串直到夏末都会维持绿色。转色期是果实由绿变红的时期。在转色期之前，一些种植者会摘除成串的绿色果实，让剩余的果实串口感更加浓郁。

秋季收获：在葡萄完全成熟之前，果实的糖分水平会上升，酸度水平则会下降。和其他水果不同，葡萄在采摘之后是不会成熟的，所以采收者总是要抓紧时间！这一时期若是不幸遭遇暴风雨，葡萄会腐烂，酿出的酒风味也会变得寡淡。

晚收与冬眠：如果一切顺利，某些葡萄酒生产商会在藤上留下几串葡萄，将其晒干，榨成甜甜的"晚收葡萄"餐后甜酒。叶子枯死，葡萄藤将进入越冬休眠期。

红葡萄酒的酿造

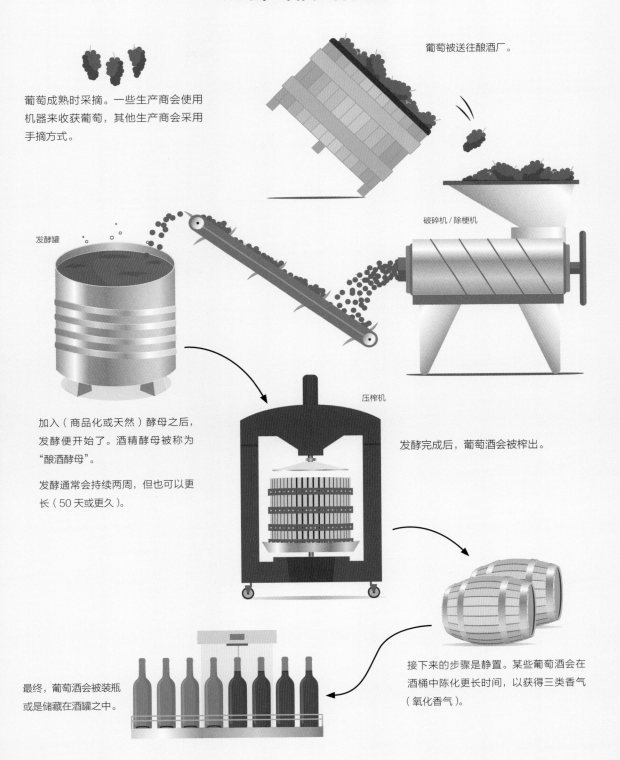

葡萄被送往酿酒厂。

葡萄成熟时采摘。一些生产商会使用机器来收获葡萄，其他生产商会采用手摘方式。

破碎机/除梗机

发酵罐

压榨机

加入（商品化或天然）酵母之后，发酵便开始了。酒精酵母被称为"酿酒酵母"。

发酵完成后，葡萄酒会被榨出。

发酵通常会持续两周，但也可以更长（50天或更久）。

接下来的步骤是静置。某些葡萄酒会在酒桶中陈化更长时间，以获得三类香气（氧化香气）。

最终，葡萄酒会被装瓶或是储藏在酒罐之中。

白葡萄酒的酿造

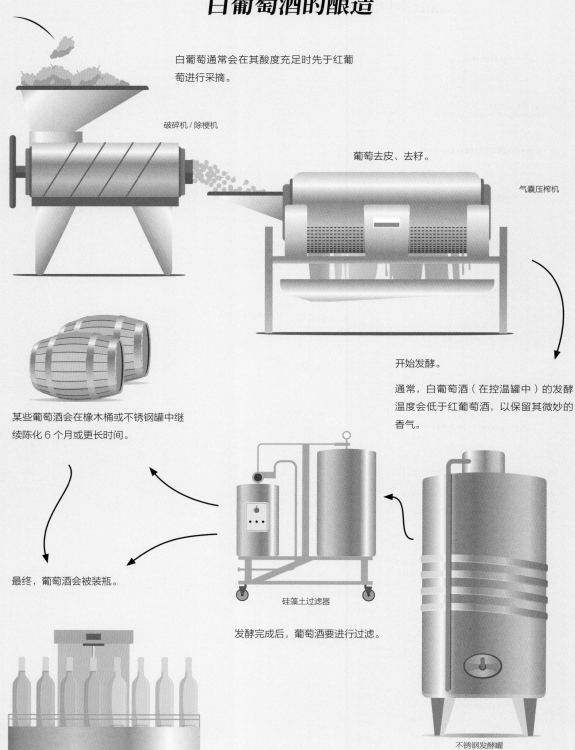

白葡萄通常会在其酸度充足时先于红葡萄进行采摘。

破碎机 / 除梗机

葡萄去皮、去籽。

气囊压榨机

某些葡萄酒会在橡木桶或不锈钢罐中继续陈化 6 个月或更长时间。

开始发酵。

通常，白葡萄酒（在控温罐中）的发酵温度会低于红葡萄酒，以保留其微妙的香气。

最终，葡萄酒会被装瓶。

硅藻土过滤器

发酵完成后，葡萄酒要进行过滤。

不锈钢发酵罐

起泡型葡萄酒的传统酿造方法

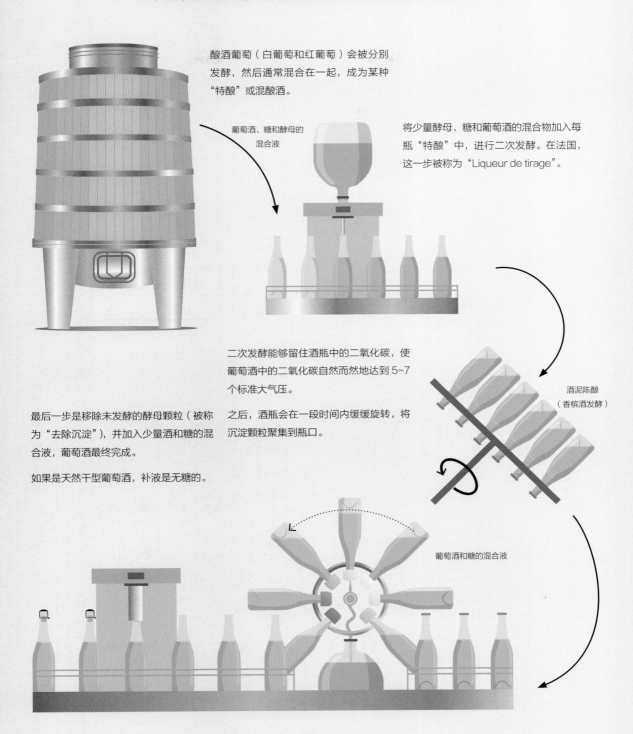

酿酒葡萄（白葡萄和红葡萄）会被分别发酵，然后通常混合在一起，成为某种"特酿"或混酿酒。

葡萄酒、糖和酵母的混合液

将少量酵母、糖和葡萄酒的混合物加入每瓶"特酿"中，进行二次发酵。在法国，这一步被称为"Liqueur de tirage"。

二次发酵能够留住酒瓶中的二氧化碳，使葡萄酒中的二氧化碳自然而然地达到 5~7 个标准大气压。

之后，酒瓶会在一段时间内缓缓旋转，将沉淀颗粒聚集到瓶口。

酒泥陈酿（香槟酒发酵）

最后一步是移除未发酵的酵母颗粒（被称为"去除沉淀"），并加入少量酒和糖的混合液，葡萄酒最终完成。

如果是天然干型葡萄酒，补液是无糖的。

葡萄酒和糖的混合液

其他风味葡萄酒的酿造

桃红葡萄酒

制作桃红葡萄酒的方法不止一种，但最受欢迎的是浸渍。为此，红葡萄的果皮会被短暂留存在汁液中进行浸渍（通常 4~12 个小时）。当汁液呈现理想颜色时，汁液与果皮分离，和白葡萄酒一样完成发酵。

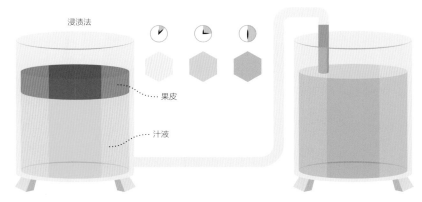

浸渍法

果皮

汁液

加强型葡萄酒

加强型葡萄酒或"天然甜味葡萄酒"是通过在葡萄酒中加入中性烈酒（通常为清澈的葡萄白兰地）制成的。酿造波特酒时，烈酒是在发酵中途加入的。酒精会终止发酵，稳定葡萄酒，留下部分甜味。

部分发酵
的葡萄酒

中性葡萄烈酒

罐式发酵
起泡型葡萄酒

罐式发酵是一种更加实惠的起泡型葡萄酒酿造方法，通常被用于制作普罗塞克酒和蓝布鲁斯科酒。二次发酵会在加压（达到 3 个标准大气压左右）的巨大酒罐中完成，酿出的葡萄酒会在过滤后装瓶。

高压"查玛"酒罐

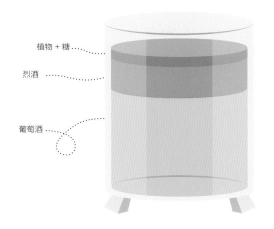

芳香型葡萄酒

味美思酒之类的芳香型葡萄酒属于葡萄酒、植物与部分糖（或葡萄汁）及烈酒的混合物——加强了葡萄酒的风味。加入其中的植物包括草本植物、香料与苦根，能够赋予芳香型葡萄酒独特的口感。味美思酒的主要类型分为干型（味美思干型白葡萄酒）、甜型（味美思甜型红葡萄酒）和白酒（味美思甜型白葡萄酒）。市场上的大部分味美思酒都是以白葡萄酒为基础的。

植物 + 糖
烈酒
葡萄酒

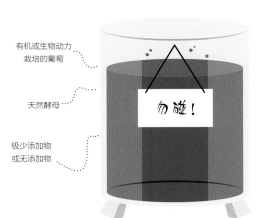

"天然"型葡萄酒

如今还没有官方术语能够定义自然发酵葡萄酒。普遍接受的做法可能包括：

· 通过有机或生物动力学的方法栽培并人工采摘的葡萄。

· 仅使用天然或"野生"酵母发酵。

· 不使用酶或添加剂，即便使用，最多只有50ppm 的亚硫酸盐。

· 未经过滤。

有机或生物动力栽培的葡萄
天然酵母
勿碰！
极少添加物或无添加物

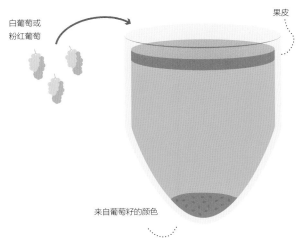

"橙色"葡萄酒

这一口头术语形容的是用白葡萄酿造的某种天然葡萄酒（亦被称为"橙酒"）。与红葡萄酒类似，这种酒是带着果皮发酵的，其成品会被葡萄籽中的木质素染成橙色。橙酒的单宁和酒体与红葡萄酒相近。

橙酒源自意大利东北部地区与斯洛文尼亚。由灰皮诺、丽波拉和玛尔维萨葡萄酿造的橙酒是很好的例子。

白葡萄或粉红葡萄
果皮
来自葡萄籽的颜色

葡萄酒的酿造技术

葡萄酒酿造过程中的许多环节都会彻底改变最终的成品。让我们来探讨一些最常用、最常被提及的葡萄酒酿造技术，看看它们是如何影响葡萄酒的口感的。

整串发酵使用的是整串的葡萄——包括葡萄梗。葡萄梗通常能为清淡可口的葡萄酒增加单宁与结构。

冷浸渍是在发酵前将汁液与果皮低温静置的过程，有助于从果皮中萃取更多的颜色和风味。

抽血法或"放血法"是在红葡萄酒发酵时排掉一些汁液的过程，能够增加酒水的浓度。剩下的汁液会被用于酿造深色桃红葡萄酒。

冷发酵 vs 热发酵。冷发酵能够保留微妙的花香与果香（在酿造白葡萄酒时颇受欢迎），而热发酵能够软化单宁、简化风味（在制作商品酒时颇受欢迎）。

敞开式发酵允许更多的氧气参与发酵过程，最常用于红葡萄酒的酿造。

封闭发酵限制了发酵过程中起促进作用的氧气的含量，在白葡萄酒的酿造中颇为流行，能够保留微妙的风味。

二氧化碳浸渍法是一种密封的整串发酵方法，能够减少苦涩的葡萄单宁，保留红葡萄酒中微妙的花香。这种方法在博若莱会被用于酿造佳美酒。

天然酵母。仅使用在酿酒厂或在葡萄上发现的酵母进行发酵。该做法十分少见，一般见于小规模生产的葡萄酒。

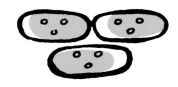

商业酵母。使用商品化生产的酵母来发酵葡萄酒。该方法非常常见，特别用于大规模生产葡萄酒。

淋皮和压帽是混合发酵物的方法。前者可以强势提取红葡萄酒的风味,后者则更加柔和,在制作轻盈酒体红葡萄酒的过程中很受欢迎。

微氧化。红葡萄酒在发酵过程中会释放氧气,以帮助软化单宁。这一方式在酿造各种波尔多混酿酒时很受欢迎。

延长浸渍。发酵完成后,红葡萄酒会和果皮一起再浸渍一段时间。这一过程能使酒的味道变得柔和,减少刺激性强的单宁。

橡木桶陈化。橡木桶陈化能够实现两个目标:氧化与添加橡木风味。新橡木能给葡萄酒增添更多的橡木风味(香草味、可乐味、丁香味)。

不锈钢 / 惰性陈化。不锈钢器皿能够减缓氧化,帮助保留葡萄酒的主要味道,是酿造白葡萄酒的热门选择。

混凝土 / 双耳陶罐。生混凝土与双耳陶土容器往往能够降低葡萄酒的酸度,从而软化其口感。这一做法仍旧相对少见。

苹果酸-乳酸发酵。几乎所有的红葡萄酒都要经过苹果酸-乳酸发酵的过程,由被称为"酒球菌"的细菌将强烈的苹果酸变为更加柔和顺滑的乳酸。

澄清与倒桶。澄清是在葡萄酒中加入酶,从而进行净化。这些酶能够抓住沉在桶底的蛋白质。倒桶是将葡萄酒转移到新的酒桶中。

过滤 vs 不过滤。葡萄酒会流经微型过滤器,过滤掉酒液之外的所有物质。未经过滤的葡萄酒含有沉淀物,但这有助于促成其丰富性。

FOOD & WINE

葡萄酒与食物的搭配

这一部分探索的是风味搭配方面的基本原理,
以及如何用葡萄酒来搭配美食,
并收录了几张便于快速索引的搭配图表。

WINE PAIRING · 葡萄酒的搭配

是什么让美食与美酒成为绝配？是葡萄酒的口感与食材之间的平衡。尽管口味搭配这门科学纷繁复杂，其基本原理却是人人都能学会的。首先要从把葡萄酒当作一种原料着手。

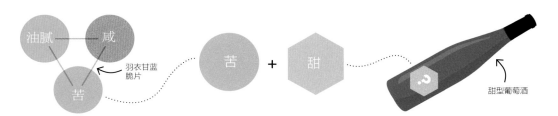

分辨菜肴的基本味道（甜、酸、咸、苦等）。比如，奶酪通心粉既油腻又咸，羽衣甘蓝脆片是又苦又咸。

选择一种能够让葡萄酒平衡食物基本味道的搭配方法论。举例而言，这里就有几种经典的搭配：甜 + 咸，苦 + 油腻，咸 + 酸，油腻 + 酸，甜 + 酸。

选择一种符合搭配方法论的葡萄酒。比如，如果你的搭配是油腻 + 酸，那么你就会想要选择一款酸度较高的葡萄酒。

接下来，分辨食物中具有细微差别的口味。这些口味上的细微差别可能来源于香料、香草或辅料（橄榄、草莓、培根等）。

富尔民特酒　阿斯提可酒　雷司令酒

紧接着，选择一款也具备类似细微差别口味的葡萄酒，来配合这一搭配。比方说，上述所有葡萄酒都具备微妙的草本植物味道。

雷司令酒　　羽衣甘蓝脆片

把少量食物与葡萄酒一起放入口中，测试你的搭配。如果你口中的味道达到了平衡，这样的搭配便胜出了。

由于单宁的缘故，红葡萄酒的口感较苦。

白葡萄酒、桃红葡萄酒和起泡型葡萄酒更酸。

甜型葡萄酒更甜！

搭配方法论

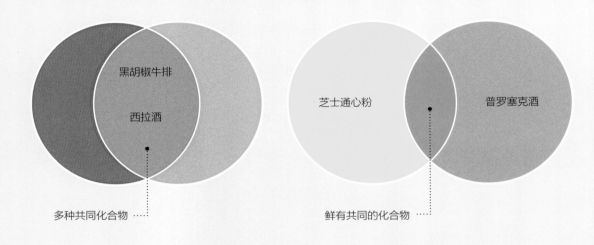

黑胡椒牛排

西拉酒

多种共同化合物 ……

芝士通心粉

普罗塞克酒

鲜有共同的化合物 ……

和谐性搭配

和谐的搭配能够通过放大共有的化合物风味来创造平衡。这种味道的搭配在西方文化中十分常见。

举例而言，西拉酒与调味牛排中的黑胡椒就共享包括莎草薁酮在内的多种化合物。

例子：

· 黄油爆米花搭配橡木桶陈化霞多丽酒
· 烧烤猪肉搭配仙粉黛酒
· 黄瓜沙拉搭配长相思酒
· 菠萝翻转蛋糕搭配托卡伊甜酒
· 小红莓果酱火鸡搭配黑皮诺酒
· 意大利风干牛肉搭配经典基安蒂酒

差异性搭配

互补的搭配可以通过对比鲜明的口感与风味制造平衡。这种口味搭配（比如酸甜搭配等）是许多东方菜系的基础。

举例而言，浓郁软黏的芝士通心粉与高酸度的葡萄酒对比鲜明，葡萄酒可以解腻。

例子：

· 蓝纹奶酪搭配宝石红波特酒
· 猪排搭配雷司令酒
· 牛肝菌烩饭搭配内比奥罗酒
· 烤鳟鱼搭配曼萨尼亚雪莉酒
· 枫糖培根搭配香槟酒
· 椰汁咖喱搭配绿维特利纳酒

搭配窍门

如果你刚刚入门，会发现这些经过检验的可靠做法格外有用。在你越来越熟悉各种葡萄酒的过程中，可以试着打破规则！（有没有人愿意试试佳美酒配鳟鱼？）

葡萄酒应该比食物更酸。

葡萄酒应该比食物更甜。

葡萄酒与食物的浓度应该相同。

苦味的食物往往不与苦味的葡萄酒（比如干红葡萄酒）搭配。

脂肪和油能与单宁含量高的葡萄酒相互制衡。

葡萄酒中的单宁与鱼油相冲突。这就是红葡萄酒为何通常不与海鲜搭配的原因。

带有甜味的葡萄酒有助于中和食物的辣味。

白葡萄酒、起泡型葡萄酒与桃红葡萄酒往往能够制造出差异性搭配。

红葡萄酒通常能够制造出和谐性搭配。

口味图

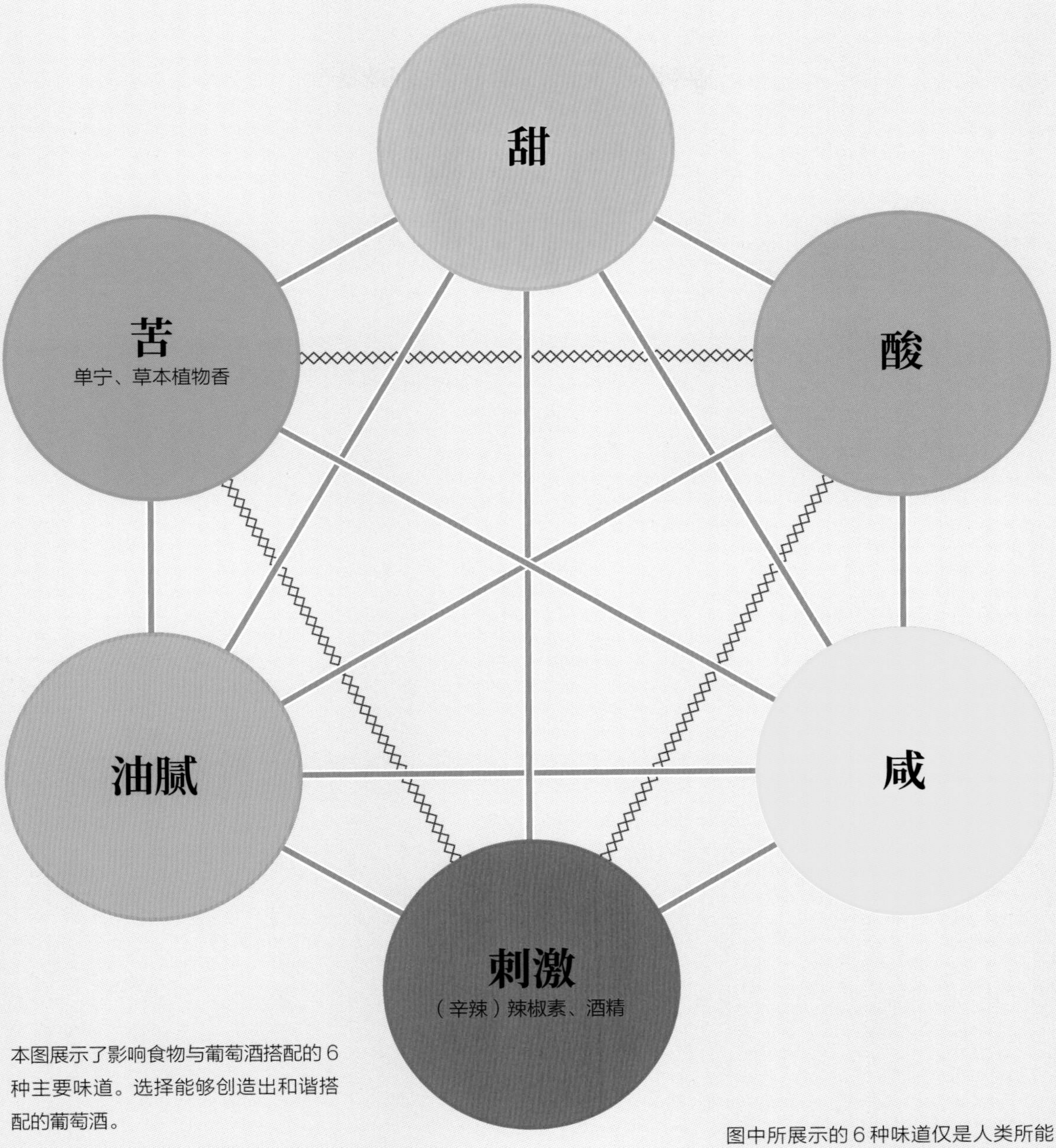

甜

苦
单宁、草本植物香

酸

油腻

咸

刺激
（辛辣）辣椒素、酒精

本图展示了影响食物与葡萄酒搭配的 6 种主要味道。选择能够创造出和谐搭配的葡萄酒。

搭配葡萄酒时，要确保食物口味的浓淡与之相符。比方说，风味优雅的食物最好搭配风味优雅的葡萄酒。

——— 和谐搭配
✕✕✕✕ 不和谐搭配

图中所展示的 6 种味道仅是人类所能感知到的一部分。其他味道还包括气泡味、（肉的）鲜味、麻味、电气味、肥皂味和清凉味（薄荷醇）。

搭配练习

在这项练习中，你将尝试 6 种简单的食物与 4 种风味的葡萄酒（饱满酒体红葡萄酒、甜型白葡萄酒、轻盈酒体白葡萄酒和起泡型葡萄酒）。该练习的目的在于学习如何在实践层面上搭配食物与葡萄酒。

选择葡萄酒：基于现有的葡萄酒品类做出选择。比方说，你可以选择卡瓦酒、灰皮诺酒、马尔贝克酒和半干型白诗南酒。

第一步：咬一口其中的一种食物（参见对开页），咀嚼一番，然后在吞咽之前啜一口酒。

第二步：边吃边针对该搭配在 1~5（1= 差劲，5= 优秀）的范围内做出评估。

第三步：尝试多种口味的组合（甜 + 油腻，酸 + 咸，油腻 + 苦，等等），并重新尝试葡萄酒。

针对起泡型葡萄酒提出问题：碳酸化作用对于搭配有所助益吗？有没有一种搭配能和起泡型葡萄酒相互协调？

针对白葡萄酒提出问题：提高酸度对于搭配有益吗？和用红葡萄酒搭配相比，白葡萄酒的表现如何？

针对红葡萄酒提出问题：葡萄酒中的单宁与 6 种味道的互动如何？哪些搭配绝对行不通？

针对甜型葡萄酒提出问题：甜味方面有没有什么惊喜？这种风味能与多少种味道进行搭配？

记住：没有错误的答案，你的发现总是能给自己带来惊喜！

搭配练习

葡萄酒与原料清单

咸
薯片

酸
酸黄瓜

油腻
布里干酪

饱满酒体
红葡萄酒

甜型白葡萄酒

轻盈酒体
白葡萄酒

起泡型葡萄酒

马尔贝克酒、赤霞珠酒、
西拉酒、小西拉酒等

晚收葡萄酒、甜型雷司令
酒、琼瑶浆酒等

长相思酒、灰皮诺酒、
格莱切多酒、香瓜酒等

卡瓦酒、普罗塞克酒、
克雷芒酒等

苦
羽衣甘蓝

甜
蜂蜜

辛辣
辣酱

与奶酪的搭配

✓ = 很好　● = 普通　✗ = 糟糕

	咸香、酥脆的奶酪 菲达奶酪、柯提亚奶酪、墨西哥奶酪、哈罗米奶酪、希腊奶酪	辛辣的蓝纹奶酪 斯提尔顿奶酪、蓝纹奶酪、洛克福奶酪、戈尔根朱勒奶酪	酸干酪和奶油 酸奶油、奶油奶酪、意大利乳清奶酪、哈瓦蒂奶酪、山羊奶酪、茅屋奶酪	精致的黄油奶酪 布里奶酪、卡门培尔奶酪、埃波斯奶酪、布拉塔奶酪、勃艮第德利杰奶酪	坚果味硬质奶酪 格鲁耶尔奶酪、孔泰奶酪、波萝伏洛奶酪、荷兰球形奶酪、瑞士多孔奶酪、马苏里拉奶酪、斯卡莫扎奶酪	果味的鲜味奶酪 切达奶酪、荷兰高达奶酪、烟熏高达奶酪、科尔比氏奶酪、奥索-伊拉蒂奶酪、门斯特奶酪	干咸奶酪 帕玛森奶酪、波河奶酪、佩科里诺奶酪、阿齐亚戈奶酪、陈年曼切格奶酪
起泡型葡萄酒	✓	●	✓	✓	✓	●	✓
轻盈酒体白葡萄酒	✓	✗	✓	✓	✓	●	✓
饱满酒体白葡萄酒	●	✗	●	✓	✓	●	●
芳香型白葡萄酒	●	✓	●	✓	✓	●	●
桃红葡萄酒	✓	●	●	●	●	●	●
轻盈酒体红葡萄酒	●	✗	●	●	✓	●	●
中度酒体红葡萄酒	✗	✗	●	●	✓	✓	✓
饱满酒体红葡萄酒	✗	●	✗	●	●	✓	●
餐后甜酒	✗	✓	●	✓	●	●	✗

与高蛋白质食物的搭配

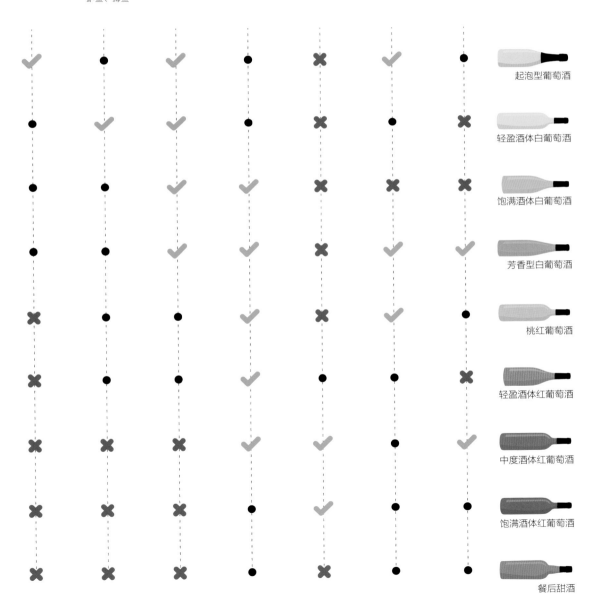

软体动物
蛤、牡蛎、扇贝

有鳍鱼类
大比目鱼、鳕鱼、鲑鱼、鲈鱼、鳟鱼

甲壳类动物
龙虾、螃蟹、虾

白色食材
鸡肉、猪排、豆腐、面筋

红肉
牛肉、羊肉、鹿肉

腌肉
烟熏肉、培根、熟食肉、火腿

浓郁腌汁
烤肉酱汁、照烧酱、醋、腌汁

起泡型葡萄酒

轻盈酒体白葡萄酒

饱满酒体白葡萄酒

芳香型白葡萄酒

桃红葡萄酒

轻盈酒体红葡萄酒

中度酒体红葡萄酒

饱满酒体红葡萄酒

餐后甜酒

与蔬菜的搭配

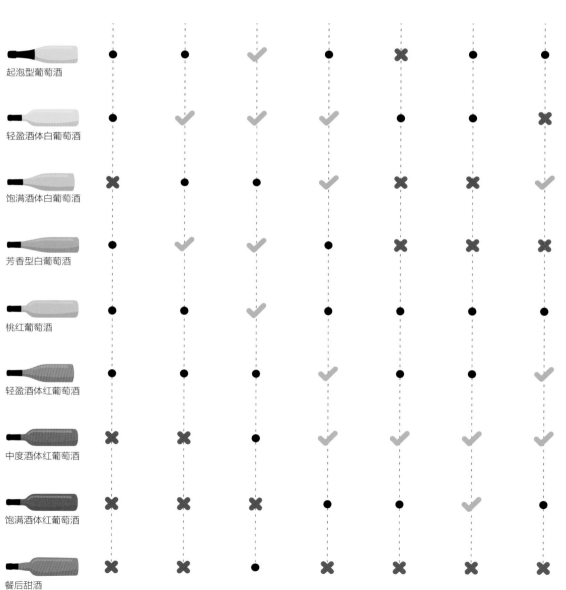

✓ = 很好
● = 普通
✗ = 糟糕

	十字花科蔬菜 卷心菜、西蓝花、花椰菜、抱子甘蓝、芝麻菜	绿色蔬菜 青豆、豌豆、羽衣甘蓝、莴苣、牛油果、菊苣、青椒	秋季蔬菜 山药、胡萝卜、南瓜、大头菜、西葫芦	葱类 洋葱、大蒜、青葱、韭葱	茄科植物 辣椒、西红柿、茄子、青椒	豆类/豆科植物 黑白斑豆、黑豆、菜豆、小扁豆	菌类 双孢蘑菇、牛肝菌、香菇、舞茸、鸡油菌、平蘑
起泡型葡萄酒	●	●	✓	●	✗	●	●
轻盈酒体白葡萄酒	●	✓	✓	✓	●	●	✗
饱满酒体白葡萄酒	✗	●	●	✓	✗	✗	✓
芳香型白葡萄酒	●	✓	✓	●	✗	✗	✗
桃红葡萄酒	●	●	✓	●	●	●	●
轻盈酒体红葡萄酒	●	●	●	✓	●	●	✓
中度酒体红葡萄酒	✗	✗	●	✓	✓	✓	✓
饱满酒体红葡萄酒	✗	✗	✗	●	●	✓	●
餐后甜酒	✗	✗	●	✗	✗	✗	✗

与香料、香草的搭配

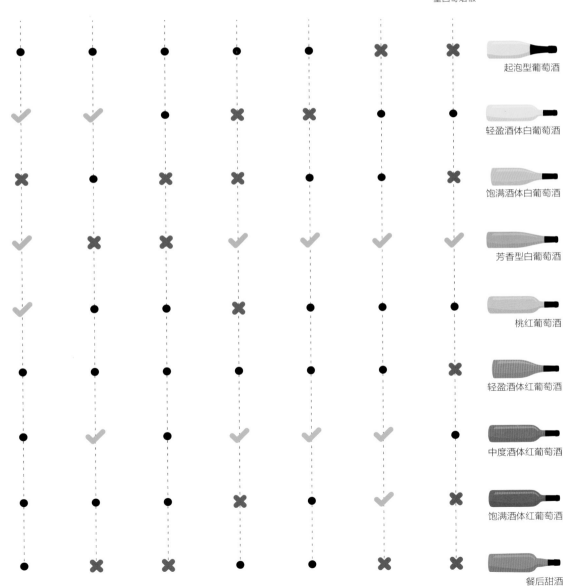

芳香型绿色香草	干草本植物	树脂香草	异域香料	烘焙香料	鲜味香料	红辣椒	
薄荷、罗勒、芫荽、紫苏、细叶芹	牛至、百里香、莳萝、牛至、欧芹	迷迭香、鼠尾草、冷杉、薰衣草、月桂叶	茴芹、小豆蔻、亚洲五香、姜	肉桂、甜胡椒、香草、丁香、葫芦巴、肉豆蔻	香菜、孜然芹、葛缕子、姜黄	卡宴辣椒、阿勒颇辣椒、红灯笼辣椒、安祖辣椒、墨西哥烟椒	
●	●	●	●	●	✖	✖	起泡型葡萄酒
✔	✔	●	✖	✖	●	●	轻盈酒体白葡萄酒
✖	●	✖	✖	●	●	✖	饱满酒体白葡萄酒
✔	✖	✖	✔	✔	✔	✔	芳香型白葡萄酒
✔	●	●	✖	●	●	●	桃红葡萄酒
●	●	●	●	●	●	✖	轻盈酒体红葡萄酒
●	✔	●	✔	✔	✔	●	中度酒体红葡萄酒
●	●	●	✖	●	✔	✖	饱满酒体红葡萄酒
●	✖	✖	●	●		✖	餐后甜酒

COOKING WITH WINE · 使用葡萄酒烹饪

将葡萄酒用于烹饪不仅有趣，还能大大提升食物的风味。以酒入菜的方法有三种：浓缩酱汁、腌泡汁与去渣/烹调汁。

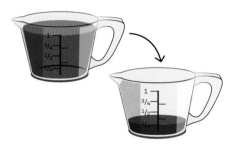

浓缩酱汁

1 杯葡萄酒 = 1/4 杯浓缩酱汁

葡萄酒浓缩酱汁是利用葡萄酒独特风味、酸度与果味的绝佳方式，对开胃菜和甜味菜都能起到补充作用。为了获得最真实的味道，需将葡萄酒小火慢炖。酒精会在炖煮的过程中蒸发，但小火有助于将葡萄酒的芳香留在酱汁中。

2 份葡萄酒　　1 份食用油　　调味品

腌泡汁

2 份葡萄酒、1 份食用油、调味品

腌泡汁是酸、油、草本植物与香料（有时是糖）的调和物，是为软化蛋白质、为食物增添风味专门调配的。葡萄酒中既有单宁又有酸，在腌泡汁中充当酸这一上好软化剂的角色。在为腌泡汁调味时，仔细想想所有原料该如何搭配在一起。浸泡时间取决于蛋白质——时间过长会使蛋白质呈糊状。鱼肉仅需腌制 15~45 分钟，而牛胸肉也许需要浸泡一夜。

去渣 / 烹调汁

少量或每杯 1~2 汤匙

将葡萄酒作为烹调汁入菜的好处在于，你既能得到葡萄酒天然的酸度，又能获得其风味。去渣的过程是将凉酒倒入热锅的过程。该过程能够刮掉粘在平底锅底的所有棕色碎渣（由美拉德反应产生）。你可以用这种去渣汁制作肉汁或汤底。

此外，你还可以直接将葡萄酒加入慢炖菜肴中。只要确保加酒的时间够早，足以让酒精挥发完（至少一个小时）。

用于烹饪的葡萄酒

干型白葡萄酒与红葡萄酒

非常适合用于烹制炖牛肉、奶油汤、白酒黄油沙司、贻贝、蛤和去渣汁。

这里指的是日常饮用的白葡萄酒和红葡萄酒。入菜最好的葡萄酒通常是与饭菜搭配最佳的那些。一般而言，你应该选择果香浓郁、酒体轻盈的白葡萄酒和果香味十足、酒体轻盈至适中、酸度较高的红葡萄酒（以及桃红葡萄酒）。

例如： 灰皮诺酒、长相思酒、阿尔巴利诺酒、弗葡乔酒、鸽笼白酒、白诗南酒、雷司令酒

坚果味的氧化葡萄酒

非常适合烹制肉汁，可用于鸡肉、猪肉、大比目鱼之类的肥厚鱼肉以及虾和汤的烹饪。

氧化会为葡萄酒增添许多复杂而强烈的风味，如坚果味、烤水果味和微妙的红糖香味。许多氧化葡萄酒也是加强型的，能够制作出高度浓缩的浓缩酱汁。虽然氧化葡萄酒通常用于经典的欧式菜肴，但是它们也能够烹制口味浓郁的亚洲与印度风味料理。

例如： 雪莉酒、马德拉酒、马尔萨拉酒、橙酒、黄葡萄酒

浓郁甘甜的餐后甜酒

非常适合调配带有坚果和焦糖的甜点及香草冰激凌所用的糖浆。

甜型红葡萄酒和白葡萄酒能够制作出美味的葡萄酒浓缩酱汁。在选择一款葡萄酒时，记得要与菜肴口味的浓烈程度相匹配。举例而言，香浓巧克力口味的甜点最好搭配由宝石红波特酒之类口感浓郁、强烈的葡萄酒制作的酱汁。

例如： 索泰尔讷酒、波特酒、冰酒、甜型雷司令酒、博姆－德沃尼斯麝香葡萄酒、圣酒、琼瑶浆酒、佩德罗－希梅内斯酒

GRAPES & WINES

葡萄与百种佳酿

本部分包含了 100 种常见的葡萄酒
与相应的品鉴笔记、食物搭配、
侍酒建议及葡萄种植区域。

世界上的酿酒葡萄

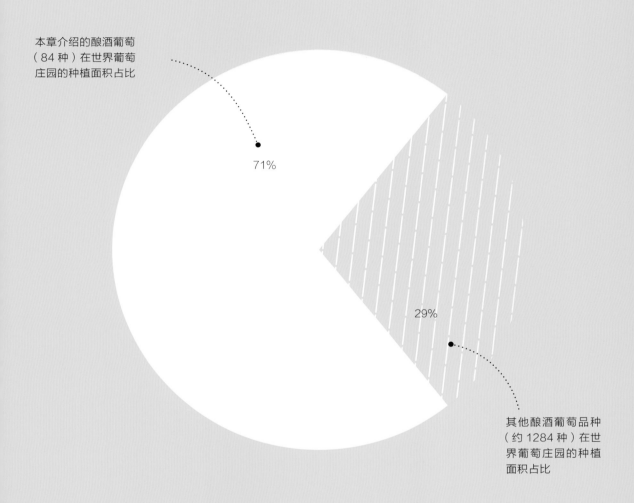

本章介绍的酿酒葡萄
（84 种）在世界葡萄
庄园的种植面积占比

71%

29%

其他酿酒葡萄品种
（约 1284 种）在世
界葡萄庄园的种植
面积占比

当今最深入的酿酒葡萄指南 [《酿酒葡萄》（Wine Grapes），杰西斯·鲁宾孙、朱利亚·哈丁、乔斯·伍意拉莫斯著，2012] 涵盖了 1 368 种用于商业葡萄酒生产的酿酒葡萄品种。这些品种中，只有一小部分在全世界绝大多数酒用葡萄庄园中种植。

因此，为了加速对葡萄酒的理解，我们仅收录了 100 种葡萄酒（确切地说，是 84 种单一品种葡萄酒与 16 种其他葡萄酒）。它们所使用的葡萄代表了酿酒葡萄中最受欢迎的品种，覆盖全球葡萄栽种面积的 71%。

当你遇到本书中没有包含的某个稀有品种时，可以访问 Wine Folly.com 的免费资源。我们希望能够继续添加世界上更多的葡萄酒与酿酒葡萄品种。

不同风味的葡萄酒

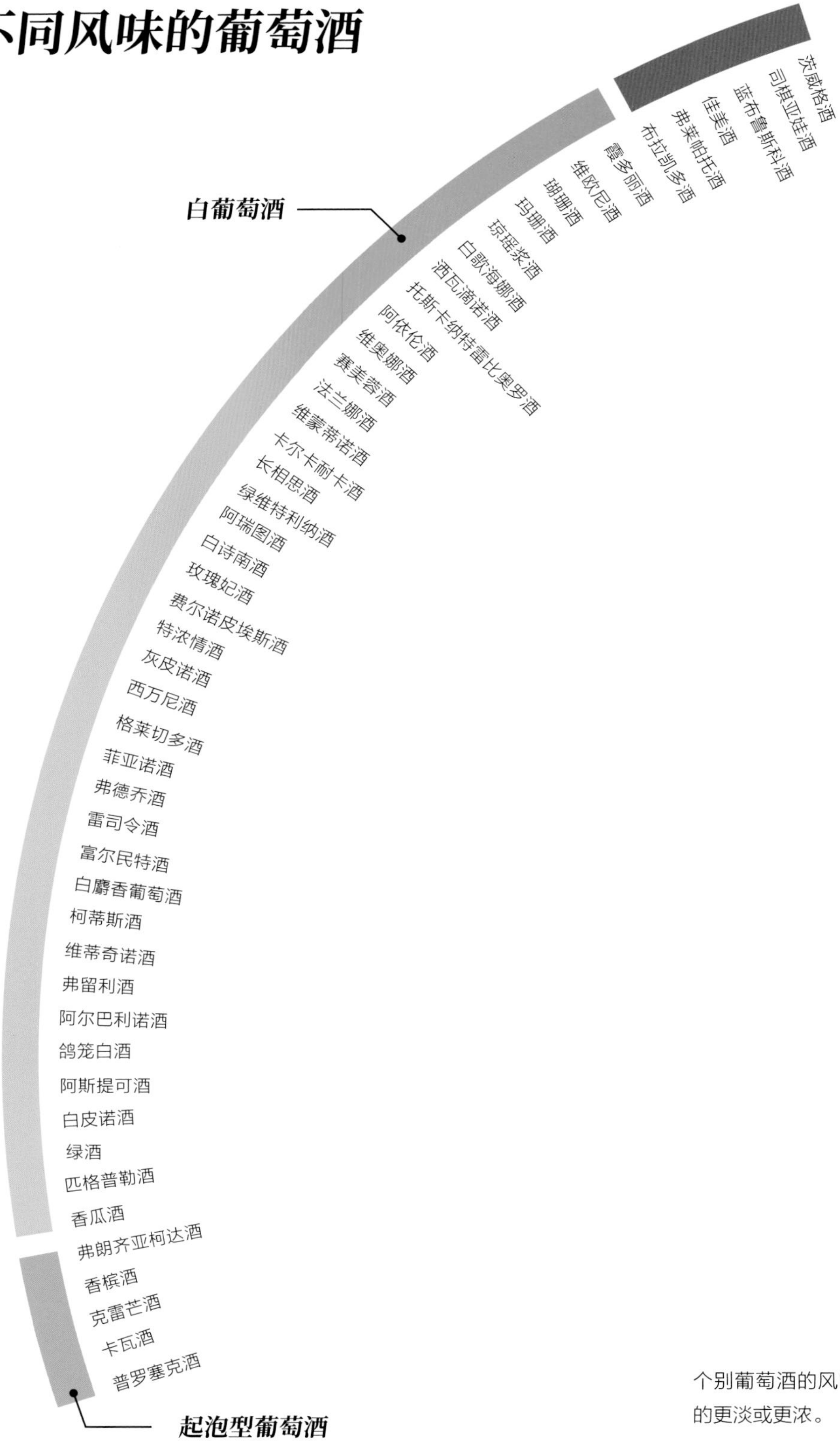

白葡萄酒

茨威格酒
司棋亚娃酒
蓝布鲁斯科酒
佳美酒
弗莱帕托酒
布拉凯多酒
霞多丽酒
维欧尼酒
玛珊酒
琼瑶浆酒
白歌海娜酒
洒瓦滴诺酒
托斯卡纳特雷比奥罗酒
阿依伦酒
维奥娜酒
赛美蓉酒
维蒙蒂诺酒
卡尔卡耐卡酒
长相思酒
绿维特利纳酒
阿瑞图酒
白诗南酒
玫瑰妃酒
费尔诺皮埃斯酒
特浓情酒
灰皮诺酒
西万尼酒
格莱切多酒
菲亚诺酒
弗德乔酒
雷司令酒
富尔民特酒
白麝香葡萄酒
柯蒂斯酒
维蒂奇诺酒
弗留利酒
阿尔巴利诺酒
鸽笼白酒
阿斯提可酒
白皮诺酒
绿酒
匹格普勒酒
香瓜酒
弗朗齐亚柯达酒
香槟酒
克雷芒酒
卡瓦酒
普罗塞克酒

起泡型葡萄酒

个别葡萄酒的风味可能比本图中描述的更淡或更浓。

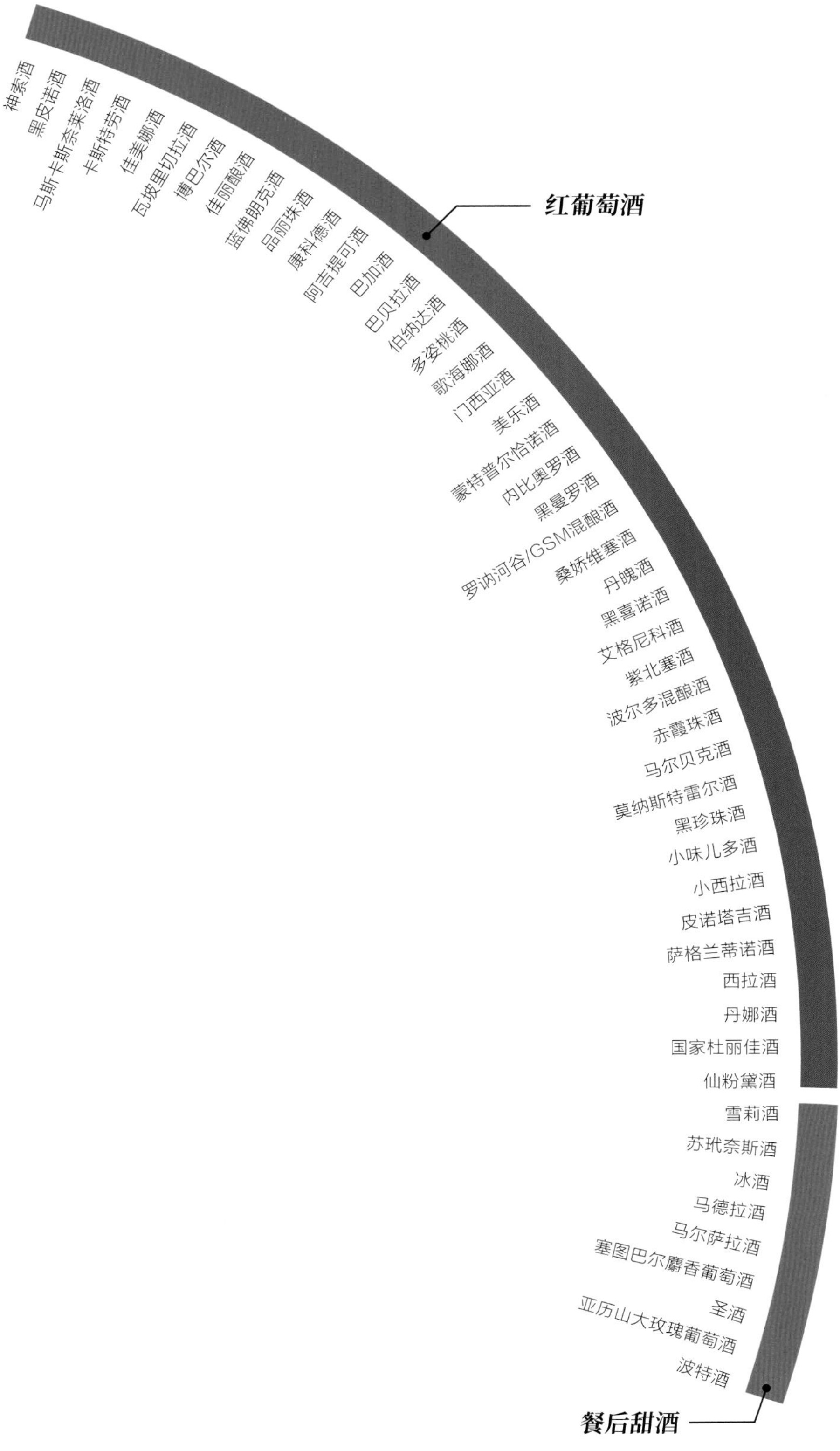

神索酒
黑皮诺酒
马斯卡斯奈莱洛酒
卡斯特劳酒
佳美娜酒
瓦坡里切拉酒
博巴尔酒
佳丽酿酒
蓝佛朗克酒
品丽珠酒
康科德酒
阿吉提可酒
巴加酒
巴贝拉酒
伯纳达酒
多姿桃酒
歌海娜酒
门西亚酒
美乐酒
蒙特普尔恰诺酒
内比奥罗酒
黑曼罗酒
罗讷河谷/GSM混酿酒
桑娇维塞酒
丹魄酒
黑喜诺酒
艾格尼科酒
紫北塞酒
波尔多混酿酒
赤霞珠酒
马尔贝克酒
莫纳斯特雷尔酒
黑珍珠酒
小味儿多酒
小西拉酒
皮诺塔吉酒
萨格兰蒂诺酒
西拉酒
丹娜酒
国家杜丽佳酒
仙粉黛酒

红葡萄酒

雪莉酒
苏玳奈斯酒
冰酒
马德拉酒
马尔萨拉酒
塞图巴尔麝香葡萄酒
圣酒
亚历山大玫瑰葡萄酒
波特酒

餐后甜酒

章节指南

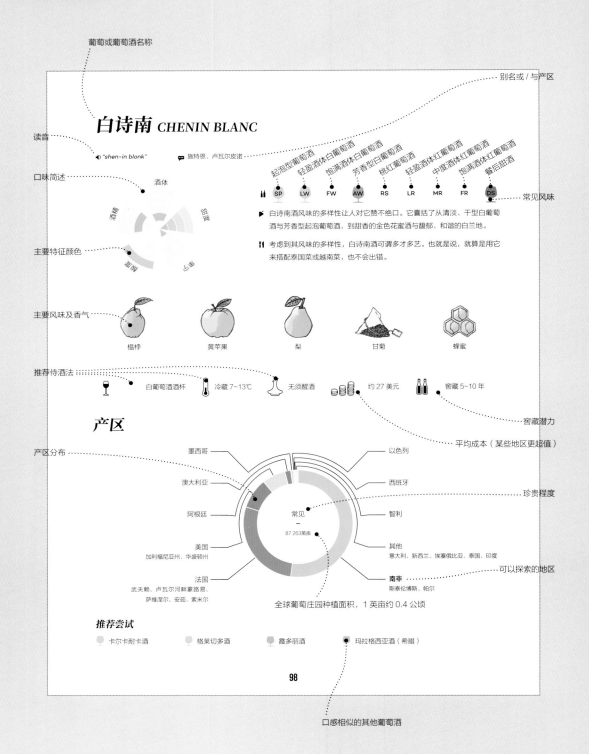

葡萄或葡萄酒名称

别名或 / 与产区

白诗南 CHENIN BLANC

读音
◀) "shen-in blonk"

💬 施特恩、卢瓦尔皮诺

口味简述

酒体

酒精

甜度

起泡型葡萄酒 SP
轻盈酒体白葡萄酒 LW
饱满酒体白葡萄酒 FW
芳香型白葡萄酒 AW
桃红葡萄酒 RS
轻盈酒体红葡萄酒 LR
中度酒体红葡萄酒 MR
饱满酒体红葡萄酒 FR
餐后甜酒 DS

常见风味

🍴 白诗南酒风味的多样性让人对它赞不绝口。它囊括了从清淡、干型白葡萄
酒与芳香型起泡葡萄酒，到甜香的金色花蜜酒与馥郁、和谐的白兰地。

主要特征颜色

单宁

酸度

🍴 考虑到其风味的多样性，白诗南酒可谓多才多艺。也就是说，就算是用它
来搭配泰国菜或越南菜，也不会出错。

主要风味及香气

榅桲   黄苹果   梨   甘菊   蜂蜜

推荐侍酒法

🍷 白葡萄酒酒杯   🌡 冷藏 7~13℃   无须醒酒   约 27 美元   窖藏 5~10 年

窖藏潜力

平均成本（某些地区更超值）

产区

产区分布

墨西哥

以色列

澳大利亚

西班牙

珍贵程度

阿根廷

常见
—
87 263英亩

智利

美国
加利福尼亚州、华盛顿州

其他
意大利、新西兰、埃塞俄比亚、泰国、印度

法国
武夫赖、卢瓦尔河畔蒙路易、
萨维涅尔、安茹、索米尔

南非
斯泰伦博斯、帕尔

可以探索的地区

全球葡萄庄园种植面积，1 英亩约 0.4 公顷

推荐尝试

🍷 卡尔卡耐卡酒   🍷 格莱切多酒   🍷 霞多丽酒   🍷 玛拉格西亚酒（希腊）

口感相似的其他葡萄酒

阿吉提可 *AGIORGITIKO*

◀ *"ah-your-yeek-tee-ko"*　　💬 圣乔治，奈迈阿

| | SP | LW | FW | AW | RS | LR | MR | FR | DS |

🍾 这个希腊顶级红酒品种，风味众多，从桃红到深红葡萄酒，应有尽有。最出色的阿吉提可酒是产自伯罗奔尼撒半岛奈迈阿的酒体饱满的红葡萄酒。

🍴 阿吉提可酒蕴含隐约的肉豆蔻与肉桂香气，能够完美搭配烤肉、番茄酱及中东至印度的各种添加了香料的菜肴。

覆盆子

黑莓

梅子酱

黑胡椒

肉豆蔻

 超大尺寸酒杯　　室温 16~20℃　　醒酒 60+分钟　　约15美元　　窖藏5~25年

产区

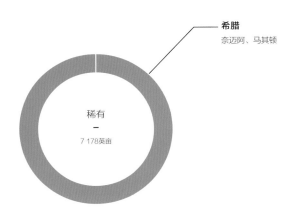

希腊
奈迈阿、马其顿

稀有
—
7 178英亩

推荐尝试

🍷 黑喜诺酒　　🍷 美乐酒　　🍷 巴贝拉酒　　🍷 黑珍珠酒

艾格尼科 *AGLIANICO*

◀) *"olli-yawn-nee-ko"*　　💬 图拉斯

	SP	LW	FW	AW	RS	LR	MR	FR	DS

🍶 内比奥罗酒也许是意大利北部的葡萄酒之王，但在南部称雄的则是艾格尼科酒。这种葡萄酒拥有上佳的品质，陈化最佳时带有独特的咸鲜风味。

🍴 艾格尼科之类的美酒特别适合搭配野味菜肴乃至得克萨斯风味的烤肉。一瓶充分陈化的艾格尼科酒最好是慢慢品味，与醇正的苏格兰艾雷岛威士忌一样。

白胡椒　　　　黑樱桃　　　　　烟　　　　　野味　　　　　加应子

超大尺寸酒杯　　室温 16~20℃　　醒酒60+分钟　　约26美元　　窖藏5~25年

产区

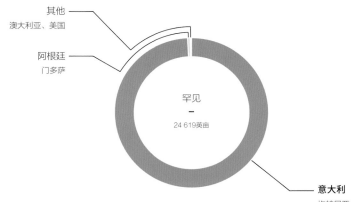

其他
澳大利亚、美国

阿根廷
门多萨

罕见
—
24 619英亩

意大利
坎帕尼亚、巴西利卡塔、卡拉布里亚、西西里岛

推荐尝试

🍷 内比奥罗酒　　🍷 慕合怀特酒　　🍷 黑曼罗酒　　🍷 丹魄酒

阿依伦 AIRÉN

◀) "air-ren"   💬 艾伦

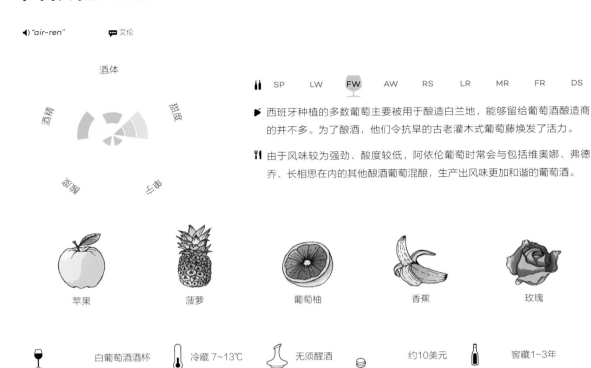

| SP | LW | **FW** | AW | RS | LR | MR | FR | DS |

🏷 西班牙种植的多数葡萄主要被用于酿造白兰地，能够留给葡萄酒酿造商的并不多。为了酿酒，他们令抗旱的古老灌木式葡萄藤焕发了活力。

🍴 由于风味较为强劲、酸度较低，阿依伦葡萄时常会与包括维奥娜、弗德乔、长相思在内的其他酿酒葡萄混酿，生产出风味更加和谐的葡萄酒。

| 苹果 | 菠萝 | 葡萄柚 | 香蕉 | 玫瑰 |

白葡萄酒酒杯   冷藏 7~13℃   无须醒酒   约10美元   窖藏1~3年

产区

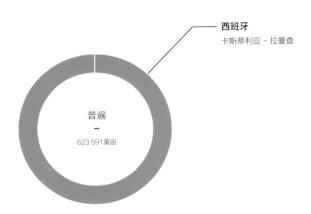

西班牙
卡斯蒂利亚－拉曼查

普遍
—
623 591英亩

推荐尝试

 酒瓦滴诺酒   托斯卡纳特雷比奥罗酒   瑚珊酒

阿尔巴利诺 *ALBARIÑO*

◀) *"alba-reen-yo"*　　💬 阿尔瓦里尼奥

酒体
酒精
甜度
酸度
单宁

| 🍾 | SP | **LW** | FW | AW | RS | LR | MR | FR | DS |

🌿 作为最令人神清气爽的白葡萄酒之一，阿尔巴利诺酒来自伊比利亚半岛。这款酒产于气温较低的沿海地区，因此别具咸香风味。

🍴 阿尔巴利诺酒搭配带鳍鱼类、白肉、叶状香草相得益彰。你会爱上它与墨西哥鱼卷的搭配。

柠檬皮

葡萄柚

蜜瓜

油桃

盐水

 白葡萄酒酒杯　　🌡️ 冰镇 3~7℃　　🍷 无须醒酒　　 约12美元　　🍾 窖藏1~5年

产区

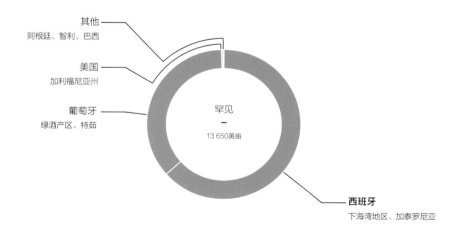

其他
阿根廷、智利、巴西

美国
加利福尼亚州

葡萄牙
绿酒产区、特茹

罕见
—
13 650英亩

西班牙
下海湾地区、加泰罗尼亚

推荐尝试

🍷 洛雷罗酒（葡萄牙）　　🍷 雷司令酒　　🍷 富尔民特酒　　🍷 弗德乔酒　　🍷 绿酒

紫北塞 *ALICANTE BOUSCHET*

◀) *"olly-kan-tay boo-shey"*　　　💬 廷托雷拉歌海娜

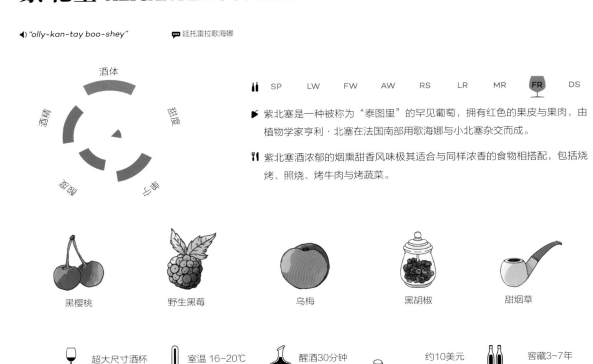

SP　LW　FW　AW　RS　LR　MR　**FR**　DS

🏷 紫北塞是一种被称为"泰图里"的罕见葡萄，拥有红色的果皮与果肉，由植物学家亨利·北塞在法国南部用歌海娜与小北塞杂交而成。

🍴 紫北塞酒浓郁的烟熏甜香风味极其适合与同样浓香的食物相搭配，包括烧烤、照烧、烤牛肉与烤蔬菜。

黑樱桃　　野生黑莓　　乌梅　　黑胡椒　　甜烟草

超大尺寸酒杯　　室温 16~20℃　　醒酒30分钟　　约10美元　　窖藏3~7年

产区

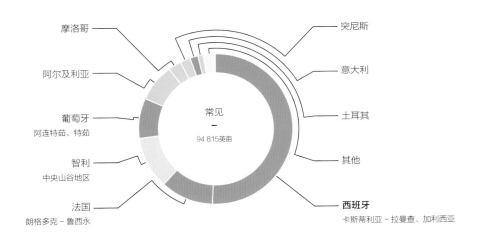

摩洛哥

阿尔及利亚

葡萄牙
阿连特茹、特茹

智利
中央山谷地区

法国
朗格多克 - 鲁西永

突尼斯

意大利

土耳其

其他

西班牙
卡斯蒂利亚 - 拉曼查、加利西亚

常见
—
94 815英亩

推荐尝试

🍷 慕合怀特酒　　🍷 西拉酒　　🍷 小西拉酒　　🍷 仙粉黛酒　　🍷 国家杜丽佳酒

阿瑞图 *ARINTO*

◀) *"ah-reen-too"*　　💬 培德尔纳

| SP | **LW** | **FW** | AW | RS | LR | MR | FR | DS |

🍾 阿瑞图是葡萄牙的本土葡萄，可以酿造出适合陈酿的优质白葡萄酒。随着时间的推移（7 年以上），这款酒能够散发出蜂蜡与坚果的风味。

🍴 由于酸度高，且带有柠檬皮风味，阿瑞图酒非常适合搭配包括葡萄牙名菜马介休（盐腌鳕鱼）在内的浓香海鲜。

柠檬皮　　　　葡萄柚　　　　　榛子　　　　　蜂蜡　　　　　甘菊

 白葡萄酒酒杯　 冷藏 7~13℃　 无须醒酒　　约10美元　　窖藏5~10年

产区

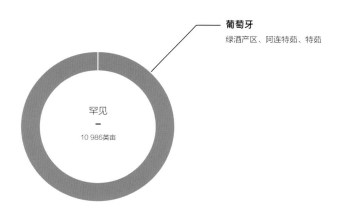

葡萄牙
绿酒产区、阿连特茹、特茹

罕见
—
10 986英亩

推荐尝试

🍷 卡尔卡耐卡酒　　🍷 法兰娜酒　　🍷 托斯卡纳特雷比奥罗酒　　🍷 白歌海娜酒　　🍷 赛美蓉酒

阿斯提可 ASSYRTIKO

◀) "ah-seer-teeko"

酒体

酒精　　　甜度

单宁　　　酸度

| 🍶 | SP | **LW** | FW | AW | RS | LR | MR | FR | DS |

✂ 就葡萄庄园占地面积而言，阿斯提可也许十分稀有，却是希腊最负盛名的葡萄之一。你能在圣托里尼岛上找到一些最好的酒款。

🍴 阿斯提可酒非常适合搭配贝类食物，当然还有希腊经典的西红柿菲达奶酪沙拉。你会发现这种葡萄酒极其万能，可以搭配许多不同的料理。

| 青柠 | 百香果 | 蜂蜡 | 燧石 | 盐水 |

| 🍷 白葡萄酒酒杯 | 🌡 冰镇 3~7℃ | 无须醒酒 | 约20美元 | 窖藏5~10年 |

产区

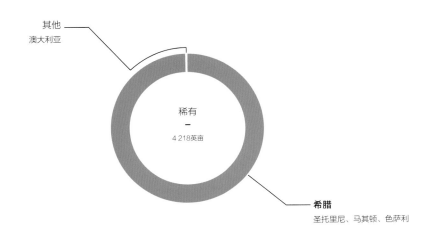

其他
澳大利亚

稀有
—
4 218英亩

希腊
圣托里尼、马其顿、色萨利

推荐尝试

🍷 干型雷司令酒　　🍷 阿尔巴利诺酒　　🍷 富尔民特酒　　🍷 匹格普勒酒　　🍷 阿瑞图酒

巴加 BAGA

◀ "bah-gah"　　💬 廷塔百拉达

酒体

酒精　　　　　　　甜度

单宁　　　　　　　酸度

 | SP | LW | FW | AW | RS | LR | MR | FR | DS

🔖 尽管大部分的巴加葡萄都被用于酿造葡萄牙一流的马刁士蜜桃红葡萄酒，它也能酿造值得陈化的红葡萄酒及口味丰富的起泡型桃红葡萄酒。

🍴 这是一款馥郁的红葡萄酒，应该搭配调香后油脂丰富的烤肉，这样才能补足其时而强劲、粗糙或类似焦油的风味。

 | | | |
---|---|---|---|---
黑莓 | 黑加仑 | 樱桃干 | 可可 | 乌梅

🍷 红葡萄酒酒杯　　🌡 窖藏 13~16℃　　🍶 醒酒60+分钟　　🪙 约15美元　　🍾 窖藏5~15年

产区

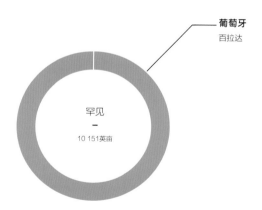

葡萄牙
百拉达

罕见
—
10 151英亩

推荐尝试

🍷 多姿桃酒　　🍷 伯纳达酒　　🍷 慕合怀特酒　　🍷 黑曼罗酒　　🍷 皮诺塔吉酒

78

巴贝拉 BARBERA

◀) *"bar-bear-ruh"*

| SP | LW | FW | AW | **RS** | LR | **MR** | FR | DS |

🏷 巴贝拉酒是意大利皮埃蒙特人日常饮用的红葡萄酒。它亲民且实惠，带有会令人抿起嘴巴的浓烈酸味。

🍴 尝试用巴贝拉酒搭配以烤肉和蔬菜为主的菜肴。用樱桃、鼠尾草、大茴香、肉桂、白胡椒或漆树调香能使这样的搭配更受欢迎。

| 酸樱桃 | 甘草 | 黑莓 | 干草本植物 | 黑胡椒 |

集香型酒杯　　室温 16~20℃　　醒酒30分钟　　约15美元　　窖藏3~7年

产区

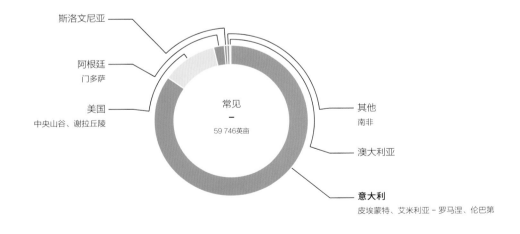

斯洛文尼亚

阿根廷
门多萨

美国
中央山谷、谢拉丘陵

常见
—
59 746英亩

其他
南非

澳大利亚

意大利
皮埃蒙特、艾米利亚 – 罗马涅、伦巴第

推荐尝试

🍷 阿吉提可酒　　🍷 门西亚酒　　🍷 多姿桃酒　　🍷 蓝佛朗克酒　　🍷 蒙特普尔恰诺酒

蓝佛朗克 *BLAUFRÄNKISCH*

🔊 *"blauw-fronk-keesh"*　　💬 莱姆贝格、卡法兰克斯

SP	LW	FW	AW	RS	LR	MR	FR	DS

✍ 蓝佛朗克酒充满了浓郁辛辣的黑色水果风味与激爽的酸味，是十分理想的配餐红葡萄酒。有趣的是，蓝佛朗克葡萄与佳美、茨威格两种葡萄都有关联。

🍴 只需看一看这种葡萄的生产区域，就能找出其完美的搭档，包括烟熏香肠、红皮马铃薯牛肉浓汤与奶酪味的意大利饺子。

野生黑莓	黑樱桃	甜胡椒	黑巧克力	辣椒

红葡萄酒酒杯　　室温 16~20℃　　醒酒30分钟　　约15美元　　窖藏3~7年

产区

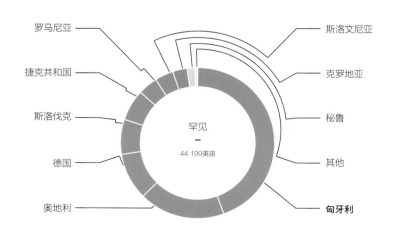

罗马尼亚　　斯洛文尼亚
捷克共和国　　克罗地亚
斯洛伐克　　秘鲁
德国　　其他
奥地利　　**匈牙利**

罕见
–
44 199英亩

推荐尝试

🍷 西拉酒　　🍷 伯纳达酒　　🍷 马尔贝克酒　　🍷 慕合怀特酒　　🍷 皮诺塔吉酒

博巴尔 *BOBAL*

◀) *"bo-bal"*

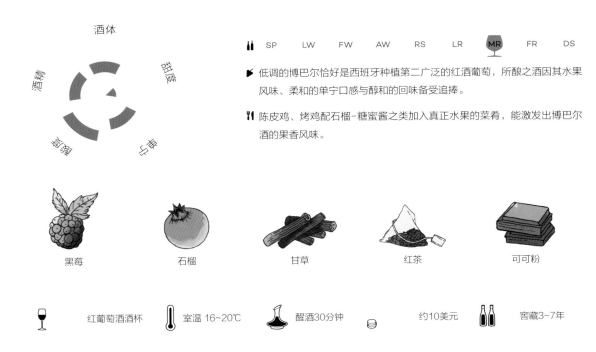

酒体

甜度

酒精

单宁

酸度

| SP | LW | FW | AW | RS | LR | **MR** | FR | DS |

🏷 低调的博巴尔恰好是西班牙种植第二广泛的红酒葡萄，所酿之酒因其水果风味、柔和的单宁口感与醇和的回味备受追捧。

🍴 陈皮鸡、烤鸡配石榴-糖蜜酱之类加入真正水果的菜肴，能激发出博巴尔酒的果香风味。

黑莓　　　　　石榴　　　　　甘草　　　　　红茶　　　　　可可粉

红葡萄酒酒杯　　室温 16~20℃　　醒酒30分钟　　约10美元　　窖藏3~7年

产区

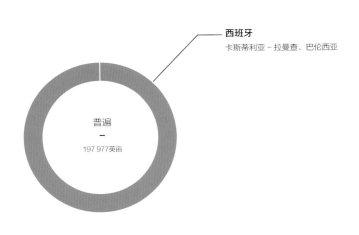

西班牙
卡斯蒂利亚 - 拉曼查、巴伦西亚

普遍
—
197 977英亩

推荐尝试

🍷 佳美酒　　🍷 丹菲特酒　　🍷 多姿桃酒　　🍷 茨威格酒　　🍷 蓝佛朗克酒

伯纳达 BONARDA

◀ "bo-nard-duh" 💬 黑多切、沙帮乐

酒体
甜度
单宁
智涩
酒精

| SP | LW | FW | AW | RS | LR | **MR** | FR | DS |

📖 这里所说的伯纳达葡萄与生长在意大利北部的不同。它又被称为"黑多切"，与马尔贝克葡萄一同生长在阿根廷，能够酿出口感顺滑、果香四溢的葡萄酒。

🍴 搭配伴有巧克力酱与咖喱土豆的菜肴时，伯纳达酒堪称不二之选。你也会喜爱用它来搭配恩帕纳达斯肉馅卷饼和玉米饼碎肉卷。

梅子酱

樱桃

小豆蔻

无花果酱

石墨

🍷 红葡萄酒酒杯　🌡 室温 16~20℃　醒酒 30 分钟　约 10 美元　窖藏 3~7 年

产区

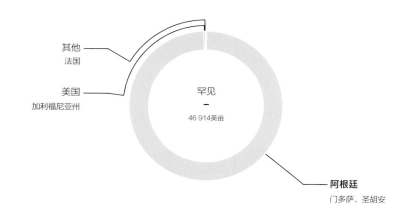

其他
法国

美国
加利福尼亚州

罕见
—
46 914英亩

阿根廷
门多萨、圣胡安

推荐尝试

 美乐酒　　 西拉酒　　🍷 多姿桃酒　　🍷 小西拉酒

波尔多混酿（红）BORDEAUX BLEND（Red）

 "bore-doe" 💬 梅里蒂奇、赤霞珠-美乐

SP　LW　FW　AW　**RS**　LR　**MR**　**FR**　DS

➤ 一种主要由赤霞珠与美乐葡萄混酿而成的红酒，其中还添加了源自法国波尔多的其他几种葡萄。

🍴 这种混酿酒中的单宁使之成为搭配牛排与其他红肉菜肴的绝妙选择。调味要简单——考虑盐和胡椒即可。

黑加仑　　　　黑樱桃　　　　石墨　　　　巧克力　　　　干草本植物

 超大尺寸酒杯　 室温 16~20℃　 醒酒 60+ 分钟　 约 25 美元　 窖藏 5~25 年

混酿葡萄

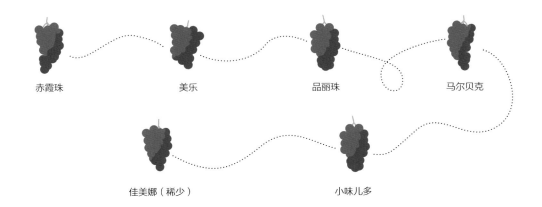

赤霞珠　　　　美乐　　　　品丽珠　　　　马尔贝克

佳美娜（稀少）　　　　小味儿多

推荐尝试

 赤霞珠酒　 美乐酒　 品丽珠酒　 马尔贝克酒　 小味儿多酒

波尔多混酿酒（红）

附加品鉴笔记

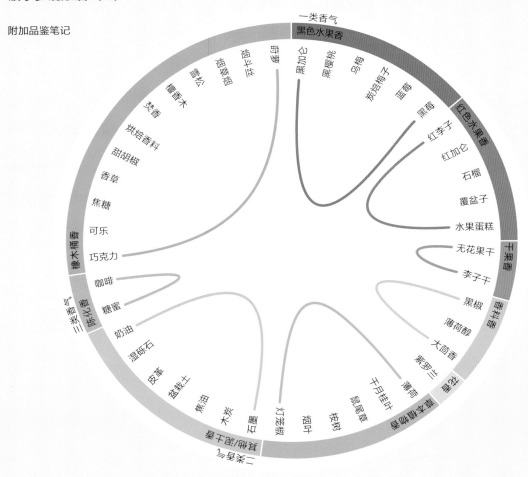

法国波尔多

波尔多的夏天十分炎热，但时常会戛然而止。秋天的气温能够留住果香、维持酸度，为成品葡萄酒增添草本香味的特色。梅多克与格拉夫的碎石 - 黏土土壤赋予了葡萄酒更多的单宁，而利布尔讷的黏土土壤则会带来果香更加浓郁的果实。

‣ 黑加仑
‣ 大茴香
‣ 烟叶
‣ 梅子酱
‣ 烘焙香料

西澳大利亚

作为波尔多混酿酒在澳大利亚的顶级产区，这里有印度洋吹来的冷风，能够赋予葡萄酒更多的红色水果香味与优雅风味。该地区的风化花岗岩碎石与黏土基础土壤为当地葡萄酒带来了标志性的鼠尾草与月桂叶香味，因而颇受好评。

‣ 红加仑
‣ 黑樱桃
‣ 鼠尾草
‣ 咖啡
‣ 月桂叶

意大利托斯卡纳博格利

托斯卡纳出产的是以美乐、赤霞珠为主的混酿酒，有时也会混入桑娇维塞。"超级托斯卡纳"是这种混酿酒更为人所知的名称。在波尔多混酿酒最著名的博格利产区，最好的土壤都是肥沃的棕色碎石质地黏土，赋予了葡萄酒浓郁的果香与充满灰尘气息的皮革风味。

‣ 黑樱桃
‣ 黑莓
‣ 檀香木
‣ 皮革
‣ 大茴香

布拉凯多 BRACHETTO

◀) "brak-kett-toe"　　　💬 阿奎布拉凯多

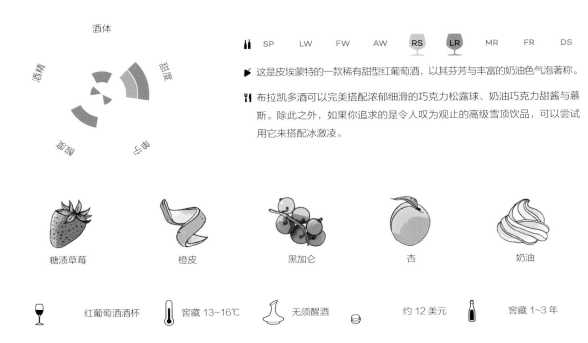

酒体

酒精

甜度

酸度

单宁

| SP | LW | FW | AW | RS | LR | MR | FR | DS |

➤ 这是皮埃蒙特的一款稀有甜型红葡萄酒，以其芬芳与丰富的奶油色气泡著称。

🍴 布拉凯多酒可以完美搭配浓郁细滑的巧克力松露球、奶油巧克力甜酱与慕斯。除此之外，如果你追求的是令人叹为观止的高级雪顶饮品，可以尝试用它来搭配冰激凌。

| 糖渍草莓 | 橙皮 | 黑加仑 | 杏 | 奶油 |

红葡萄酒酒杯　　　窖藏 13~16℃　　　无须醒酒　　　约 12 美元　　　窖藏 1~3 年

产区

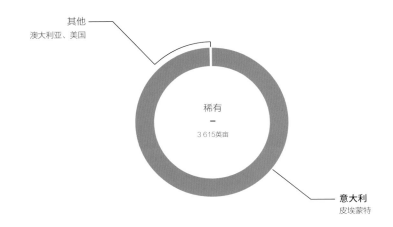

其他
澳大利亚、美国

稀有
—
3 615英亩

意大利
皮埃蒙特

推荐尝试

🍷 蓝布鲁斯科酒　　　🍷 黑麝香葡萄酒　　　🍷 弗雷伊萨酒（意大利）　　　🍷 康科德酒

品丽珠 *CABERNET FRANC*

🔊 *"kab-err-nay fronk"*　　💬 布莱顿、希农、布尔格伊

酒体
酒精
甜度
单宁
酸度

🍾 | SP | LW | FW | AW | RS | LR | MR | FR | DS

🔖 品丽珠是美乐与赤霞珠的亲本葡萄，可能源自西班牙的巴斯克地区，不过这还有待商榷。

🍴 较高的酸度使得品丽珠酒得以搭配以西红柿为基础的菜肴、用醋打底的酱汁（有人喜欢烟熏烧烤酱吗？）或浓郁的黑色鲟鱼鱼子酱。

草莓

覆盆子

灯笼椒

碎砾石

辣椒

🍷 红葡萄酒酒杯　　🌡 室温 16~20℃　　🍶 醒酒 30 分钟　　🪙 约 20 美元　　🍾 窖藏 5~10 年

产区

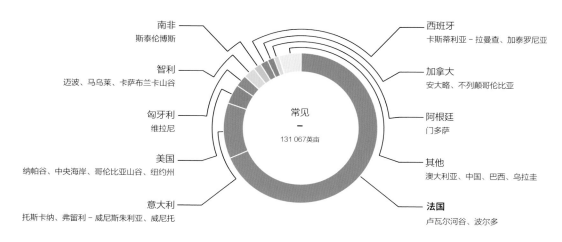

南非
斯泰伦博斯

智利
迈波、马乌莱、卡萨布兰卡山谷

匈牙利
维拉尼

美国
纳帕谷、中央海岸、哥伦比亚山谷、纽约州

意大利
托斯卡纳、弗留利 - 威尼斯朱利亚、威尼托

西班牙
卡斯蒂利亚 - 拉曼查、加泰罗尼亚

加拿大
安大略、不列颠哥伦比亚

阿根廷
门多萨

其他
澳大利亚、中国、巴西、乌拉圭

法国
卢瓦尔河谷、波尔多

常见
—
131 067英亩

推荐尝试

 佳美娜酒　　 桑娇维塞酒　　 丹魄酒　　 仙粉黛酒　　 卡斯特劳酒

品丽珠酒

附加品鉴笔记

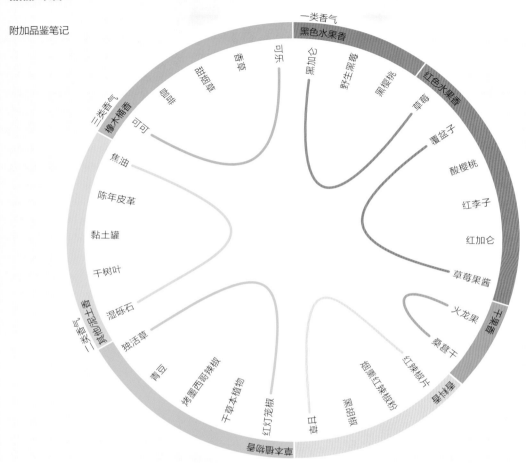

法国希农

卢瓦尔河谷中部附近（希农、布尔格伊、安茹等）以出产优质的单一品种品丽珠葡萄酒著称。较为凉爽的气候适宜出产颜色较淡、酒体较轻盈、酸度较高的葡萄酒，并能赋予其独特的草本植物风味。

▸ 红灯笼椒
▸ 红辣椒片
▸ 覆盆子酱
▸ 湿砾石
▸ 干草本植物

意大利托斯卡纳

托斯卡纳较为温暖的气候赋予了品丽珠酒更为浓郁的果香。该地区的红色黏土土壤通常会增加单宁的含量。鉴于品丽珠葡萄并非意大利本土的品种，其酿造的葡萄酒被降级为优良地区餐酒（IGP，见第253页），标签标明的是葡萄品种或自造的名称。

▸ 樱桃
▸ 皮革
▸ 草莓
▸ 甘草
▸ 咖啡

加利福尼亚州谢拉丘陵

谢南多厄河谷地区、埃尔多拉多、费尔普莱与菲德尔敦温暖、稳定的气候有助于培育酸度较低的成熟型甜葡萄，因而酿造的葡萄酒通常以果味为主，果酱气息浓郁，酒精度更高，还带有些许干树叶味道。

▸ 草莓干
▸ 覆盆子
▸ 烟叶
▸ 雪松
▸ 香草

赤霞珠 *CABERNET SAUVIGNON*

◀ *"kab-er-nay saw-vin-yawn"*

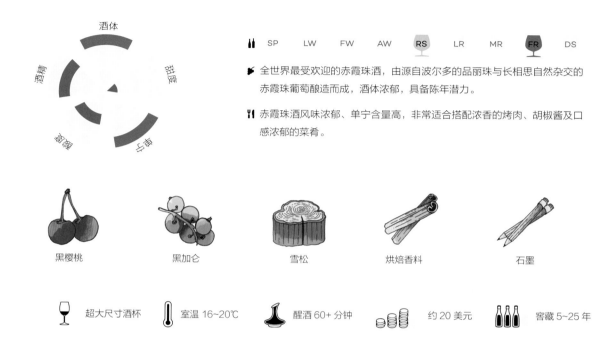

SP　LW　FW　AW　**RS**　LR　MR　**FR**　DS

全世界最受欢迎的赤霞珠酒，由源自波尔多的品丽珠与长相思自然杂交的赤霞珠葡萄酿造而成，酒体浓郁，具备陈年潜力。

赤霞珠酒风味浓郁、单宁含量高，非常适合搭配浓香的烤肉、胡椒酱及口感浓郁的菜肴。

黑樱桃　　黑加仑　　雪松　　烘焙香料　　石墨

超大尺寸酒杯　室温 16~20℃　醒酒 60+ 分钟　约 20 美元　窖藏 5~25 年

产区

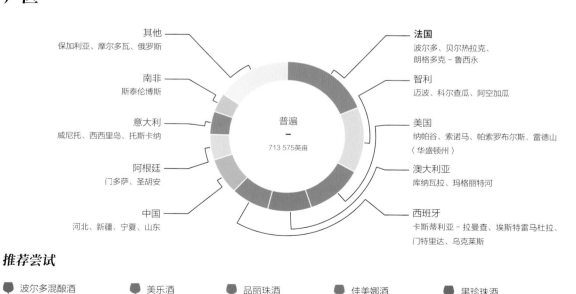

其他
保加利亚、摩尔多瓦、俄罗斯

南非
斯泰伦博斯

意大利
威尼托、西西里岛、托斯卡纳

阿根廷
门多萨、圣胡安

中国
河北、新疆、宁夏、山东

普遍
—
713 575英亩

法国
波尔多、贝尔热拉克、朗格多克 - 鲁西永

智利
迈波、科尔查瓜、阿空加瓜

美国
纳帕谷、索诺马、帕索罗布尔斯、雷德山（华盛顿州）

澳大利亚
库纳瓦拉、玛格丽特河

西班牙
卡斯蒂利亚 - 拉曼查、埃斯特雷马杜拉、门特里达、乌克莱斯

推荐尝试

● 波尔多混酿酒　　● 美乐酒　　● 品丽珠酒　　● 佳美娜酒　　● 黑珍珠酒

赤霞珠酒

附加品鉴笔记

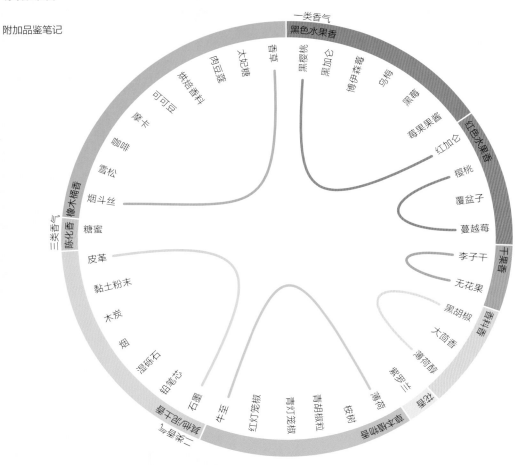

智利

阿空加瓜、迈波、卡恰布谷与科尔查瓜山谷出产的赤霞珠酒出类拔萃。在迈波，来自太平洋的冷风创造了理想的地中海气候，成就了智利酒体最浓郁的赤霞珠酒。阿特－迈波是赤霞珠葡萄最著名的子产区。

▸ 黑莓
▸ 黑樱桃
▸ 无花果膏
▸ 烘焙香料
▸ 青胡椒粒

加利福尼亚州纳帕谷

纳帕谷最显著的特点之一是火山土壤，它赋予了葡萄酒独特的灰尘风味与矿物味特色。该山谷谷底出产的葡萄酒往往带有黑樱桃气息，并富含单宁。产自坡地的葡萄酒，酸度更高，带有黑莓香气与淳朴的单宁口感。

▸ 黑加仑
▸ 铅笔芯
▸ 烟草
▸ 黑莓
▸ 薄荷

南澳大利亚州

南澳大利亚州的库纳瓦拉以其温和的气候及富含氧化铁的红色黏土土壤（被称为"红土"）而著称。这里的赤霞珠酒酒香浓烈、果香馥郁，但口感均衡，单宁含量较高，带有白胡椒与月桂叶的淳朴气息。

▸ 乌梅
▸ 白胡椒
▸ 醋栗糖
▸ 巧克力
▸ 月桂叶

佳丽酿 *CARIGNAN*

◀ "kare-rin-yen"　　💬 马士罗、萨姆索，卡里尼亚诺

酒体

酒精　　　　　　　　　　　甜度

鞣酸　　　　　　　　　　　干度

| 🍶 | SP | LW | FW | AW | RS | LR | MR | FR | DS |

🍇 这种高产又抗旱的葡萄曾经口碑不佳，直到某些酿酒商近来开始使用源自古老葡萄庄园的葡萄酿酒，它才得以正名。

🍴 佳丽酿酒非常适合搭配使用肉桂调香的菜肴、以莓果为基础的酱汁与烟熏肉类。换句话说，选择它来搭配感恩节与假日美食，效果令人惊艳。

蔓越莓干

覆盆子

烟叶

烘焙香料

腌肉

 红葡萄酒酒杯　　 室温 16~20℃　　 醒酒 30 分钟　　🪙 约 15 美元　　 客藏 5~10 年

产区

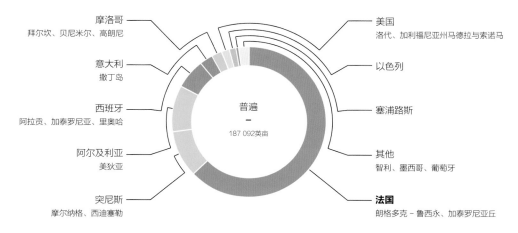

摩洛哥
拜尔坎、贝尼米尔、高朗尼

意大利
撒丁岛

西班牙
阿拉贡、加泰罗尼亚、里奥哈

阿尔及利亚
美狄亚

突尼斯
摩尔纳格、西迪塞勒

普遍
—
187 092英亩

美国
洛代、加利福尼亚州马德拉与索诺马

以色列

塞浦路斯

其他
智利、墨西哥、葡萄牙

法国
朗格多克 - 鲁西永、加泰罗尼亚丘

推荐尝试

 歌海娜酒　　 桑娇维塞酒　　 GSM/ 罗讷河谷混酿酒　　 卡斯特劳酒　　 仙粉黛酒

佳美娜 CARMÉNÈRE

◀ *"Kar-men-nair"*　　💬 蛇龙珠

酒体

酒精　甜度
智瀚　单宁

| 🍾 | SP | LW | FW | AW | **RS** | LR | **MR** | FR | DS |

🚩 佳美娜葡萄一度被认为是一种几乎绝种的波尔多品种。人们后来才得知，智利种植的近 50% 的美乐葡萄实际上就是佳美娜葡萄！

🍴 佳美娜酒所拥有的草本植物香味与胡椒粒风味是烤肉（从鸡肉到牛肉）的上好点缀，它与用莳萝调香的食物都非常百搭。

覆盆子　　　　灯笼椒　　　　乌梅　　　　　辣椒　　　　　香草

🍷 红葡萄酒酒杯　🌡 室温 16~20℃　⚗ 醒酒 30 分钟　🪙 约 15 美元　🍾 窖藏 5~15 年

产区

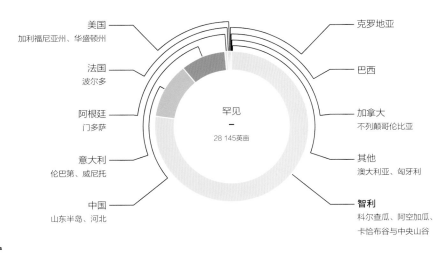

美国
加利福尼亚州、华盛顿州

法国
波尔多

阿根廷
门多萨

意大利
伦巴第、威尼托

中国
山东半岛、河北

克罗地亚

巴西

加拿大
不列颠哥伦比亚

其他
澳大利亚、匈牙利

智利
科尔查瓜、阿空加瓜、
卡恰布谷与中央山谷

罕见
—
28 145英亩

推荐尝试

🍷 品丽珠酒　　🍷 赤霞珠酒　　🍷 红贝尔萨酒（西班牙）　　🍷 波尔多混酿酒　　🍷 美乐酒

卡斯特劳 *CASTELÃO*

◀) *"Kast-tall-ow"*　　　💬 普卢齐达

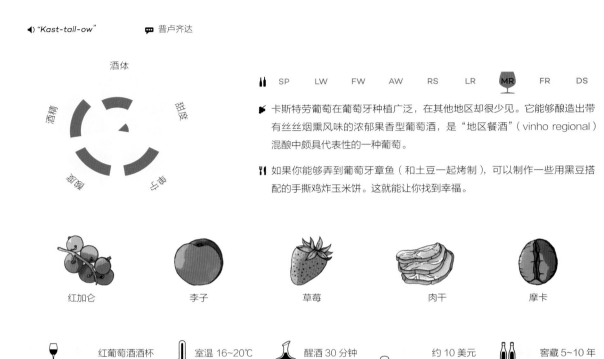

酒体

酒精　　　　　甜度

单宁　　　　酸度

🍷 SP　LW　FW　AW　RS　LR　**MR**　FR　DS

🍷 卡斯特劳葡萄在葡萄牙种植广泛，在其他地区却很少见。它能够酿造出带有丝丝烟熏风味的浓郁果香型葡萄酒，是"地区餐酒"（vinho regional）混酿中颇具代表性的一种葡萄。

🍴 如果你能够弄到葡萄牙章鱼（和土豆一起烤制），可以制作一些用黑豆搭配的手撕鸡炸玉米饼。这就能让你找到幸福。

红加仑　　　李子　　　草莓　　　肉干　　　摩卡

🍷 红葡萄酒酒杯　　🌡 室温 16~20℃　　⚗ 醒酒 30 分钟　　　　约 10 美元　　🍾 窖藏 5~10 年

产区

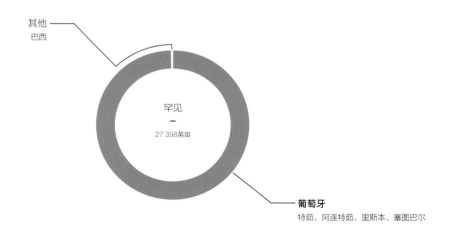

其他
巴西

罕见
—
27 398英亩

葡萄牙
特茹、阿连特茹、里斯本、塞图巴尔

推荐尝试

🍷 佳丽酿酒　　🍷 仙粉黛酒　　🍷 歌海娜酒　　🍷 神索酒

卡瓦 CAVA

🔈 *"Kah-vah"*

酒体
甜度
单宁
酸度
酒精

SP LW FW AW RS LR MR FR DS

卡瓦酒是西班牙上好的起泡型葡萄酒，采用的是与香槟类似的质量等级体系，却优于好几种本土的西班牙葡萄酒。

卡瓦酒与西班牙菜肴中最受喜爱的餐前小吃及肉菜饭搭配起来令人惊艳，还能完美搭配墨西哥食物——注意，还有红豆辣椒。

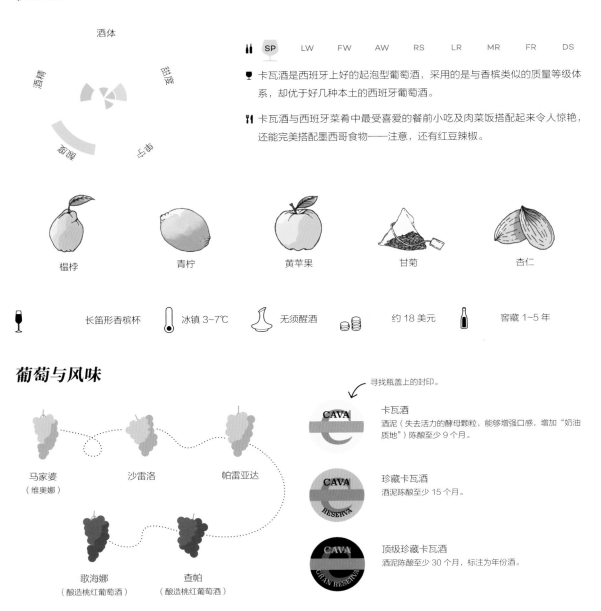

榅桲
青柠
黄苹果
甘菊
杏仁

长笛形香槟杯　冰镇 3~7℃　无须醒酒　约 18 美元　窖藏 1~5 年

葡萄与风味

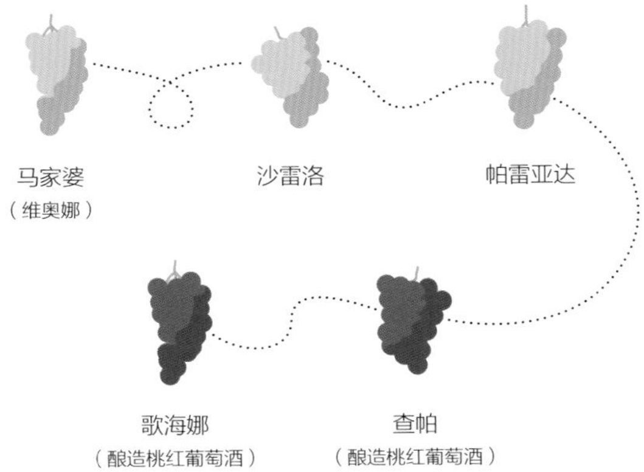
马家婆
（维奥娜）
沙雷洛
帕雷亚达
歌海娜
（酿造桃红葡萄酒）
查帕
（酿造桃红葡萄酒）

寻找瓶盖上的封印。

CAVA

卡瓦酒

酒泥（失去活力的酵母颗粒，能够增强口感，增加"奶油质地"）陈酿至少 9 个月。

CAVA
RESERVA

珍藏卡瓦酒

酒泥陈酿至少 15 个月。

CAVA
GRAN RESERVA

顶级珍藏卡瓦酒

酒泥陈酿至少 30 个月，标注为年份酒。

推荐尝试

- 克雷芒酒
- 香槟酒
- 塞克特酒（奥地利和德国）
- 意大利经典起泡酒
- 开普经典酒（南非）

香槟 CHAMPAGNE

◀) "sham-pain"

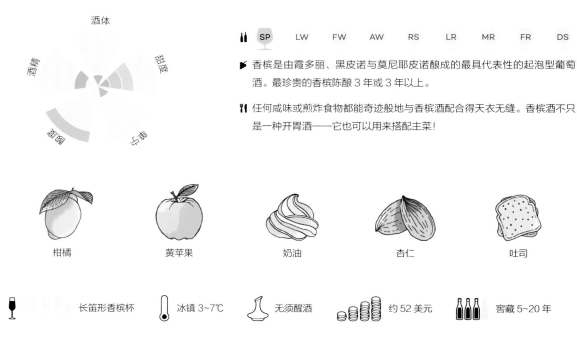

| | SP | LW | FW | AW | RS | LR | MR | FR | DS |

🍾 香槟是由霞多丽、黑皮诺与莫尼耶皮诺酿成的最具代表性的起泡型葡萄酒。最珍贵的香槟陈酿 3 年或 3 年以上。

🍴 任何咸味或煎炸食物都能奇迹般地与香槟酒配合得天衣无缝。香槟酒不只是一种开胃酒——它也可以用来搭配主菜！

酒体
甜度
甜味
酒精
酸度

| 柑橘 | 黄苹果 | 奶油 | 杏仁 | 吐司 |

长笛形香槟杯 　冰镇 3~7℃ 　无须醒酒 　约 52 美元 　窖藏 5~20 年

产区

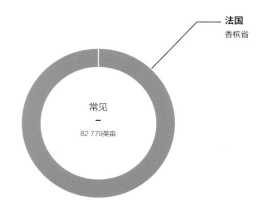

法国
香槟省

常见
—
82 779英亩

推荐尝试

🍷 克雷芒酒 　🍷 卡瓦酒 　🍷 意大利经典起泡酒 　🍷 塞克特酒（奥地利和德国）　🍷 开普经典酒（南非）

香槟酒

附加品鉴笔记

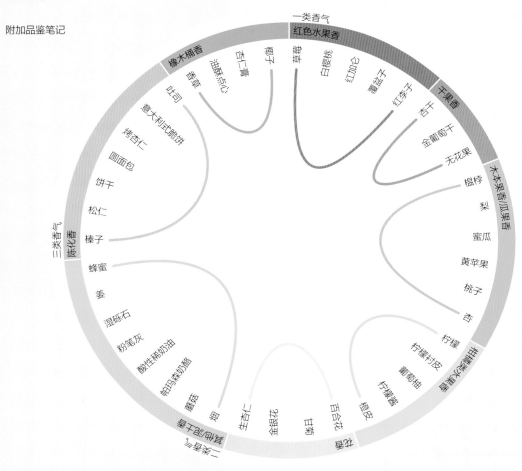

一类香气
红色水果香
榛木桶香
吐司
意大利式脆饼
烤杏仁
圆面包
饼干
松仁
榛子
蜂蜜
姜
混砾石
粉笔灰
酸性稀奶油
帕玛森奶酪
蘑菇
烟
生杏仁
金银花
甘菊
百合花
橙皮
柠檬酱
葡萄柚
柠檬衬皮
柠檬
杏
桃子
黄苹果
蜜瓜
梨
榅桲
无花果
金葡萄干
杏干
红李子
覆盆子
红加仑
白樱桃
草莓
椰子
杏仁膏
油酥点心
香草
三类香气
陈化香
干果香
木本果香/瓜果香
甘美柑橘香
柔和花香
二类香气 酵母/面包香
干果香

兰斯山脉

这条山脉光照充足，足以让黑皮诺葡萄与莫尼耶皮诺葡萄成熟。随着混酿酒中红葡萄含量的增加，起泡型葡萄酒的风味往往会变得更加馥郁，果香更浓。许多顶级香槟酒庄的上好葡萄都源自那里的 10 家特级葡萄庄园。

▸ 白樱桃
▸ 金葡萄干
▸ 柠檬皮
▸ 帕玛森奶酪
▸ 圆面包

白丘

这座东向的山坡上覆盖着白垩，以出产单一品种的白中白香槟酒而著称。98% 的霞多丽酒所用的葡萄都栽种在这一区域。同时，这里还以拥有 6 座特级葡萄庄园而自豪。对于许多人来说，这座山坡完美地诠释了香槟酒。

▸ 黄苹果
▸ 柠檬酱
▸ 金银花
▸ 酸性稀奶油
▸ 杏仁膏

马恩河谷

马恩河畔的河谷恰好拥有一座名叫艾镇的特级葡萄庄园，正位于埃佩尔奈城外。这里重点种植比黑皮诺葡萄更易成熟的莫尼耶皮诺葡萄，它可以酿造出更加浓郁、油滑并带有烟熏与蘑菇风味的起泡型葡萄酒。

▸ 黄梅
▸ 榅桲
▸ 酸性稀奶油
▸ 蘑菇
▸ 烟

霞多丽 *CHARDONNAY*

◀) *"shar-dun-nay"*　　💬 夏布利、莫里利恩、勃艮第白

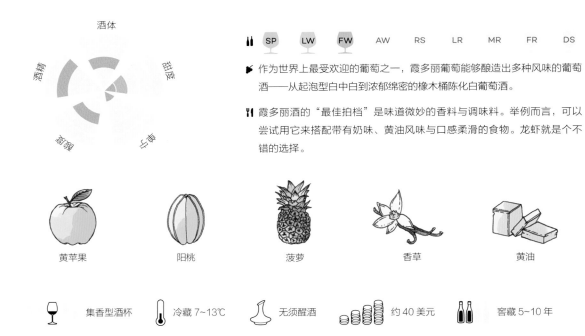

酒体

甜度

酒精

单宁

智缓

酸度

| SP | LW | FW | AW | RS | LR | MR | FR | DS |

✎ 作为世界上最受欢迎的葡萄之一，霞多丽葡萄能够酿造出多种风味的葡萄酒——从起泡型白中白到浓郁绵密的橡木桶陈化白葡萄酒。

🍴 霞多丽酒的"最佳拍档"是味道微妙的香料与调味料。举例而言，可以尝试用它来搭配带有奶味、黄油风味与口感柔滑的食物。龙虾就是个不错的选择。

黄苹果　　阳桃　　菠萝　　香草　　黄油

集香型酒杯　　冷藏 7~13℃　　无须醒酒　　约 40 美元　　窖藏 5~10 年

产区

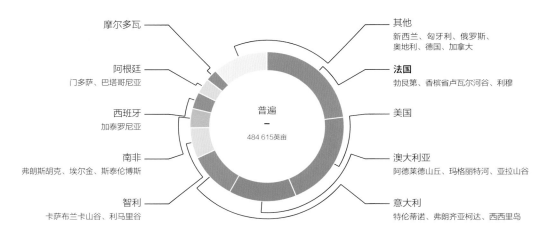

摩尔多瓦

阿根廷
门多萨、巴塔哥尼亚

西班牙
加泰罗尼亚

南非
弗朗斯胡克、埃尔金、斯泰伦博斯

智利
卡萨布兰卡山谷、利马里谷

普遍
—
484 615英亩

其他
新西兰、匈牙利、俄罗斯、奥地利、德国、加拿大

法国
勃艮第、香槟省卢瓦尔河谷、利穆

美国

澳大利亚
阿德莱德山丘、玛格丽特河、亚拉山谷

意大利
特伦蒂诺、弗朗齐亚柯达、西西里岛

推荐尝试

🍷 玛珊酒　　🍷 瑚珊酒　　🍷 维欧尼酒　　🍷 洒瓦滴诺酒　　🍷 托斯卡纳特雷比奥罗酒

霞多丽酒

附加品鉴笔记

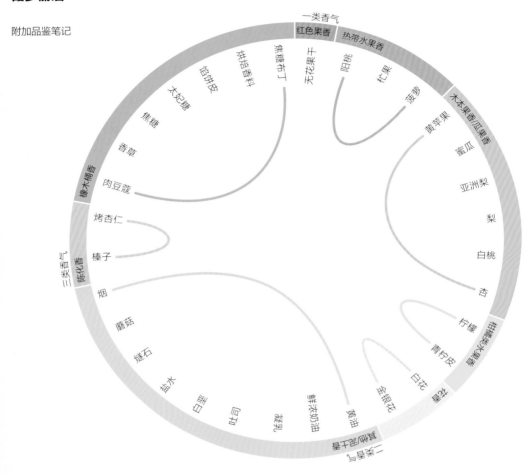

一类香气
红色果香　热带水果香
焦糖布丁
无花果干　阳桃
烘焙香料　杧果
馅饼皮　菠萝
天妃糖　黄苹果
焦糖　蜜瓜
香草　木本果香/瓜果香
肉豆蔻　亚洲梨
橡木桶香　梨
烤杏仁　白桃
榛子　杏
陈化香　柠檬
三类香气　青柠皮
烟　白花
蘑菇　金银花
燧石　黄油
盐水　鲜奶油味
白垩　黄油味
吐司　凝脂奶油
奶油　柑橘类水果香
二类香气　星菜
其他/发酵　与星菜二

法国夏布利

勃艮第大部分地区出产的都是风味较为浓郁、经橡木桶陈化的霞多丽酒。夏布利地区出产的则是更加清淡、通常未经橡木桶陈化的葡萄酒，酸度较高。该地区的白垩土壤是夏布利酒以矿物味为主的清冽口感的源泉。

▸ 楹椁
▸ 阳桃
▸ 青柠皮
▸ 白花
▸ 白垩

加利福尼亚州圣巴巴拉市

圣里塔山与圣玛丽亚地区的凉爽气候，对于酿造上好的霞多丽酒再合适不过了。这里的霞多丽酒风味成熟得多，通常带有熟苹果与热带水果的风味。橡木桶陈化与苹果酸 - 乳酸发酵赋予了它们奶油般的绵密质地，以及肉豆蔻、烘焙香料的风味。

▸ 黄苹果
▸ 菠萝
▸ 柠檬皮
▸ 馅饼皮
▸ 肉豆蔻

西澳大利亚

玛格丽特河以花岗岩为底的土壤，创造出了一种更为优雅的芳香型霞多丽酒。然而，这里的气候仍旧温暖得足以出产成熟的水果。一些酿酒商会将一小部分橡木桶陈酿葡萄酒与未经橡木桶陈酿的葡萄酒混合在一起，创造出清爽水果与绵密奶油之间的奇妙平衡。

▸ 白桃
▸ 蜜橘
▸ 金银花
▸ 香草
▸ 柠檬酱

白诗南 *CHENIN BLANC*

◀) *"shen-in blonk"*　　💬 施特恩、卢瓦尔皮诺

| 🍶 | SP | LW | FW | AW | RS | LR | MR | FR | DS |

🏷 白诗南酒风味的多样性让人对它赞不绝口。它囊括了从清淡、干型白葡萄酒与芳香型起泡葡萄酒，到甜香的金色花蜜酒与馥郁、和谐的白兰地。

🍴 考虑到其风味的多样性，白诗南酒可谓多才多艺。也就是说，就算是用它来搭配泰国菜或越南菜，也不会出错。

榅桲	黄苹果	梨	甘菊	蜂蜜

| 🍷 白葡萄酒酒杯 | 🌡 冷藏 7~13℃ | 无须醒酒 | 约 27 美元 | 窖藏 5~10 年 |

产区

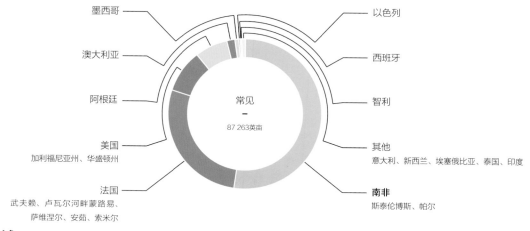

墨西哥

澳大利亚

阿根廷

美国
加利福尼亚州、华盛顿州

法国
武夫赖、卢瓦尔河畔蒙路易、萨维涅尔、安茹、索米尔

常见
—
87 263英亩

以色列

西班牙

智利

其他
意大利、新西兰、埃塞俄比亚、泰国、印度

南非
斯泰伦博斯、帕尔

推荐尝试

🍷 卡尔卡耐卡酒　　🍷 格莱切多酒　　🍷 霞多丽酒　　🍷 玛拉格西亚酒（希腊）

白诗南酒

附加品鉴笔记

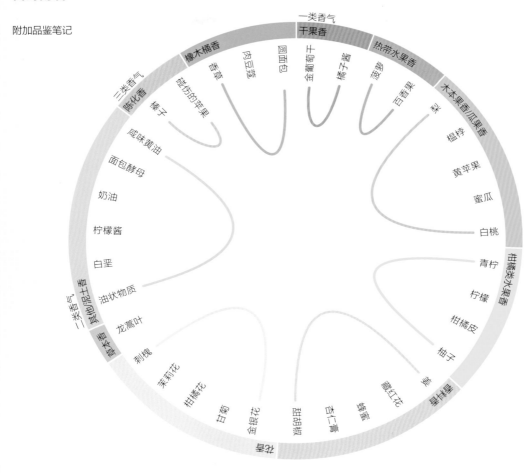

浓香型与半干型

每个专门出产白诗南酒的地方都会创造出多种多样的风味，其中最浓郁的往往源自最成熟的葡萄。这些葡萄酒拥有浓烈甜美的果香与油滑的口感。在诸如南非帕尔产区之类的某些地方，酿酒者还会对葡萄酒进行橡木桶陈化，赋予其一丝隐约的甜胡椒风味。

▶ 亚洲梨

▶ 黄苹果

▶ 金银花

▶ 橙花

▶ 甜胡椒

清淡型与干型

清淡与干型风味的白诗南葡萄酒使用的成熟葡萄较少，且常见于卢瓦尔河谷的武夫赖之类气候较为凉爽的产区。这样的口感也是南非出产的商业价值驱动型白诗南酒的标准。该类葡萄酒拥有更多的酸水果特色，酸度较高，还带有不易察觉的绿色植物气息。

▶ 榅桲

▶ 梨

▶ 柚子

▶ 姜

▶ 龙蒿叶

起泡型

起泡型白诗南酒主要有天然型（干型）或半甜型（果香与半干型）。可以尝试南非的开普经典葡萄酒，以及法国卢瓦尔河谷武夫赖出产的单一品种白诗南起泡酒。

▶ 蜜瓜

▶ 瓜

▶ 茉莉花

▶ 柠檬酱

▶ 奶油

神索 *CINSAULT*

◀) "sin-so"　　💬 辛索

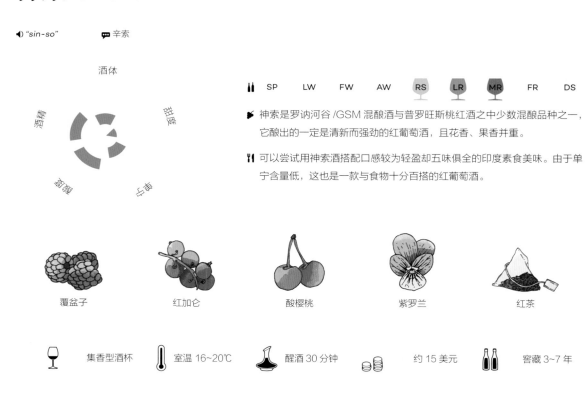

酒体

酒精　　　　　　　　甜度

单宁　　　　　　　酸度

| 🍾 | SP | LW | FW | AW | RS | LR | MR | FR | DS |

🔖 神索是罗讷河谷/GSM混酿酒与普罗旺斯桃红酒之中少数混酿品种之一，它酿出的一定是清新而强劲的红葡萄酒，且花香、果香并重。

🍴 可以尝试用神索酒搭配口感较为轻盈却五味俱全的印度素食美味。由于单宁含量低，这也是一款与食物十分百搭的红葡萄酒。

覆盆子　　　　红加仑　　　　酸樱桃　　　　紫罗兰　　　　红茶

🍷 集香型酒杯　　🌡 室温 16~20℃　　醒酒 30 分钟　　约 15 美元　　窖藏 3~7 年

产区

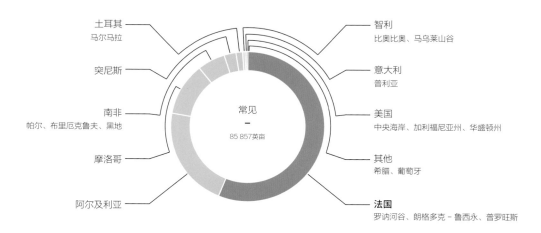

土耳其
马尔马拉

突尼斯

南非
帕尔、布里厄克鲁夫、黑地

摩洛哥

阿尔及利亚

智利
比奥比奥、马乌莱山谷

意大利
普利亚

美国
中央海岸、加利福尼亚州、华盛顿州

其他
希腊、葡萄牙

法国
罗讷河谷、朗格多克 - 鲁西永、普罗旺斯

常见
—
85 857 英亩

推荐尝试

🍷 黑皮诺酒　　🍷 茨威格酒　　🍷 佳美酒　　🍷 卡斯特劳酒

鸽笼白 COLOMBARD

◀)"kall-lum-bar"　　💬 哥伦巴

酒体

| 🍶 | SP | **LW** | FW | AW | RS | LR | MR | FR | DS |

🍴 尽管鸽笼白葡萄遍植全球，你能找到的鸽笼白酒却少之又少。这种葡萄更适合酿造白兰地，是法国雅文邑产区（阿马尼亚克地区）的传统。

🍴 鸽笼白通常会与长相思、霞多丽混酿，创造出一种令人口水直流的高酸白葡萄酒。可以试着用它来搭配口感较为清淡的菜肴，比如沙拉或寿司。

青苹果　　　　蜜瓜　　　　白桃　　　　香茅草　　　　杏仁

🍷 白葡萄酒酒杯　　🌡 冷藏 7~13℃　　无须醒酒　　约10美元　　窖藏1~3年

产区

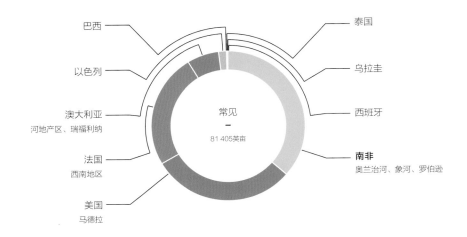

巴西

泰国

以色列

乌拉圭

澳大利亚
河地产区、瑞福利纳

西班牙

法国
西南地区

常见
—
81 405英亩

南非
奥兰治河、象河、罗伯逊

美国
马德拉

推荐尝试

🍷 长相思酒　　🍷 弗留利酒　　🍷 匹格普勒酒

康科德 CONCORD

◀ "kahn-kord"　　💬 康可

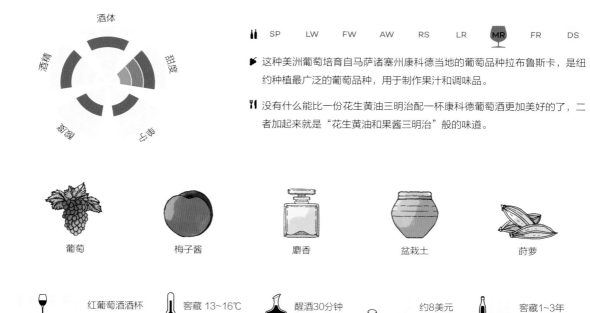

	SP	LW	FW	AW	RS	LR	MR	FR	DS

酒体
甜度
单宁
酸度
酒精

▶ 这种美洲葡萄培育自马萨诸塞州康科德当地的葡萄品种拉布鲁斯卡，是纽约种植最广泛的葡萄品种，用于制作果汁和调味品。

🍴 没有什么能比一份花生黄油三明治配一杯康科德葡萄酒更加美好的了，二者加起来就是"花生黄油和果酱三明治"般的味道。

葡萄	梅子酱	麝香	盆栽土	莳萝

红葡萄酒酒杯　　窖藏 13~16℃　　醒酒30分钟　　约8美元　　窖藏1~3年

产区

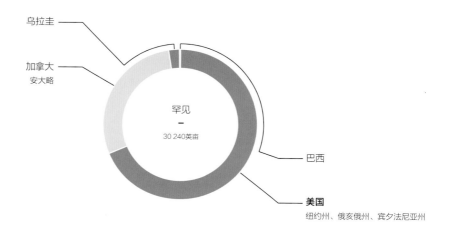

乌拉圭

加拿大
安大略

罕见
—
30 240英亩

巴西

美国
纽约州、俄亥俄州、宾夕法尼亚州

推荐尝试

🍷 卡托巴酒（美国）　　🍷 尼亚加拉酒（美国）　　🍷 玛斯克汀酒（美国）　　🍷 蓝布鲁斯科酒

柯蒂斯 CORTESE

◀) *"kort-tay-zay"* 　　　💬 加维

酒体

| 🍷 | SP | **LW** | FW | AW | RS | LR | MR | FR | DS |

🖊 这种被称为"加维柯蒂斯"或"加维"的葡萄生长在意大利的皮埃蒙特。由它酿造的葡萄酒口感鲜明、干涩，回味中夹杂着青杏仁的香气。

🍴 这款酒是意大利北部沿海地区菜肴的绝佳搭配。这类食物包括喷香的青酱意大利面及佐以罗勒、柠檬的海鲜菜肴。

柠檬

嘎啦苹果

蜜瓜

海贝

杏仁

🍷 白葡萄酒酒杯　　🌡 冷藏 7~13℃　　🫗 无须醒酒　　🪙 约15美元　　🍾 窖藏1~5年

产区

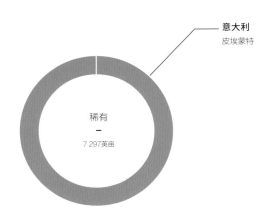

意大利
皮埃蒙特

稀有
—
7 297英亩

推荐尝试

🍷 格莱切多酒　　🍷 卡尔卡耐卡酒　　🍷 阿内斯酒　　🍷 格里洛酒（西西里岛）　　🍷 法兰娜酒

克雷芒 CRÉMANT

◀) "krem-mont"

酒体

酒精　　　　甜度

甘油　　单宁

酸度

| 🍷 | SP | LW | FW | AW | RS | LR | MR | FR | DS |

🍷 这类起泡型葡萄酒多见于法国，使用与香槟一样的传统起泡型葡萄酒酿造方法，但通常选用产区当地的葡萄品种进行酿造。

🍴 从白葡萄酒到桃红葡萄酒，克雷芒酒的风味各不相同，有很多种类。当你无法确定用克雷芒酒来搭配什么食物时，选择炸物、软奶酪与咸开胃菜是不会错的。

柠檬　　　　白桃　　　　白樱桃　　　　杏仁　　　　吐司

🥂 长笛形香槟杯　　🌡 冰镇 3~7℃　　⚗ 无须醒酒　　🪙 约24美元　　🍾 窖藏1~5年

流行风味

阿尔萨斯克雷芒酒

黑皮诺、白皮诺、灰皮诺、霞多丽等

利穆克雷芒酒

霞多丽、白诗南、莫扎克等

勃艮第克雷芒酒

霞多丽、黑皮诺等

卢瓦尔克雷芒酒

白诗南、品丽珠、黑皮诺

波尔多克雷芒酒

美乐等

迪镇克雷芒酒

克莱雷特

萨伏依克雷芒酒

贾给尔、阿尔迪斯、莎斯拉等

汝拉克雷芒酒

霞多丽、黑皮诺、普萨等

推荐尝试

🥃 香槟酒　　🥃 卡瓦酒　　🥃 塞克特酒（奥地利和德国）　　🥃 弗朗齐亚柯达酒　　🥃 意大利经典起泡酒

多姿桃 *DOLCETTO*

◀ *"dol-chet-to"*

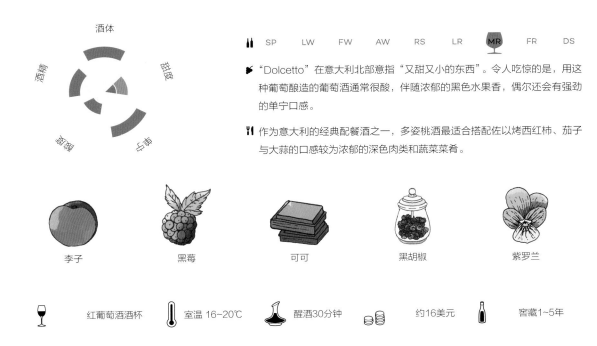

| 🍾 | SP | LW | FW | AW | RS | LR | MR | FR | DS |

🔖 "Dolcetto"在意大利北部意指"又甜又小的东西"。令人吃惊的是，用这种葡萄酿造的葡萄酒通常很酸，伴随浓郁的黑色水果香，偶尔还会有强劲的单宁口感。

🍴 作为意大利的经典配餐酒之一，多姿桃酒最适合搭配佐以烤西红柿、茄子与大蒜的口感较为浓郁的深色肉类和蔬菜菜肴。

李子　　　黑莓　　　可可　　　黑胡椒　　　紫罗兰

🍷 红葡萄酒酒杯　　🌡 室温 16~20℃　　醒酒30分钟　　约16美元　　窖藏1~5年

产区

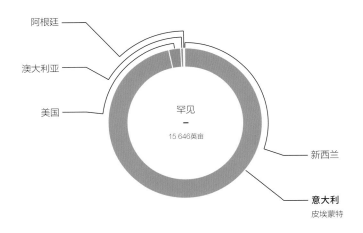

阿根廷
澳大利亚
美国

罕见
—
15 646英亩

新西兰

意大利
皮埃蒙特

推荐尝试

🍷 蓝佛朗克酒　　🍷 伯纳达酒　　🍷 美乐酒　　🍷 蒙特普尔恰诺酒　　🍷 马尔贝克酒

法兰娜 *FALANGHINA*

◀)) *"fah-lahng-gee-nah"*

SP　LW　FW　AW　RS　LR　MR　FR　DS

🍇 两种独特的葡萄品种（法兰娜的贝内文塔娜与弗莱格蕾亚）成就了坎帕尼亚的这款标志性白葡萄酒。法兰娜酒口感强劲，矿物气味中伴有桃子与杏仁的气息。

🍴 法兰娜酒天生就适合搭配扇贝、明虾与蛤，还可以尝试用其搭配任何一种意大利面，再撒上欧芹，佐以大蒜，饰以柠檬。

柠檬	柑橘花	桃子	蜂蜜	杏仁

🍷 白葡萄酒酒杯　　🌡 冷藏 7~13℃　　⚱ 无须醒酒　　💰 约15美元　　🍾 窖藏1~5年

产区

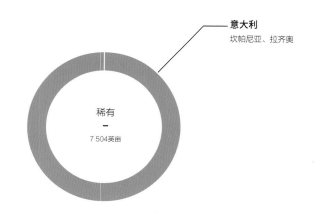

意大利
坎帕尼亚、拉齐奥

稀有
—
7 504英亩

推荐尝试

玛珊酒　　瑚珊酒　　卡尔卡耐卡酒　　霞多丽酒　　托斯卡纳特雷比奥罗酒

费尔诺皮埃斯 *FERNÃO PIRES*

🔊 *"fer-now peer-esh"*　　💬 玛利亚果莫斯

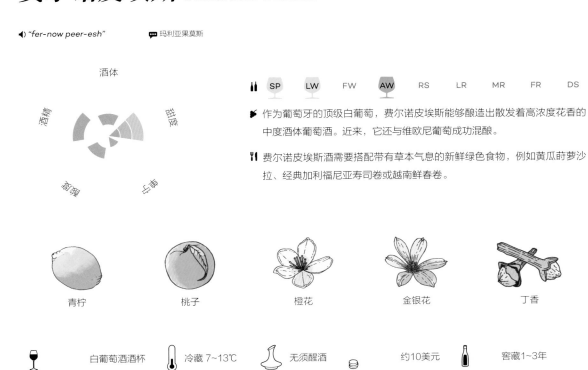

酒体

酒精　甜度

酸度　单宁

| | SP | LW | FW | AW | RS | LR | MR | FR | DS |

🍷 作为葡萄牙的顶级白葡萄，费尔诺皮埃斯能够酿造出散发着高浓度花香的中度酒体葡萄酒。近来，它还与维欧尼葡萄成功混酿。

🍴 费尔诺皮埃斯酒需要搭配带有草本气息的新鲜绿色食物，例如黄瓜莳萝沙拉、经典加利福尼亚寿司卷或越南鲜春卷。

青柠　　桃子　　橙花　　金银花　　丁香

🍷 白葡萄酒酒杯　🌡 冷藏 7~13℃　🍶 无须醒酒　　约10美元　🍾 窖藏1~3年

产区

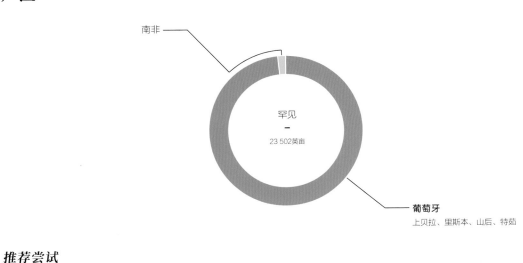

南非

罕见
—
23 502英亩

葡萄牙
上贝拉、里斯本、山后、特茹

推荐尝试

🍷 特浓情酒　　🍷 玫瑰妃酒　　🍷 格拉塞维纳酒（克罗地亚）　　🍷 米勒-图高酒　　🍷 白皮诺酒

菲亚诺 *FIANO*

◀) *"fee-ahn-no"*　　💬 阿韦利诺菲亚诺

酒体

酒精　甜度

药渴　　上审

| 🍷 | SP | **LW** | FW | AW | RS | LR | MR | FR | DS |

🏷 这款具备陈酿潜力的、令人着迷的意大利南部白葡萄酒馥郁浓香，带有类似蜡质的口感。它很容易找到（价格还实惠得令人吃惊），被标记为"坎帕尼亚阿韦利诺菲亚诺酒"。

🍴 菲亚诺这种较为浓郁可口的白葡萄酒很适合搭配油亮的白肉，例如橙子–迷迭香烤鸡肉与豆烧三文鱼。

蜜瓜　　　　亚洲梨　　　　榛子　　　　橙皮　　　　松木

 白葡萄酒酒杯　🌡 冷藏 7~13℃　无须醒酒　约18美元　窖藏5~10年

产区

其他
澳大利亚

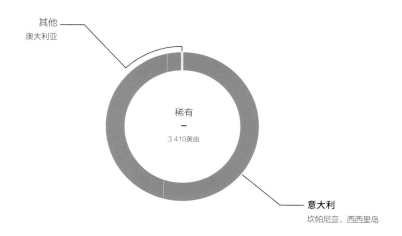

稀有
—
3 410英亩

意大利
坎帕尼亚、西西里岛

推荐尝试

🍷 维蒙蒂诺酒　　🍷 白羽酒　　🍷 洒瓦滴诺酒　　🍷 白歌海娜酒　　🍷 瑚珊酒

弗朗齐亚柯达 FRANCIACORTA

◀) *"fran-cha-kor-tah"*

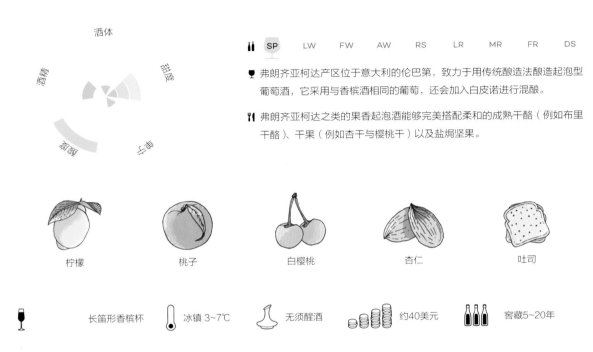

酒体

酒精　　　　甜度

回味　　　酸度

| | SP | LW | FW | AW | RS | LR | MR | FR | DS |

🍷 弗朗齐亚柯达产区位于意大利的伦巴第，致力于用传统酿造法酿造起泡型葡萄酒，它采用与香槟酒相同的葡萄，还会加入白皮诺进行混酿。

🍴 弗朗齐亚柯达之类的果香起泡酒能够完美搭配柔和的成熟干酪（例如布里干酪）、干果（例如杏干与樱桃干）以及盐焗坚果。

柠檬　　　桃子　　　白樱桃　　　杏仁　　　吐司

长笛形香槟杯　　冰镇 3~7℃　　无须醒酒　　约40美元　　窖藏5~20年

类型

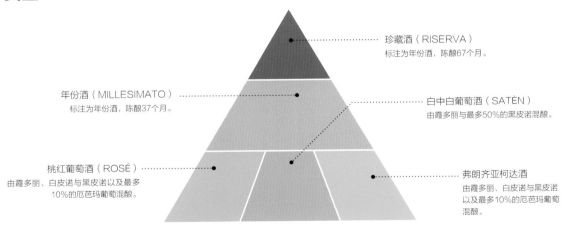

珍藏酒（RISERVA）
标注为年份酒，陈酿67个月。

年份酒（MILLESIMATO）
标注为年份酒，陈酿37个月。

白中白葡萄酒（SATÈN）
由霞多丽与最多50%的黑皮诺混酿。

桃红葡萄酒（ROSÉ）
由霞多丽、白皮诺与黑皮诺以及最多10%的厄芭玛葡萄混酿。

弗朗齐亚柯达酒
由霞多丽、白皮诺与黑皮诺以及最多10%的厄芭玛葡萄混酿。

推荐尝试

🍷 香槟酒　　🍷 克雷芒酒　　🍷 卡瓦酒　　🍷 意大利经典起泡酒　　🍷 开普经典酒

弗莱帕托 *FRAPPATO*

◀) "fra-pat-toe"

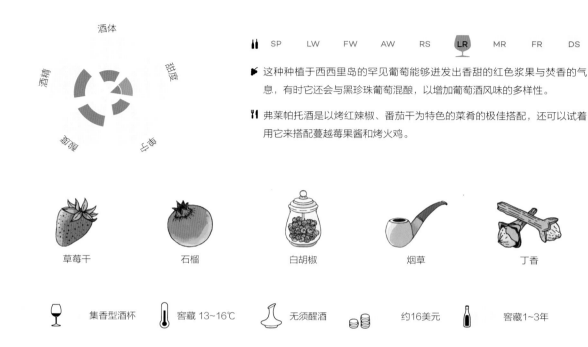

酒体

甜度

酒精

单宁

酸度

果味

| SP | LW | FW | AW | RS | **LR** | MR | FR | DS |

► 这种种植于西西里岛的罕见葡萄能够迸发出香甜的红色浆果与焚香的气息，有时它还会与黑珍珠葡萄混酿，以增加葡萄酒风味的多样性。

🍴 弗莱帕托酒是以烤红辣椒、番茄干为特色的菜肴的极佳搭配，还可以试着用它来搭配蔓越莓果酱和烤火鸡。

| 草莓干 | 石榴 | 白胡椒 | 烟草 | 丁香 |

| 集香型酒杯 | 窖藏 13~16℃ | 无须醒酒 | 约16美元 | 窖藏1~3年 |

产区

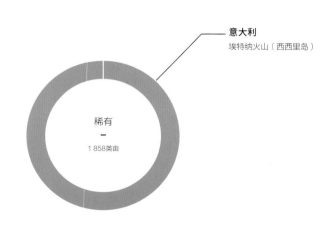

意大利
埃特纳火山（西西里岛）

稀有
—
1 858英亩

推荐尝试

🍷 司棋亚娃酒　　🍷 仙粉黛酒　　🍷 黑皮诺酒　　🍷 马斯卡斯奈莱洛酒　　🍷 布拉凯多酒

弗留利 *FRIULANO*

◀ *"free-yu-lawn-oh"* 💬 青长相思、苏维浓纳斯

酒体

酒精 甜度

酸度 单宁

| 🍶 | SP | **LW** | FW | AW | RS | LR | MR | FR | DS |

🗡 这种被正式称为"苏维浓纳斯"的清淡干型白葡萄酒时常被误认为是长相思酒,不过它的果香更浓,稍带有草本植物气息。

🍴 它是搭配沙拉、烤绿色蔬菜的上好选择。想要更具挑战性的话,可以用它来搭配青豆、朝鲜蓟、卷心菜和抱子甘蓝。

葡萄柚 　　青梨 　　白桃 　　龙蒿叶 　　碎砾石

🍷 白葡萄酒酒杯 　🌡 冷藏 7~13℃ 　无须醒酒 　 约17美元 　窖藏1~5年

产区

阿根廷
门多萨

智利
科金博产区、南部产区

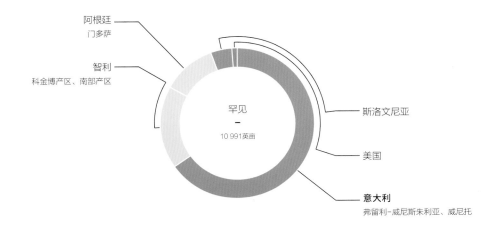

罕见
—
10 991英亩

斯洛文尼亚

美国

意大利
弗留利-威尼斯朱利亚、威尼托

推荐尝试

🍷 长相思酒 　🍷 香瓜酒 　🍷 弗德乔酒 　🍷 阿尔巴利诺酒 　🍷 富尔民特酒

富尔民特 FURMINT

◀) *"furh-meent"*　　💬 托卡伊

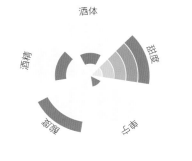

酒体

甜度

酒精

单宁

酸度

 SP　**LW**　FW　AW　RS　LR　MR　FR　**DS**

🍃 富尔民特是匈牙利最著名的一种葡萄，因用于酿造托卡伊甜酒而闻名。不过，它也可以用于酿造干白葡萄酒，其口感与雷司令酒相似。

🍴 富尔民特酒口感青涩辛辣，带有令人吃惊的酸度。它还是香草烤家禽或鱼类菜肴的最佳拍档，也可以试着用它来搭配寿司与水饺。

柠檬　　　　　青苹果　　　　　姜　　　　　　烟　　　　　小红辣椒

 白葡萄酒酒杯　🌡 冷藏 7~13℃　 无须醒酒　约20美元　 窖藏5~20年

产区

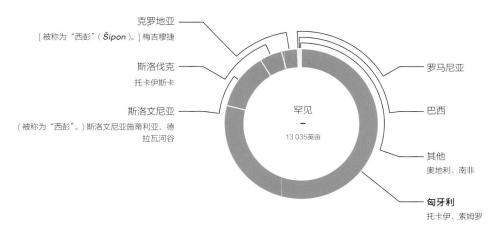

克罗地亚
[被称为"西彭"（ *Šipon*）。] 梅吉穆捷

斯洛伐克
托卡伊斯卡

斯洛文尼亚
（被称为"西彭"。）斯洛文尼亚施蒂利亚、德拉瓦河谷

罕见
—
13 035英亩

罗马尼亚

巴西

其他
奥地利、南非

匈牙利
托卡伊、索姆罗

推荐尝试

🍷 雷司令酒　　🍷 阿斯提可酒　　🍷 白羽酒　　🍷 洛雷罗酒（葡萄牙）　　🍷 阿尔巴利诺酒

佳美 *GAMAY*

 "gam-may" 　　黑佳美

酒体

酒精　　　　甜度

宁涩　　　　宁申

| | SP | LW | FW | AW | RS | LR | MR | FR | DS |

🍷 这款酒体轻盈的佳美酒蕴含着果香与花香，偶尔还散发着泥土的气息，其所用葡萄是博若莱地区主要种植的品种。在法国之外，佳美酒的爱好者不多，却十分忠诚。

🍴 佳美酒属于能够搭配各式菜肴的红葡萄酒，从糖醋三文鱼到俄式牛柳丝，甚至是芝麻丹贝，无所不能。

石榴

野生黑莓

紫罗兰

盆栽土

香蕉

 集香型酒杯　　 窖藏 13~16℃　　 醒酒30分钟　　约15美元　　 窖藏1~5年

产区

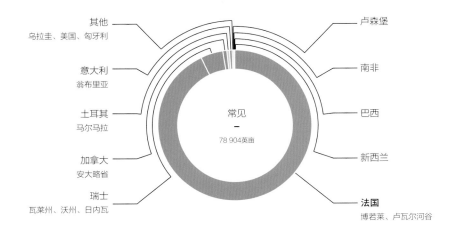

其他
乌拉圭、美国、匈牙利

意大利
翁布里亚

土耳其
马尔马拉

加拿大
安大略省

瑞士
瓦莱州、沃州、日内瓦

常见
—
78 904英亩

卢森堡

南非

巴西

新西兰

法国
博若莱、卢瓦尔河谷

推荐尝试

 茨威格酒　　 司棋亚娃酒　　 黑皮诺酒　　 瓦坡里切拉酒　　 弗莱帕托酒

113

卡尔卡耐卡 GARGANEGA

🔊 *"gar-gah-neh-gah"* 💬 格来卡尼科，索阿韦、甘贝拉拉

酒体
酒精
甜度
酸度
单宁

| 🍾 | SP | LW | FW | AW | RS | LR | MR | FR | DS |

🍃 作为意大利十分重要的一款白葡萄酒，卡尔卡耐卡酒因其清淡、干型的风味而备受喜爱。随着陈化年份的推移，这种酒还会散发出浓郁的橘子与烤杏仁风味。卡尔卡耐卡是索阿韦产区的主要葡萄品种。

🍴 可以尝试用卡尔卡耐卡酒来搭配较为清淡的肉类、豆腐或鱼，并佐以柑橘–龙蒿叶调味品及其他芳香型绿色草本植物。

桃子

蜜瓜

橘子

牛至

盐水

 白葡萄酒酒杯   🌡 冷藏 7~13℃   无须醒酒   约12美元   窖藏3~7年

产区

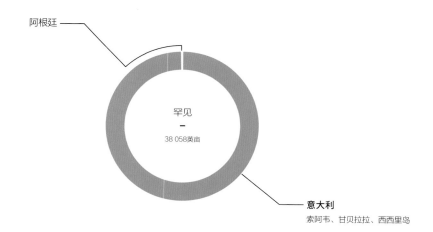

阿根廷

罕见
—
38 058英亩

意大利
索阿韦、甘贝拉拉、西西里岛

推荐尝试

🍷 白诗南酒   🍷 格莱切多酒   🍷 阿尔巴利诺酒   🍷 弗留利酒   🍷 阿内斯酒

琼瑶浆 *GEWÜRZTRAMINER*

◀) *"ga-vurtz-tra-me-ner"*　　💬 塔明娜

酒体

酒精　甜度

浓郁　干型

🍷 SP　LW　FW　**AW**　RS　LR　MR　FR　DS

🔖 琼瑶浆酒因其浓烈的花香而备受珍视，在欧洲已经盛行了几个世纪。这种葡萄酒最好在其年份较短、酸度最高时饮用。

🍴 甜美的花香、与姜类似的香料味以及较为饱满的酒体，使得琼瑶浆酒极其适合搭配印度与摩洛哥菜肴。

荔枝

玫瑰

葡萄柚

橘子

姜

🍷 白葡萄酒酒杯　　🌡 冰镇 3~7℃　　无须醒酒　　约15美元　　窖藏1~5年

产区

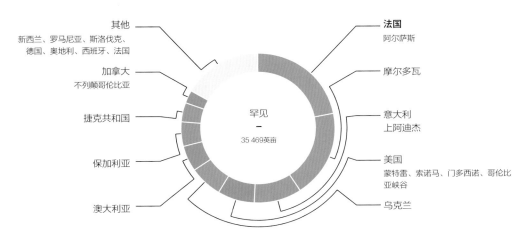

其他
新西兰、罗马尼亚、斯洛伐克、德国、奥地利、西班牙、法国

加拿大
不列颠哥伦比亚

捷克共和国

保加利亚

澳大利亚

罕见
—
35 469英亩

法国
阿尔萨斯

摩尔多瓦

意大利
上阿迪杰

美国
蒙特雷、索诺马、门多西诺、哥伦比亚峡谷

乌克兰

推荐尝试

🍷 玫瑰妃酒　　🍷 白麝香葡萄酒　　🍷 特浓情酒　　🍷 全盛酒（匈牙利）　　🍷 米勒-图高酒

格莱切多 GRECHETTO

◀) "greh-ketto"　　💬 奥维多

酒体

| SP | **LW** | FW | AW | RS | LR | MR | FR | DS |

✎ 意大利著名的奥维多酒所使用的葡萄产自翁布里亚与拉齐奥。即便它是白葡萄酒，你若是闭上双眼，几乎还是能够闻到类似干型桃红葡萄酒的味道。

🍴 格莱切多葡萄也许生长在内陆的翁布里亚省，但这并不妨碍由它酿的酒与金枪鱼及其他海鲜食品成为绝配。

白桃　　　　蜜瓜　　　　草莓　　　　野花　　　　海贝

白葡萄酒酒杯　冷藏 7~13℃　无须醒酒　约18美元　窖藏1~5年

产区

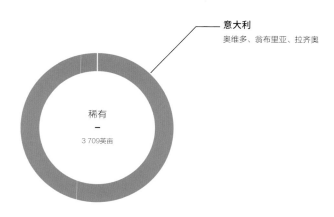

意大利
奥维多、翁布里亚、拉齐奥

稀有
—
3 709英亩

推荐尝试

弗留利酒　　阿尔巴利诺酒　　白诗南酒　　卡尔卡耐卡酒　　香瓜酒

歌海娜 GRENACHE

◀) *"grenn-nosh"*　　　💬 加尔纳恰、卡诺娜

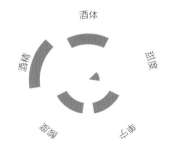

酒体

酒精

甜度

单宁

酸度

| ▮▮ | SP | LW | FW | AW | RS | LR | MR | FR | DS |

🐟 歌海娜葡萄既能酿出浓香可口的红葡萄酒，又能酿就深宝石红色的桃红葡萄酒，堪称教皇新堡与罗讷河谷/GSM混酿中最重要的一种葡萄。

🍴 歌海娜葡萄酒极其浓郁的口感可以搭配佐以小茴香、甜胡椒与亚洲五香之类异域香料的烤肉、烤蔬菜。

炖草莓　　　　烤李子　　　　　皮革　　　　干草本植物　　　　血橙

 红葡萄酒酒杯　　 室温 16~20℃　　 醒酒30分钟　　约23美元　　 窖藏5~10年

产区

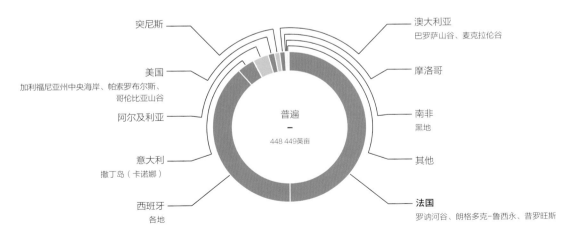

突尼斯

美国
加利福尼亚州中央海岸、帕索罗布尔斯、哥伦比亚山谷

阿尔及利亚

意大利
撒丁岛（卡诺娜）

西班牙
各地

普遍
—
448 449英亩

澳大利亚
巴罗萨山谷、麦克拉伦谷

摩洛哥

南非
黑地

其他

法国
罗讷河谷、朗格多克-鲁西永、普罗旺斯

推荐尝试

🍷 佳丽酿酒　　　🍷 仙粉黛酒　　　🍷 美乐酒　　　🍷 瓦坡里切拉酒

歌海娜酒

附加品鉴笔记

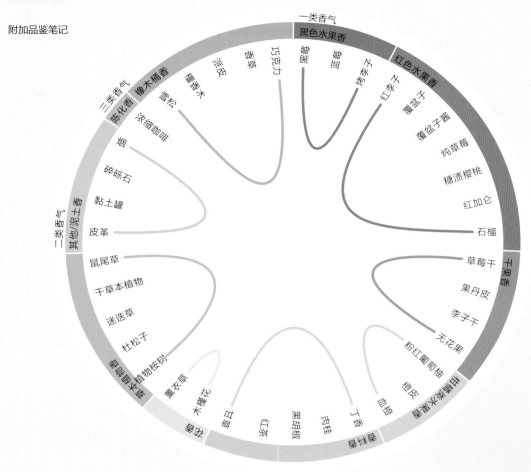

一类香气
黑色水果香
草莓酱
草莓
烤李子
红李子
红色水果香
覆盆子
覆盆子酱
炖草莓
糖渍樱桃
红加仑
石榴
草莓干
干果香
果丹皮
李子干
无花果
粉红葡萄柚
橙皮
甜香料
自橙
肉桂
丁香
黑胡椒
红茶
甘草
木槿花
薰衣草
花香
杜松子
迷迭草
干草本植物
鼠尾草
其他植物枝桠
皮革
黏土罐
碎砾石
其他泥土香
烟
二类香气
浓缩咖啡
雪松
陈化香气
橡木桶香
三类香气
檀香木
派皮
香草
巧克力

西班牙阿拉贡

西班牙北部地区（索蒙塔诺、博尔哈、卡里涅纳、卡拉塔尤）出产以果味为主、高酒精度的上好歌海娜葡萄酒。这种葡萄酒散发着强烈的红色水果香气，还带有一丝香甜粉红葡萄柚与木槿花的气息。

- ▶ 覆盆子
- ▶ 木槿花
- ▶ 粉红葡萄柚
- ▶ 干草本植物
- ▶ 丁香

法国罗讷河谷

罗讷河谷南部与教皇新堡以歌海娜、西拉、慕合怀特的混酿酒而闻名。令人吃惊的是，这里出产的众多顶级葡萄酒都大量使用歌海娜葡萄。在这里，你将能喝到更加可口、充满草本植物风味与花香的葡萄酒。

- ▶ 烤李子
- ▶ 覆盆子酱
- ▶ 红茶
- ▶ 薰衣草
- ▶ 碎砾石

意大利撒丁岛

撒丁岛以出产歌海娜——或在那里被称为"卡诺娜"的葡萄见长。这里的酒酒体轻盈，氤氲着朴实的皮革、红色果干与野味气息。这里也有果味更加浓郁的葡萄酒，但口感质朴的很值得一尝。

- ▶ 皮革
- ▶ 红李子
- ▶ 野味
- ▶ 血橙
- ▶ 黏土罐

白歌海娜 *GRENACHE BLANC*

◀) *"gren-nash blonk"*　　💬 白加尔纳恰

酒体

酒精　　　　　甜度

单宁　　　酸度

| 🍶 | SP | **LW** | **FW** | AW | RS | LR | MR | FR | DS |

🔖 白歌海娜是歌海娜果色突变的品种，由它酿造的白葡萄酒酒体饱满，有时在橡木桶中陈化后会散发出吐司式的奶香与类似莳萝的气味。

🍴 白歌海娜酒是搭配金枪鱼、剑鱼、烤青花鱼与鲯鳅鱼这些鱼类鱼排的上佳选择。

黄梅　　　　　　梨　　　　　　柠檬皮　　　　　金银花　　　　吐司面包

 白葡萄酒酒杯　　 冷藏 7~13℃　　 无须醒酒　　 约22美元　　 窖藏1~5年

产区

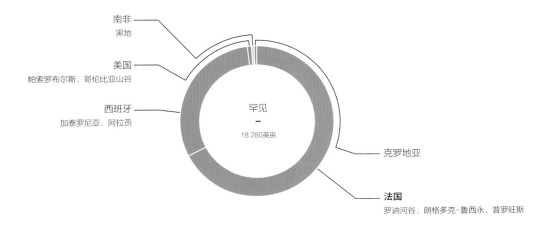

南非
黑地

美国
帕索罗布尔斯、哥伦比亚山谷

西班牙
加泰罗尼亚、阿拉贡

罕见
—
18 280英亩

克罗地亚

法国
罗讷河谷、朗格多克-鲁西永、普罗旺斯

推荐尝试

🍷 瑚珊酒　　🍷 洒瓦滴诺酒　　🍷 白羽酒　　🍷 维奥娜酒　　🍷 卡尔卡耐卡酒

绿维特利纳 *GRÜNER VELTLINER*

◀) *"grew-ner felt-lee-ner"*

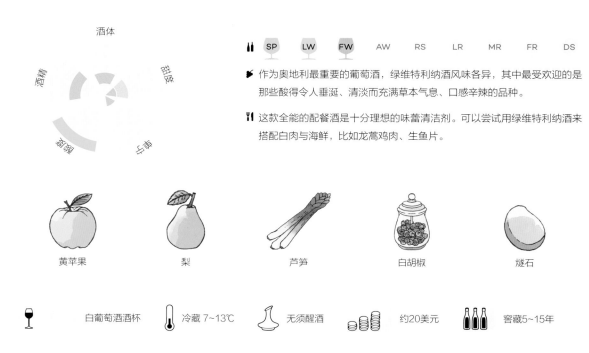

酒体

酒精 甜度

单宁

酸度

| | SP | LW | FW | AW | RS | LR | MR | FR | DS |

☙ 作为奥地利最重要的葡萄酒，绿维特利纳酒风味各异，其中最受欢迎的是那些酸得令人垂涎、清淡而充满草本气息、口感辛辣的品种。

🍴 这款全能的配餐酒是十分理想的味蕾清洁剂。可以尝试用绿维特利纳酒来搭配白肉与海鲜，比如龙蒿鸡肉、生鱼片。

| 黄苹果 | 梨 | 芦笋 | 白胡椒 | 燧石 |

白葡萄酒酒杯　　冷藏 7~13℃　　无须醒酒　　约20美元　　窖藏5~15年

产区

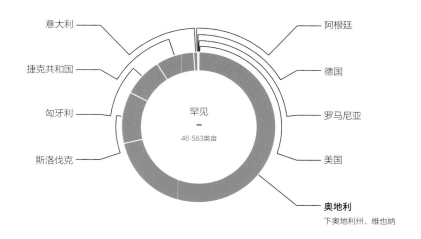

意大利

捷克共和国

匈牙利

斯洛伐克

罕见
—
46 583英亩

阿根廷

德国

罗马尼亚

美国

奥地利
下奥地利州、维也纳

推荐尝试

长相思酒　　绿酒　　维蒙蒂诺酒　　弗留利酒　　弗德乔酒

冰酒 ICE WINE

💬 德国冰酒

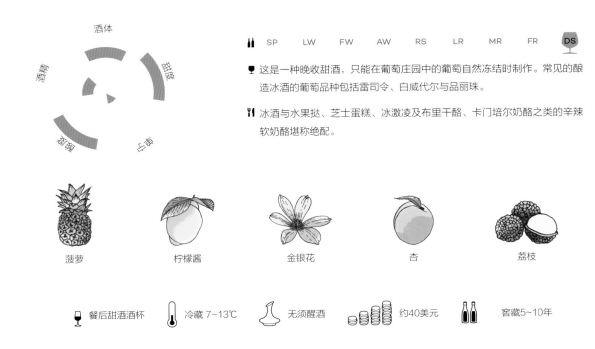

🍾	SP	LW	FW	AW	RS	LR	MR	FR	DS

🍷 这是一种晚收甜酒，只能在葡萄庄园中的葡萄自然冻结时制作。常见的酿造冰酒的葡萄品种包括雷司令、白威代尔与品丽珠。

🍴 冰酒与水果挞、芝士蛋糕、冰激凌及布里干酪、卡门培尔奶酪之类的辛辣软奶酪堪称绝配。

- 菠萝
- 柠檬酱
- 金银花
- 杏
- 荔枝

🍷 餐后甜酒酒杯　🌡 冷藏 7~13℃　无须醒酒　约40美元　窖藏5~10年

葡萄与风味

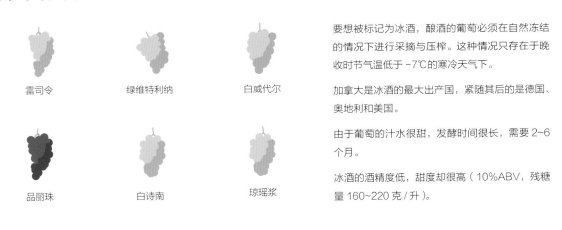

- 雷司令
- 绿维特利纳
- 白威代尔
- 品丽珠
- 白诗南
- 琼瑶浆

要想被标记为冰酒，酿酒的葡萄必须在自然冻结的情况下进行采摘与压榨。这种情况只存在于晚收时节气温低于 −7℃ 的寒冷天气下。

加拿大是冰酒的最大出产国，紧随其后的是德国、奥地利和美国。

由于葡萄的汁水很甜，发酵时间很长，需要 2~6 个月。

冰酒的酒精度低，甜度却很高（10%ABV，残糖量 160~220 克/升）。

推荐尝试

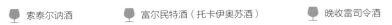

🍷 索泰尔讷酒　🍷 富尔民特酒（托卡伊奥苏酒）　🍷 晚收雷司令酒

蓝布鲁斯科 *LAMBRUSCO*

◀ *"lam-broos-co"*

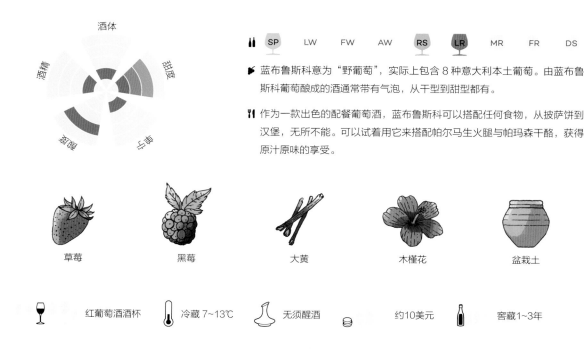

| SP | LW | FW | AW | RS | LR | MR | FR | DS |

🍷 蓝布鲁斯科意为"野葡萄",实际上包含 8 种意大利本土葡萄。由蓝布鲁斯科葡萄酿成的酒通常带有气泡,从干型到甜型都有。

🍴 作为一款出色的配餐葡萄酒,蓝布鲁斯科可以搭配任何食物,从披萨饼到汉堡,无所不能。可以试着用它来搭配帕尔马生火腿与帕玛森干酪,获得原汁原味的享受。

| 草莓 | 黑莓 | 大黄 | 木槿花 | 盆栽土 |

| 红葡萄酒酒杯 | 冷藏 7~13℃ | 无须醒酒 | 约10美元 | 窖藏1~3年 |

产区

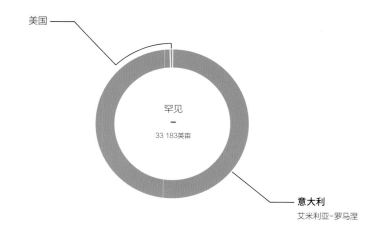

美国

罕见
—
33 183英亩

意大利
艾米利亚-罗马涅

推荐尝试

🍷 司棋亚娃酒　　🍷 阿奎布拉凯多酒　　🍷 茨威格酒　　🍷 康科德酒

蓝布鲁斯科酒

附加品鉴笔记

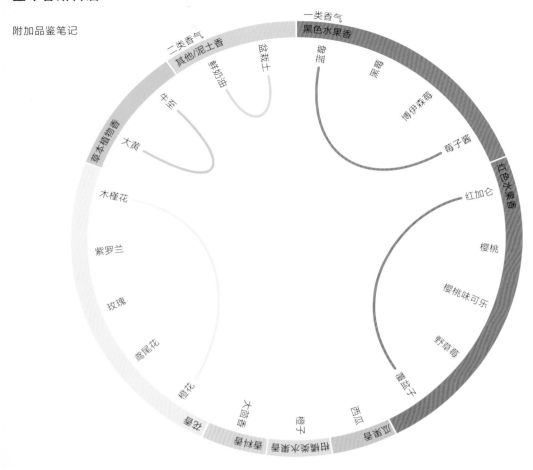

一类香气
黑色水果香
摇篮
黑莓
博伊森莓
莓子酱
红色水果香
红加仑
樱桃
樱桃味可乐
野草莓
覆盆子

一类香气
其他/泥土香
鲜奶油
盆栽土

二类香气
牛至
大黄

草本植物香

木槿花
紫罗兰
玫瑰
鸢尾花
橙花

荔枝
皇霄橘
橙子
西瓜
大黄

甘橘类水果香

索巴拉蓝布鲁斯科

这种葡萄酿出的是蓝布鲁斯科酒中最为清淡可口、花香四溢的一种,往往呈浅粉色调。极佳的索巴拉蓝布鲁斯科酒口感干涩清爽,氤氲着令人愉悦的橙花、柑橘、樱桃、紫罗兰与西瓜香气。

▸ 橙花

▸ 蜜橘

▸ 樱桃

▸ 紫罗兰

▸ 西瓜

蓝布鲁斯科格斯帕罗萨

作为风味最醇厚的一种蓝布鲁斯科酒,它带有蓝莓与黑加仑的风味,单宁中度偏高,令人口干。酿造起泡型葡萄酒时的罐式法还赋予了它平衡味蕾的美妙绵密口感!你会发现这种酒会被标记为卡斯泰尔韦特罗 – 蓝布鲁斯科格斯帕罗萨酒(蓝布鲁斯科格斯帕罗萨葡萄的含量为 85%)。

▸ 黑加仑

▸ 蓝莓

▸ 牛至

▸ 可可粉

▸ 酸性稀奶油

甜度水平

蓝布鲁斯科酒的风味从干型到甜型皆有,可使用的术语如下:

·干型(Secco):带有花香与草本香的干型葡萄酒。

·半干型(Semisecco):带有更多果香的半干型葡萄酒。

·半甜型和甜型(Amabile and Dolce):带有明显的香甜风味,非常适合搭配甜品,尤其是牛奶巧克力。

马德拉 MADEIRA

◀) "ma-deer-uh"

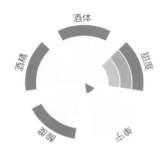

 | SP | LW | FW | AW | RS | LR | MR | FR | **DS**

● 这种经过氧化的加强型餐后甜酒仅产自葡萄牙的马德拉岛，它的稳定性令人不可思议，有些还能陈化百年以上。

● 由于带有核桃风味，马德拉酒是烹饪收汁时的热门选择。尽管如此，你会吃惊地发现，它与洋蓟、豌豆汤及芦笋竟能如此相配。

焦糖

核桃油

桃子

榛子

橙皮

 餐后甜酒酒杯
 窖藏 13~16℃
 无须醒酒
 约43美元
 窖藏5~100年

风味

雨水风味
一种与黑莫乐葡萄混酿的常见风味。

舍西亚尔风味
由舍西亚尔葡萄酿成，口感最为清淡。

华帝露风味
由华帝露葡萄酿成，口感清淡，芬芳馥郁。

布尔/波尔风味
由玛尔维萨葡萄酿成，甜度水平排名第二。

马姆齐风味
由玛尔维萨葡萄酿成，口感最为甜香。

甜度水平

○ 极干型：残糖量0~50克/升

◐ 干型：残糖量50~65克/升

◑ 半干型：残糖量65~80克/升

● 半浓/甜型：残糖量80~96克/升

⬤ 浓型/甜型：残糖量96+克/升

酿造方式

高级马德拉化酿法
将葡萄酒放置在酒桶或大玻璃罐中，在温暖的房间内或日光下自然陈化。

初级马德拉化酿法
将葡萄酒放置在酒槽中短时间加热。

年份酒类型

单一年份酒/收获型酒
陈酿5年以上的单一年份马德拉酒。通常使用单一品种葡萄酿造。

素莱拉酒
使用高级马德拉化酿法的多年份混酿酒。罕见。

年份酒/特级珍藏酒
使用高级马德拉化酿法陈酿20年以上的单一年份酒。十分罕见。

推荐尝试

 干型马尔萨拉酒

非年份酒类型

佳酿/精选/特选酒
经初级马德拉化酿法陈化3年，是烹饪葡萄酒的实惠之选。黑莫乐葡萄。

雨水风味酒
半干风味，陈化3年，是非常实惠的烹饪葡萄酒。黑莫乐葡萄。

5年/珍藏/熟酒
5~10年陈酿。啜饮品质。

10年/特级珍藏酒
经高级马德拉化酿法陈化10~15年。通常属于单一品种葡萄酒。品质优。

15年/极致珍藏酒
经高级马德拉化酿法陈化15~20年。通常属于单一品种葡萄酒。品质优。

马尔贝克 MALBEC

 "mal-bek"　　💬科特

SP　LW　FW　AW　RS　LR　MR　FR　DS

🍷 马尔贝克是从法国传入阿根廷的最重要的葡萄品种之一，在法国通常被称为"Côt"（科特）。用它酿造的葡萄酒凭借浓郁的果味与顺滑的巧克力回味备受喜爱。

🍴 与赤霞珠酒不同，马尔贝克酒并不具备悠长的回味，因此与较为精瘦的红肉（鸵鸟肉有人愿意吃吗？）搭配是上佳的选择，搭配融化的蓝纹奶酪也会带来惊人的效果。

红李子　　　黑莓　　　香草　　　甜烟草　　　可可

 红葡萄酒酒杯　　 室温 16~20℃　　 醒酒30分钟　　约15美元　　 窖藏5~10年

产区

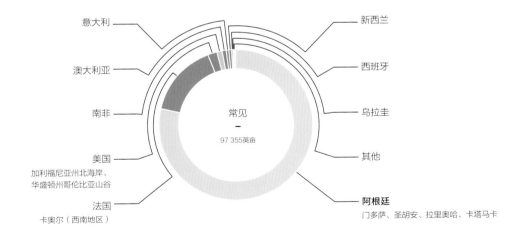

意大利

澳大利亚

南非

美国
加利福尼亚州北海岸、
华盛顿州哥伦比亚山谷

法国
卡奥尔（西南地区）

新西兰

西班牙

乌拉圭

其他

阿根廷
门多萨、圣胡安、拉里奥哈、卡塔马卡

常见
—
97 355英亩

推荐尝试

🍷 慕合怀特酒　　🍷 西拉酒　　🍷 伯纳达酒　　🍷 小味儿多酒　　🍷 美乐酒

125

马尔贝克酒

附加品鉴笔记

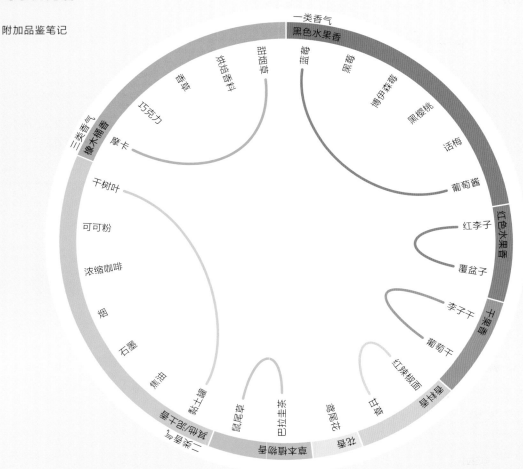

一类香气
黑色水果香
黑莓
博伊森莓
黑樱桃
话梅
葡萄酱
红色水果香
红李子
覆盆子
干果香
李子干
葡萄干
红辣椒面
甜椒
甘草
鸢尾花
花香
草本植物香
巴拉圭茶
鼠尾草
二类香气/酵母
黏土罐
焦油
石墨
烟
浓缩咖啡
可可粉
干树叶
摩卡
橡木桶香
三类香气
巧克力
香草
烘焙香料
甜烟草

阿根廷门多萨

入门级的马尔贝克酒会在橡木桶中短时间地陈化，从而释放出更为清爽的果汁风味。大多数门多萨马尔贝克酒都带有红色水果（酸樱桃、覆盆子、红李子）的清香，并伴随柔和的单宁与覆盆子叶或巴拉圭茶的草本气息。

- ▸ 红李子
- ▸ 博伊森莓
- ▸ 红辣椒面
- ▸ 李子干
- ▸ 覆盆子叶

门多萨"珍藏酒"

高级门多萨马尔贝克酒，使用的是来自卢汉德库约与优克谷的优质葡萄，通常是老藤葡萄或产自海拔较高的葡萄庄园。珍藏酒更加强劲，伴有黑色水果的风味以及源自橡木桶陈化的巧克力、摩卡与蓝莓芬芳。

- ▸ 黑莓
- ▸ 话梅
- ▸ 摩卡
- ▸ 红辣椒面
- ▸ 甜烟草

法国卡奥尔

法国的卢瓦尔河流域与西南地区的卡奥尔均出产马尔贝克酒（前者所产的酒被称为"科特酒"）。卡奥尔地区出产的马尔贝克酒蕴含更多的泥土－莓果风味，酒体往往更加轻盈优雅，与阿根廷的同类葡萄酒相比酸度更高。

- ▸ 红李子
- ▸ 干树叶
- ▸ 博伊森莓
- ▸ 鸢尾花
- ▸ 可可粉

马尔萨拉 MARSALA

◀ "mar-sal-uh"   💬 马沙拉、马萨拉

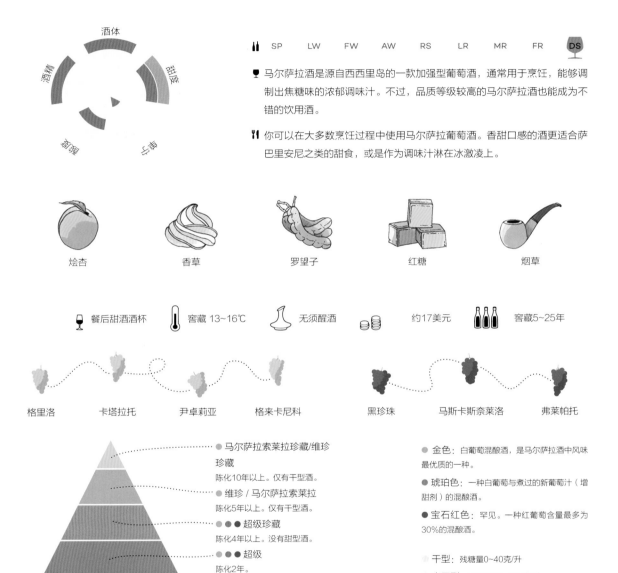

酒体

甜度

酒精

智藻

单宁

酸

| 🍾 | SP | LW | FW | AW | RS | LR | MR | FR | **DS** |

🍷 马尔萨拉酒是源自西西里岛的一款加强型葡萄酒，通常用于烹饪，能够调制出焦糖味的浓郁调味汁。不过，品质等级较高的马尔萨拉酒也能成为不错的饮用酒。

🍴 你可以在大多数烹饪过程中使用马尔萨拉葡萄酒。香甜口感的酒更适合萨巴里安尼之类的甜食，或是作为调味汁淋在冰激凌上。

烩杏　　香草　　罗望子　　红糖　　烟草

🍷 餐后甜酒酒杯　　🌡 窖藏 13~16℃　　无须醒酒　　约17美元　　窖藏5~25年

格里洛　卡塔拉托　尹卓莉亚　格来卡尼科　　黑珍珠　马斯卡斯奈莱洛　弗莱帕托

● 马尔萨拉索莱拉珍藏/维珍珍藏
陈化10年以上。仅有干型酒。

● 维珍 / 马尔萨拉索莱拉
陈化5年以上。仅有干型酒。

●●● 超级珍藏
陈化4年以上。没有甜型酒。

●●● 超级
陈化2年。

●●● 优质
陈化1年。

● 金色：白葡萄混酿酒，是马尔萨拉酒中风味最优质的一种。

● 琥珀色：一种白葡萄与煮过的新葡萄汁（增甜剂）的混酿酒。

● 宝石红色：罕见。一种红葡萄含量最多为30%的混酿酒。

○ 干型：残糖量0~40克/升
● 半干型：残糖量40~100克/升
● 甜型：残糖量100+克/升

推荐尝试

🍷 马德拉酒　　🍷 帕罗科塔多雪莉酒　　🍷 阿蒙提拉多雪莉酒

127

玛珊 *MARSANNE*

◀ *"mar-sohn"*　　💬 教皇新堡白、罗讷河谷白

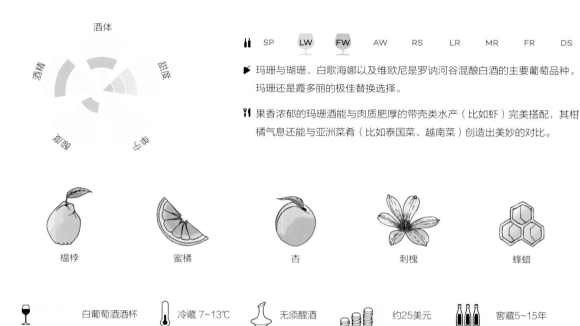

酒体

酒精　　　　　　　　甜度

单宁　　　　　　　　　　酸度

| 🍾 | SP | LW | FW | AW | RS | LR | MR | FR | DS |

🔖 玛珊与瑚珊、白歌海娜以及维欧尼是罗讷河谷混酿白酒的主要葡萄品种。玛珊还是霞多丽的极佳替换选择。

🍴 果香浓郁的玛珊酒能与肉质肥厚的带壳类水产（比如虾）完美搭配，其柑橘气息还能与亚洲菜肴（比如泰国菜、越南菜）创造出美妙的对比。

| 楊桲 | 蜜橘 | 杏 | 刺槐 | 蜂蜡 |

🍷 白葡萄酒酒杯　　🌡 冷藏 7~13℃　　⚗ 无须醒酒　　🪙 约25美元　　🍾 窖藏5~15年

产区

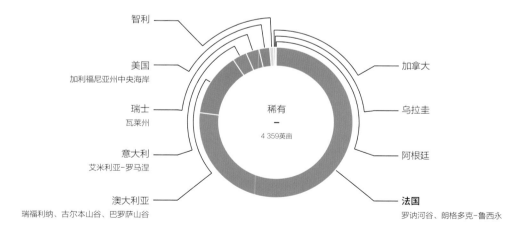

智利

美国
加利福尼亚州中央海岸

瑞士
瓦莱州

意大利
艾米利亚-罗马涅

澳大利亚
瑞福利纳、古尔本山谷、巴罗萨山谷

稀有
—
4 359英亩

加拿大

乌拉圭

阿根廷

法国
罗讷河谷、朗格多克-鲁西永

推荐尝试

🍷 瑚珊酒　　🍷 霞多丽酒　　🍷 维欧尼酒

香瓜 MELON

 "mel-oh" 💬 密斯卡岱、勃艮第香瓜

酒体
甜度
酸度
单宁
酒精

SP **LW** FW AW RS LR MR FR DS

🍴 香瓜或勃艮第香瓜葡萄产自法国的密斯卡岱地区，所酿白葡萄酒酒体轻盈，带有矿物风味，可以很好地与海鲜搭配。

🍴 将几只蛤或蚌丢入盘中，撒些大蒜、欧芹、黄油，再浇上适量的香瓜酒，你就能明白它为何能与海鲜成为绝配。

青柠　　　　海贝　　　　青苹果　　　　青梨　　　　面包坯

🍷 白葡萄酒酒杯　　🌡 冰镇 3~7℃　　 无须醒酒　　 约14美元　　🍾 窖藏1~5年

产区

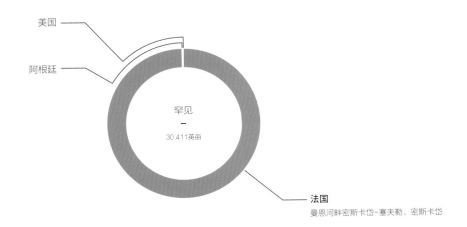

美国
阿根廷

罕见
—
30 411英亩

法国
曼恩河畔密斯卡岱-塞夫勒、密斯卡岱

推荐尝试

🍷 弗留利酒　　　🍷 格莱切多酒　　　🍷 弗德乔酒　　　🍷 莎斯拉酒（瑞士）

门西亚 MENCÍA

🔊 "men-thee-uh"　　💬 珍拿，别尔索、萨克拉河岸

　酒体

甜度

酒精

单宁

酸度

| | SP | LW | FW | AW | RS | LR | **MR** | FR | DS |

🍷 这是一种来自伊比利亚半岛（西班牙与葡萄牙）的红葡萄酒，因其令人陶醉的芳香与陈化潜力很快拥有了一批追随者。

🍴 鉴于门西亚酒的酸度与结构，你会倾向于火鸡之类口味更加浓郁的白肉，或是猪肉、辛辣的腌肉（五香烟熏牛肉！），以平衡其强劲的口感。

酸樱桃　　　　石榴　　　　　黑莓　　　　　甘草　　　　碎砾石

🍷 红葡萄酒酒杯　　🌡 窖藏 13~16℃　　醒酒60+分钟　　💰 约15美元　　窖藏5~20年

产区

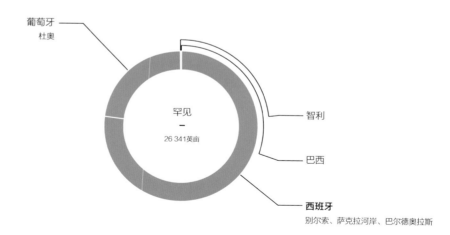

葡萄牙
杜奥

智利

罕见
—
26 341英亩

巴西

西班牙
别尔索、萨克拉河岸、巴尔德奥拉斯

推荐尝试

 黑喜诺酒　　 黑珍珠酒　　 巴贝拉酒　　 西拉酒

美乐 MERLOT

◀) *"murr-low"*

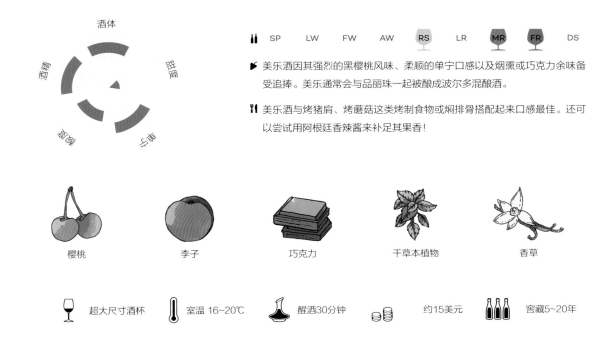

| | SP | LW | FW | AW | RS | LR | MR | FR | DS |

美乐酒因其强烈的黑樱桃风味、柔顺的单宁口感以及烟熏或巧克力余味备受追捧。美乐通常会与品丽珠一起被酿成波尔多混酿酒。

美乐酒与烤猪肩、烤蘑菇这类烤制食物或焖排骨搭配起来口感最佳。还可以尝试用阿根廷香辣酱来补足其果香！

樱桃　　李子　　巧克力　　干草本植物　　香草

超大尺寸酒杯　室温 16~20℃　醒酒30分钟　约15美元　窖藏5~20年

产区

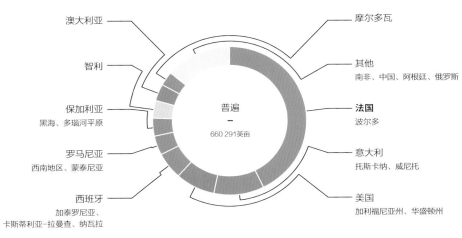

澳大利亚

智利

保加利亚
黑海、多瑙河平原

罗马尼亚
西南地区、蒙泰尼亚

西班牙
加泰罗尼亚、
卡斯蒂利亚-拉曼查、纳瓦拉

普遍
—
660 291英亩

摩尔多瓦

其他
南非、中国、阿根廷、俄罗斯

法国
波尔多

意大利
托斯卡纳、威尼托

美国
加利福尼亚州、华盛顿州

推荐尝试

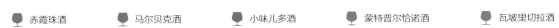

赤霞珠酒　　马尔贝克酒　　小味儿多酒　　蒙特普尔恰诺酒　　瓦坡里切拉酒

美乐酒

附加品鉴笔记

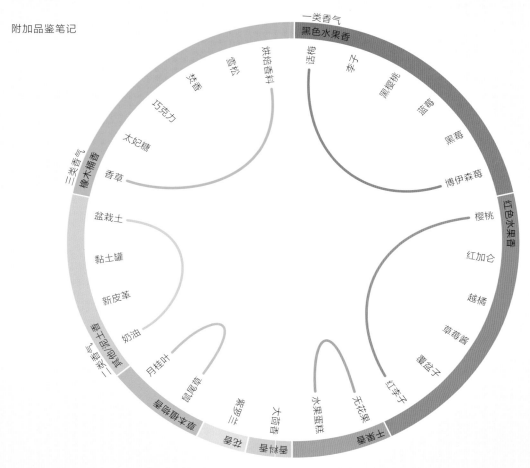

一类香气
黑色水果香
黑醋栗
黑樱桃
蓝莓
黑莓
博伊森莓
红色水果香
樱桃
红加仑
越橘
草莓酱
覆盆子
红李子
无花果
水果蛋糕
大茴香
紫罗兰
玫瑰
薄荷
鼠尾草
月桂叶
奶油
新皮革
黏土罐
盆栽土
香草
太妃糖
巧克力
焚香
雪松
烘焙香料
二类香气
其他香料味
三类香气
橡木桶香

法国波尔多"右岸"

波尔多的波美侯区域及多尔多涅河东北岸的圣埃米利永拥有富饶的黏土基土壤，是美乐与品丽珠葡萄成熟的理想之地。这里酿造出的好酒伴有馥郁的樱桃水果风味，同时又有雪松、皮革与焚香的气息与之制衡。

- ▸ 樱桃
- ▸ 新皮革
- ▸ 雪松
- ▸ 焚香
- ▸ 月桂叶

华盛顿州哥伦比亚山谷

该地区炙热的日间气温在入夜后能下降40 ℉（约4.4℃）以上，从而造就了带有甜香果味、酸度却有所提升的葡萄酒。美乐葡萄是华盛顿州土地上的佼佼者，能够酿造出清爽的、酒体较为轻盈的樱桃果香葡萄酒，并蕴含花香与薄荷风味。

- ▸ 黑樱桃
- ▸ 博伊森莓
- ▸ 巧克力奶油
- ▸ 紫罗兰
- ▸ 薄荷

加利福尼亚州北海岸

北海岸环抱着纳帕谷与索诺马。信不信由你，与赤霞珠酒相比，美乐酒的价值在这里仍未受到重视。该酒能够带来强烈的甜香黑樱桃果味，伴有口感细密的单宁以及淡淡的可可浆气息。

- ▸ 甜樱桃
- ▸ 话梅
- ▸ 可可浆
- ▸ 香草
- ▸ 沙尘

莫纳斯特雷尔 MONASTRELL

◀ "Moan-uh-strel"　　💬 慕合怀特、玛塔罗

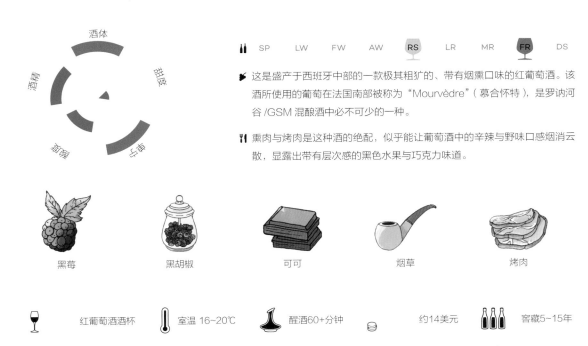

| | SP | LW | FW | AW | **RS** | LR | MR | **FR** | DS |

这是盛产于西班牙中部的一款极其粗犷的、带有烟熏口味的红葡萄酒。该酒所使用的葡萄在法国南部被称为"Mourvèdre"（慕合怀特），是罗讷河谷/GSM混酿酒中必不可少的一种。

熏肉与烤肉是这种酒的绝配，似乎能让葡萄酒中的辛辣与野味口感烟消云散，显露出带有层次感的黑色水果与巧克力味道。

| 黑莓 | 黑胡椒 | 可可 | 烟草 | 烤肉 |

红葡萄酒酒杯　　室温 16~20℃　　醒酒60+分钟　　约14美元　　窖藏5~15年

产区

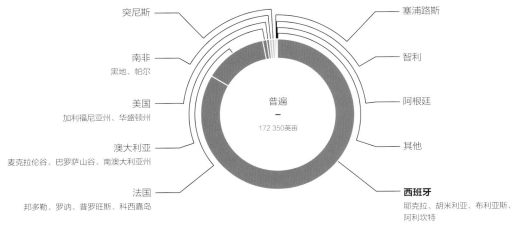

突尼斯

塞浦路斯

南非
黑地、帕尔

智利

美国
加利福尼亚州、华盛顿州

阿根廷

澳大利亚
麦克拉伦谷、巴罗萨山谷、南澳大利亚州

其他

法国
邦多勒、罗讷、普罗旺斯、科西嘉岛

普遍
—
172 350英亩

西班牙
耶克拉、胡米利亚、布利亚斯、阿利坎特

推荐尝试

🍷 小西拉酒　　🍷 丹娜酒　　🍷 西拉酒　　🍷 小味儿多酒　　🍷 紫北塞酒

莫纳斯特雷尔酒

附加品鉴笔记

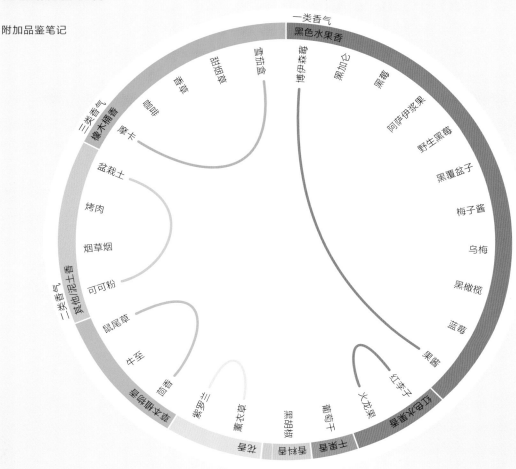

一类香气
黑色水果香
博伊森莓
黑加仑
黑莓
阿萨伊浆果
野生黑莓
黑覆盆子
梅子酱
乌梅
黑橄榄
蓝莓
果酱
红李子
火龙果
黑巧克力味
牛奶
高香
黑葡萄干
黑胡椒
薰衣草
紫罗兰
其他香
香草
甜烟草
雪茄盒
三类香气
橡木桶香
咖啡
摩卡
盆栽土
烤肉
烟草烟
可可粉
鼠尾草
牛至
二类香气
其他/泥土香

法国邦多勒

据说慕合怀特葡萄头顶阳光、脚入海水便能茁壮成长。难怪它能在普罗旺斯邦多勒朝南的山坡上熠熠发光。这种酒必须依法在橡木桶中储藏至少 18 个月，从而为其增添淳朴的雅趣。

▸ 乌梅
▸ 烤肉
▸ 黑胡椒
▸ 可可粉
▸ 普罗旺斯草本植物

西班牙东南部

莫纳斯特雷尔葡萄是胡米利亚、耶克拉、阿利坎特与布利亚斯地区的主要葡萄品种。当地温暖干燥的气候造就了带有强烈果香、甚至是焦油与黑橄榄气息的葡萄酒！也就是说，这里出产的葡萄酒极具价值。

▸ 黑莓
▸ 黑葡萄干
▸ 摩卡
▸ 烟草烟
▸ 黑胡椒

邦多勒桃红葡萄酒

不管莫纳斯特雷尔葡萄所酿的红葡萄酒有多强劲，其桃红葡萄酒的口感却清淡得令人吃惊。它蕴含微妙的新鲜草莓味，泛着粉色玫瑰的色泽。连同雅致的果香，你还有可能注意到一丝不易察觉的紫罗兰香气，以及白胡椒或黑胡椒味道。

▸ 草莓
▸ 白桃
▸ 白胡椒
▸ 白花
▸ 紫罗兰

蒙特普尔恰诺 MONTEPULCIANO

◀) "mon-ta-pull-chee-anno"

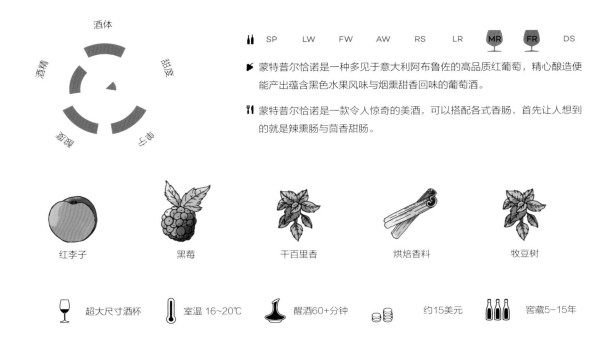

| | SP | LW | FW | AW | RS | LR | **MR** | **FR** | DS |

☙ 蒙特普尔恰诺是一种多见于意大利阿布鲁佐的高品质红葡萄，精心酿造便能产出蕴含黑色水果风味与烟熏甜香回味的葡萄酒。

🍴 蒙特普尔恰诺是一款令人惊奇的美酒，可以搭配各式香肠，首先让人想到的就是辣熏肠与茴香甜肠。

| 红李子 | 黑莓 | 干百里香 | 烘焙香料 | 牧豆树 |

| 超大尺寸酒杯 | 室温 16~20℃ | 醒酒60+分钟 | 约15美元 | 窖藏5~15年 |

产区

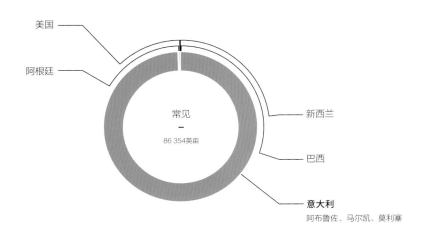

美国

阿根廷

常见
—
86 354英亩

新西兰

巴西

意大利
阿布鲁佐、马尔凯、莫利塞

推荐尝试

🍷 黑曼罗酒　　🍷 美乐酒　　🍷 波尔多混酿酒　　🍷 阿吉提可酒　　🍷 黑珍珠酒

塞图巴尔麝香 *MOSCATEL DE SETÚBAL*

🔊 *"Mos-ka-tell de Seh-too-bal"*　　💬 罗索麝香

| | SP | LW | FW | AW | RS | LR | MR | FR | DS |

🏷 这款浓郁的蜂蜜味加强型餐后甜酒，主要是用葡萄牙南部塞图巴尔半岛上生长的亚历山大玫瑰葡萄酿造而成。

🍴 塞图巴尔麝香葡萄酒能与绵羊乳酪之类的软糯夹心葡萄牙芝士相得益彰，或者可以用它来搭配淋有焦糖的任何甜点。

蜜橘

葡萄

杏干

蜂蜜

焦糖

 餐后甜酒酒杯　　🌡 窖藏 13~16℃　　 无须醒酒　　　　约13美元　　 窖藏1~5年

葡萄与风味

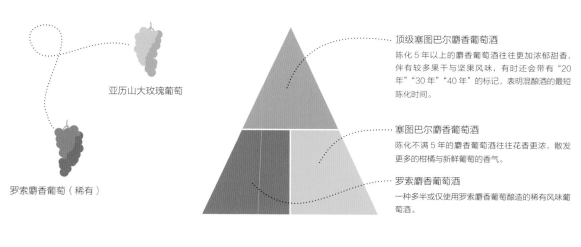

亚历山大玫瑰葡萄

罗索麝香葡萄（稀有）

顶级塞图巴尔麝香葡萄酒
陈化 5 年以上的麝香葡萄酒往往更加浓郁甜香，伴有较多果干与坚果风味，有时还会带有"20年""30年""40年"的标记，表明混酿酒的最短陈化时间。

塞图巴尔麝香葡萄酒
陈化不满 5 年的麝香葡萄酒往往花香更浓，散发更多的柑橘与新鲜葡萄的香气。

罗索麝香葡萄酒
一种多半或仅使用罗索麝香葡萄酿造的稀有风味葡萄酒。

推荐尝试

 茶色波特酒　　🍷 圣酒　　 亚历山大玫瑰葡萄酒　　里韦萨特麝香葡萄酒　　萨摩斯麝香葡萄酒（希腊）

玫瑰妃 *MOSCHOFILERO*

◀ *"moosh-ko-fee-lair-oh"*

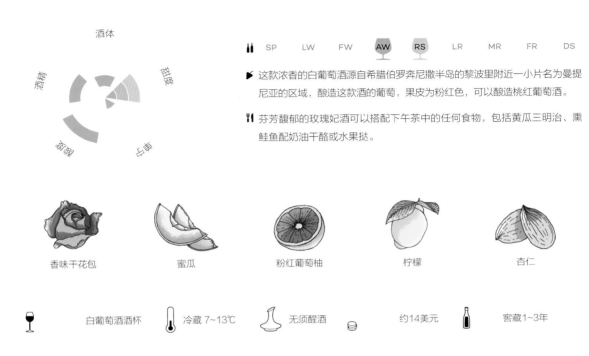

| SP | LW | FW | AW | RS | LR | MR | FR | DS |

🔖 这款浓香的白葡萄酒源自希腊伯罗奔尼撒半岛的黎波里附近一小片名为曼提尼亚的区域，酿造这款酒的葡萄，果皮为粉红色，可以酿造桃红葡萄酒。

🍴 芬芳馥郁的玫瑰妃酒可以搭配下午茶中的任何食物，包括黄瓜三明治、熏鲑鱼配奶油干酪或水果挞。

| 香味干花包 | 蜜瓜 | 粉红葡萄柚 | 柠檬 | 杏仁 |

| 白葡萄酒酒杯 | 冷藏 7~13℃ | 无须醒酒 | 约14美元 | 窖藏1~3年 |

产区

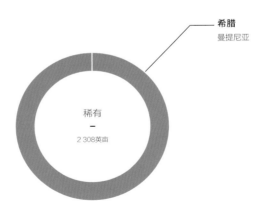

希腊
曼提尼亚

稀有
—
2 308英亩

推荐尝试

🍷 费尔诺皮埃斯酒　　🍷 特浓情酒　　🍷 全盛酒（匈牙利）　　🍷 琼瑶浆酒　　🍷 米勒-图高酒

白麝香 MUSCAT BLANC

◀) *"muss-kot blonk"*　　💬 白莫斯卡托、莫斯卡特尔、小粒白麝香、慕斯卡特拉

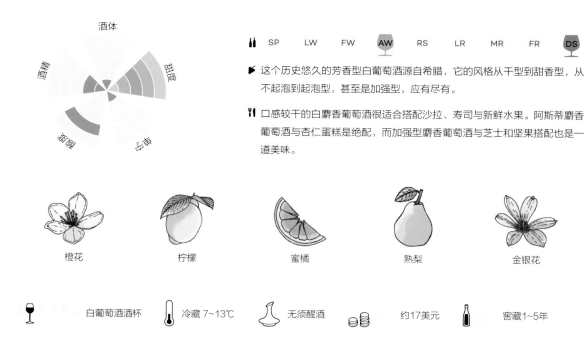

| SP | LW | FW | AW | RS | LR | MR | FR | DS |

✒ 这个历史悠久的芳香型白葡萄酒源自希腊，它的风格从干型到甜香型，从不起泡到起泡型，甚至是加强型，应有尽有。

🍴 口感较干的白麝香葡萄酒很适合搭配沙拉、寿司与新鲜水果。阿斯蒂麝香葡萄酒与杏仁蛋糕是绝配，而加强型麝香葡萄酒与芝士和坚果搭配也是一道美味。

| 橙花 | 柠檬 | 蜜橘 | 熟梨 | 金银花 |

白葡萄酒酒杯　　冷藏 7～13℃　　无须醒酒　　约17美元　　窖藏1～5年

产区

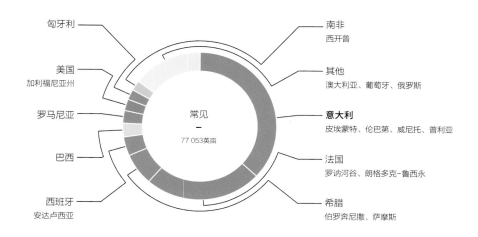

匈牙利

美国
加利福尼亚州

罗马尼亚

巴西

西班牙
安达卢西亚

南非
西开普

其他
澳大利亚、葡萄牙、俄罗斯

意大利
皮埃蒙特、伦巴第、威尼托、普利亚

法国
罗讷河谷、朗格多克-鲁西永

希腊
伯罗奔尼撒、萨摩斯

常见
—
77 053英亩

推荐尝试

 亚历山大玫瑰葡萄酒　　米勒-图高酒　　琼瑶浆酒　　特浓情酒　　全盛酒（匈牙利）

白麝香葡萄酒

附加品鉴笔记

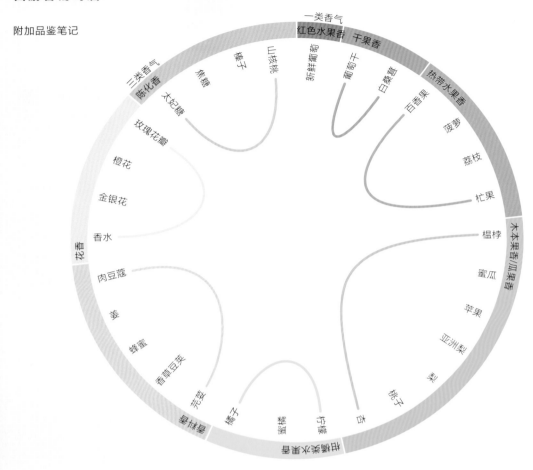

一类香气
红色水果香　干果香
一类香气　陈化香
红色水果　葡萄干
新鲜葡萄　白桑葚
焦糖　榛子　山核桃
太妃糖　白青果
玫瑰花瓣　热带水果香
橙花　菠萝
金银花　荔枝
香水　杧果
肉豆蔻　椭柠
花香　蜜瓜
姜　苹果
蜂蜜　亚洲梨
香草豆荚　梨
完姜　桃子
茴香　杏
橘子　柠檬
蜜橘　甜美水果香

阿斯蒂麝香葡萄酒

阿斯蒂麝香葡萄酒产自意大利皮埃蒙特的阿斯蒂地区，是一款非常柔和的轻度起泡酒。它是所有葡萄酒中酒精含量（约 5.5%ABV）最低的种类之一，这款浓香型的白酒保留了糖的甜味。

▶ 蜜橘
▶ 金银花
▶ 柠檬
▶ 玫瑰花瓣
▶ 香草豆荚

阿尔萨斯麝香葡萄酒

法国出产多种风味的麝香葡萄酒，从较为轻盈的阿尔萨斯麝香葡萄酒，到较为浓郁的加强型餐后甜酒，如里韦萨特麝香葡萄酒或博沃－德沃尼斯麝香葡萄酒。阿尔萨斯产的葡萄酒是酒体轻盈的半干型，散发着香水与柠檬草的香气，同时夹杂着一丝棕色香料的风味。

▶ 新鲜葡萄
▶ 香水
▶ 柠檬草
▶ 芫荽
▶ 肉豆蔻

拉瑟格伦麝香葡萄酒

它是世界上最甜（或依澳大利亚说法为"黏腻"）的餐后甜酒之一，源自澳大利亚维多利亚州。这种浓情蜜意的葡萄酒是由白麝香变种的罕见的红皮葡萄酿造，它的色调为深琥珀色至金棕色，散发着焦糖樱桃、咖啡、黄樟与香草的香气。

▶ 焦糖
▶ 糖渍樱桃
▶ 咖啡
▶ 黄樟
▶ 香草豆荚

亚历山大玫瑰 MUSCAT OF ALEXANDRIA

🗨 哈尼普特、莫斯卡特尔

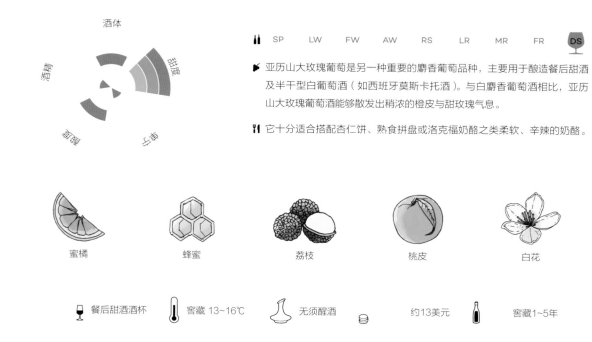

| SP | LW | FW | AW | RS | LR | MR | FR | DS |

🔖 亚历山大玫瑰葡萄是另一种重要的麝香葡萄品种，主要用于酿造餐后甜酒及半干型白葡萄酒（如西班牙莫斯卡托酒）。与白麝香葡萄酒相比，亚历山大玫瑰葡萄酒能够散发出稍浓的橙皮与甜玫瑰气息。

🍴 它十分适合搭配杏仁饼、熟食拼盘或洛克福奶酪之类柔软、辛辣的奶酪。

| 蜜橘 | 蜂蜜 | 荔枝 | 桃皮 | 白花 |

餐后甜酒酒杯　　窖藏 13~16℃　　无须醒酒　　约13美元　　窖藏1~5年

产区

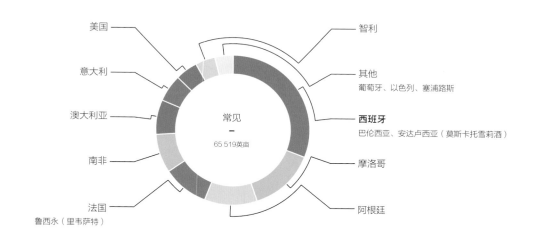

美国

意大利

澳大利亚

南非

法国
鲁西永（里韦萨特）

智利

其他
葡萄牙、以色列、塞浦路斯

西班牙
巴伦西亚、安达卢西亚（莫斯卡托雪莉酒）

摩洛哥

阿根廷

常见
—
65 519英亩

推荐尝试

🍷 白麝香葡萄酒　　🍷 塞图巴尔麝香葡萄酒　　🍷 拉瑟格伦麝香葡萄酒　　🍷 黑麝香葡萄酒

内比奥罗 *NEBBIOLO*

◀) *"nebby-oh-low"*　　💬 巴罗洛、巴巴莱斯科、斯帕纳、查万纳斯卡

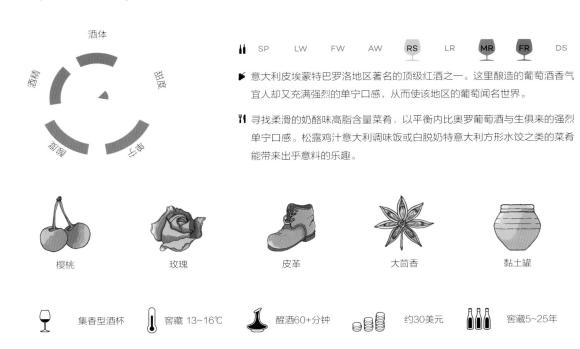

| | SP | LW | FW | AW | RS | LR | MR | FR | DS |

✍ 意大利皮埃蒙特巴罗洛地区著名的顶级红酒之一。这里酿造的葡萄酒香气宜人却又充满强烈的单宁口感，从而使该地区的葡萄闻名世界。

🍴 寻找柔滑的奶酪味高脂含量菜肴，以平衡内比奥罗葡萄酒与生俱来的强烈单宁口感。松露鸡汁意大利调味饭或白脱奶特意大利方形水饺之类的菜肴能带来出乎意料的乐趣。

樱桃　　　　玫瑰　　　　皮革　　　　大茴香　　　　黏土罐

集香型酒杯　　窖藏 13~16℃　　醒酒60+分钟　　约30美元　　窖藏5~25年

产区

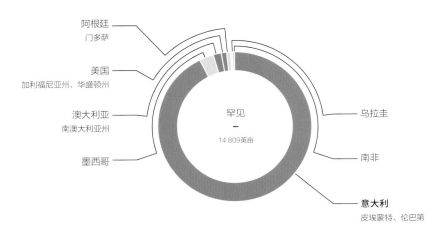

阿根廷
门多萨

美国
加利福尼亚州、华盛顿州

澳大利亚
南澳大利亚州

墨西哥

罕见
—
14 809英亩

乌拉圭

南非

意大利
皮埃蒙特、伦巴第

推荐尝试

🍷 黑喜诺酒　　　🍷 艾格尼科酒　　　🍷 丹魄酒　　　🍷 桑娇维塞酒

内比奥罗酒

附加品鉴笔记

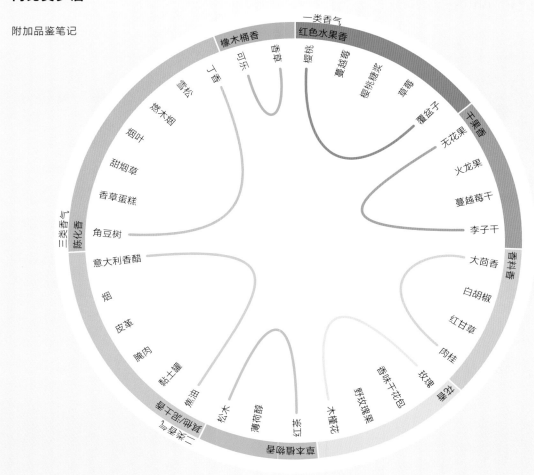

意大利皮埃蒙特南部

口感最强劲、单宁含量最高的内比奥罗酒来自巴罗洛、巴巴莱斯科与罗埃罗地区。每个地区都会酿造一种较为强劲的"珍藏"葡萄酒，其生产标准更加严格，还会延长陈化时间。其中巴罗洛地区出产的葡萄酒单宁含量最高。

▶ 黑樱桃
▶ 香草蛋糕／焦油
▶ 玫瑰
▶ 甘草
▶ 角豆树

意大利皮埃蒙特北部

包括盖梅和加蒂纳拉地区及巴罗洛周边朝北的葡萄庄园（被并入朗格地区）。皮埃蒙特出产的内比奥罗酒酒体更为轻盈、优雅，单宁口感也更加柔和。依据年份的不同，该酒还有果味与草本香味之分。

▶ 酸樱桃
▶ 野玫瑰果
▶ 烟叶
▶ 皮革
▶ 红茶

意大利瓦尔泰利纳

在伦巴第附近，内比奥罗葡萄生长在面向科莫湖的阿尔卑斯山谷北部。这里的气温低得多，从而造就了优雅、散发草本与花朵气息、单宁含量适中的内比奥罗酒，其口感与凉爽气候下的黑皮诺酒十分相似。

▶ 蔓越莓
▶ 木槿花
▶ 牡丹
▶ 干草本植物
▶ 丁香

黑曼罗 NEGROAMARO

◀) *"neg-row-amaro"*

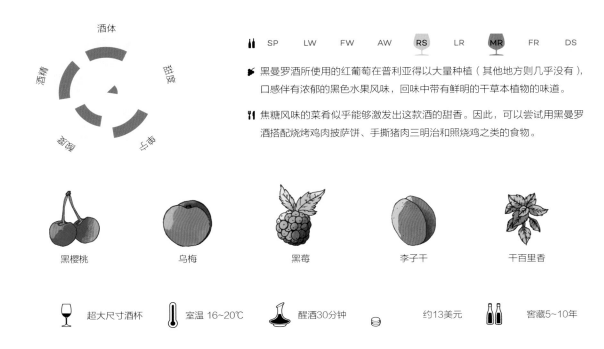

	SP	LW	FW	AW	RS	LR	MR	FR	DS

黑曼罗酒所使用的红葡萄在普利亚得以大量种植（其他地方则几乎没有），口感伴有浓郁的黑色水果风味，回味中带有鲜明的干草本植物的味道。

焦糖风味的菜肴似乎能够激发出这款酒的甜香。因此，可以尝试用黑曼罗酒搭配烧烤鸡肉披萨饼、手撕猪肉三明治和照烧鸡之类的食物。

黑樱桃　　　乌梅　　　黑莓　　　李子干　　　干百里香

超大尺寸酒杯　　室温 16~20℃　　醒酒30分钟　　　　约13美元　　窖藏5~10年

产区

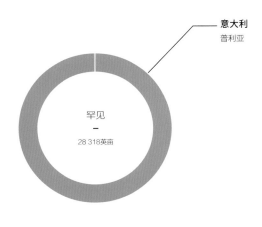

意大利
普利亚

罕见
—
28 318英亩

推荐尝试

🍷 蒙特普尔恰诺酒　　🍷 美乐酒　　🍷 黑珍珠酒　　🍷 巴加酒

马斯卡斯奈莱洛 *NERELLO MASCALESE*

◀)*"nair-rello mask-uh-lay-say"*

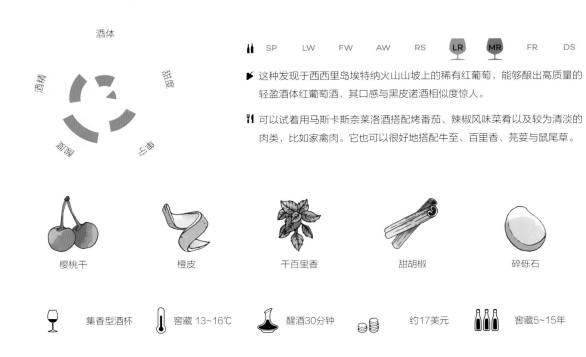

SP　LW　FW　AW　RS　**LR**　**MR**　FR　DS

🍇 这种发现于西西里岛埃特纳火山山坡上的稀有红葡萄，能够酿出高质量的轻盈酒体红葡萄酒，其口感与黑皮诺酒相似度惊人。

🍴 可以试着用马斯卡斯奈莱洛酒搭配烤番茄、辣椒风味菜肴以及较为清淡的肉类，比如家禽肉。它也可以很好地搭配牛至、百里香、芫荽与鼠尾草。

樱桃干	橙皮	干百里香	甜胡椒	碎� 砾石

集香型酒杯　　窖藏 13~16℃　　醒酒30分钟　　约17美元　　窖藏5~15年

产区

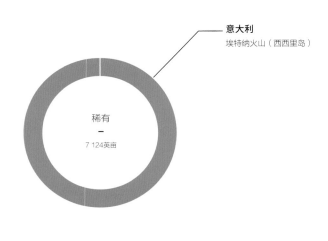

意大利
埃特纳火山（西西里岛）

稀有
—
7 124英亩

推荐尝试

🍷 黑皮诺酒　　🍷 歌海娜酒　　🍷 弗莱帕托酒　　🍷 佳丽酿酒

黑珍珠 *NERO D' AVOLA*

◀) *"nair-oh davo-la"*　　💬 卡拉布雷塞

	SP	LW	FW	AW	RS	LR	MR	**FR**	DS

🍖 黑珍珠是西西里岛最重要的红葡萄酒品种之一，它往往因为饱满的酒体与黑樱桃、烟草风味而被比作赤霞珠酒。

🍴 由于果味浓郁、单宁口感强劲，黑珍珠酒能够很好地搭配口感香醇的肉类，其中经典的就包括牛尾汤与炖牛肉。

黑樱桃　　乌梅　　甘草　　烟草　　辣椒

超大尺寸酒杯　　室温 16~20℃　　醒酒60+分钟　　约15美元　　窖藏5~15年

产区

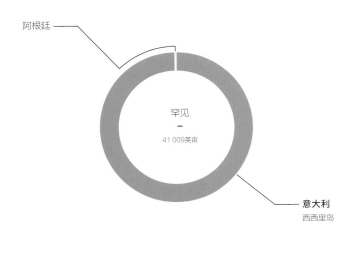

阿根廷

罕见
—
41 009英亩

意大利
西西里岛

推荐尝试

🍷 波尔多混酿酒　　🍷 赤霞珠酒　　🍷 蒙特普尔恰诺酒　　🍷 阿吉提可酒　　🍷 门西亚酒

小味儿多 *PETIT VERDOT*

◀) *"peh-tee vur-doe"*

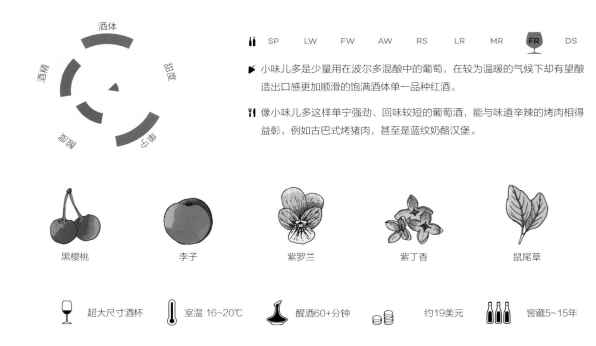

| SP | LW | FW | AW | RS | LR | MR | FR | DS |

小味儿多是少量用在波尔多混酿中的葡萄，在较为温暖的气候下却有望酿造出口感更加顺滑的饱满酒体单一品种红酒。

像小味儿多这样单宁强劲、回味较短的葡萄酒，能与味道辛辣的烤肉相得益彰，例如古巴式烤猪肉，甚至是蓝纹奶酪汉堡。

黑樱桃　　李子　　紫罗兰　　紫丁香　　鼠尾草

超大尺寸酒杯　　室温 16~20℃　　醒酒60+分钟　　约19美元　　窖藏5~15年

产区

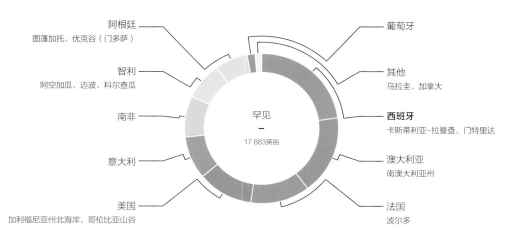

阿根廷
图蓬加托、优克谷（门多萨）

葡萄牙

智利
阿空加瓜、迈波、科尔查瓜

其他
乌拉圭、加拿大

南非

西班牙
卡斯蒂利亚-拉曼查、门特里达

意大利

澳大利亚
南澳大利亚州

美国
加利福尼亚州北海岸、哥伦比亚山谷

法国
波尔多

罕见
—
17 883英亩

推荐尝试

国家杜丽佳酒　　小西拉酒　　萨格兰蒂诺酒　　丹娜酒　　伯纳达酒

小西拉 *PETITE SIRAH*

◀) *"peh-teet sear-ah"*   💬 杜瑞夫、小席拉

酒体

酒精   甜度

酸涩   干萃

🍾	SP	LW	FW	AW	RS	LR	MR	**FR**	DS

➤ 深色的小西拉酒因其黑色水果的浓香与强劲的单宁口感而备受追捧。小西拉是西拉及稀有的法国阿尔卑斯佩露西葡萄的近亲。

🍴 考虑到小西拉酒的单宁口感会显得咄咄逼人，它最好用来搭配以脂肪和鲜味为主的菜肴——烤牛排或是一盘俄式牛柳丝。

话梅   蓝莓   黑巧克力   黑胡椒   红茶

🍷 红葡萄酒酒杯   🌡 室温 16~20℃   醒酒60+分钟   约18美元   窖藏5~15年

产区

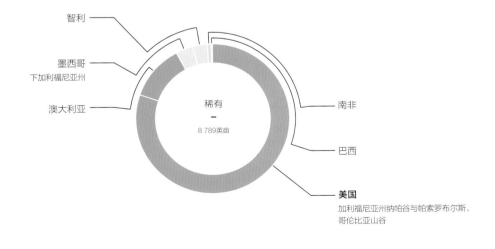

智利

墨西哥
下加利福尼亚州

澳大利亚

稀有
—
8 789英亩

南非

巴西

美国
加利福尼亚州纳帕谷与帕索罗布尔斯、
哥伦比亚山谷

推荐尝试

🍷 西拉酒   🍷 多姿桃酒   🍷 国家杜丽佳酒   🍷 萨格兰蒂诺酒   🍷 丹娜酒

白皮诺 PINOT BLANC

◀) "pee-no blonk"　　💬 威斯堡格德、克莱维内

SP　LW　FW　AW　RS　LR　MR　FR　DS

✒ 白皮诺是黑皮诺的变种，因其酿造的令人神清气爽的干型白葡萄酒而闻名，它也是弗朗齐亚柯达起泡酒中关键的酿酒葡萄。

🍴 白皮诺之类的葡萄酒最佳的搭档是拥有较多微妙风味的食物。你会喜欢用它来搭配软奶酪、奶油酱沙拉与鱼片。

梨

桃子

生杏仁

柠檬皮

碎砾石

 白葡萄酒酒杯　　🌡 冷藏 7~13℃　　无须醒酒　　 约15美元　　 窖藏1~5年

产区

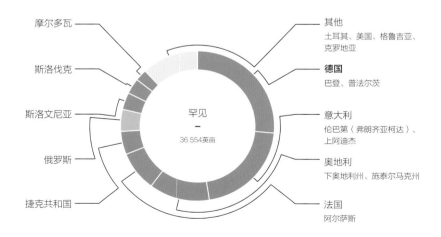

摩尔多瓦

斯洛伐克

斯洛文尼亚

俄罗斯

捷克共和国

其他
土耳其、美国、格鲁吉亚、克罗地亚

德国
巴登、普法尔茨

意大利
伦巴第（弗朗齐亚柯达）、上阿迪杰

奥地利
下奥地利州、施泰尔马克州

法国
阿尔萨斯

罕见
—
36 554英亩

推荐尝试

🍷 灰皮诺酒　　🍷 欧塞瓦酒　　🍷 西万尼酒　　🍷 维蒂奇诺酒　　🍷 费尔诺皮埃斯酒

灰皮诺 *PINOT GRIS*

 "pee-no gree"　　💬 灰品诺

酒体

酒精　　甜度

智糖　　乌审

SP　**LW**　FW　AW　**RS**　LR　MR　FR　DS

🐟 灰皮诺葡萄是黑皮诺葡萄的粉红色变种，能够酿造出美味的白葡萄酒，口感从干型到纯甜型应有尽有。

🍴 灰皮诺酒是白肉、海鲜及含有柠檬、橙子、桃子或杏等水果的食物的出色配餐酒。

白桃　　　　柠檬皮　　　　哈密瓜　　　　生杏仁　　　　碎砾石

 白葡萄酒酒杯　　 冷藏 7~13℃　　 无须醒酒　　 约15美元　　🍾 窖藏 1~5年

产区

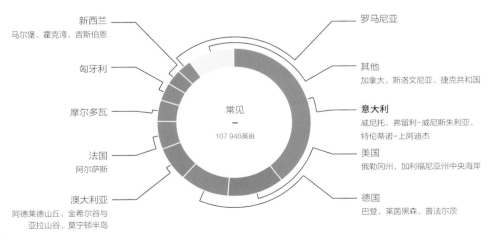

新西兰
马尔堡、霍克湾、吉斯伯恩

匈牙利

摩尔多瓦

法国
阿尔萨斯

澳大利亚
阿德莱德山丘、金希尔谷与亚拉山谷、莫宁顿半岛

常见
–
107 948英亩

罗马尼亚

其他
加拿大、斯洛文尼亚、捷克共和国

意大利
威尼托、弗留利–威尼斯朱利亚、特伦蒂诺–上阿迪杰

美国
俄勒冈州、加利福尼亚州中央海岸

德国
巴登、莱茵黑森、普法尔茨

推荐尝试

🍷 白皮诺酒　　🍷 阿尔巴利诺酒　　🍷 格莱切多酒　　🍷 阿内斯酒　　🍷 弗留利酒

黑皮诺 PINOT NOIR

◀ *"pee-no nwar"* 　　💬 斯贝博贡德

酒体

酒精　　甜度

单宁　　酸度

| 🍷 | SP | LW | **FW** | AW | **RS** | **LR** | MR | FR | DS |

🐗 作为世界上最受欢迎的轻盈酒体红葡萄酒之一，备受追捧的黑皮诺酒不仅具备红色水果与香料的风味，还因悠长、顺滑、柔和的单宁回味而出类拔萃。

🍴 考虑到黑皮诺酒酸度较高、单宁含量较低，它在食物搭配方面可谓是一款全能的红葡萄酒，其口感似乎是为鸭肉、鸡肉、猪肉与蘑菇菜肴而准备的。

| 樱桃 | 覆盆子 | 丁香 | 蘑菇 | 香草 |

🍷 集香型酒杯　🌡 窖藏 13~16℃　🍶 醒酒30分钟　🪙 约30美元　🍾 窖藏5~15年

产区

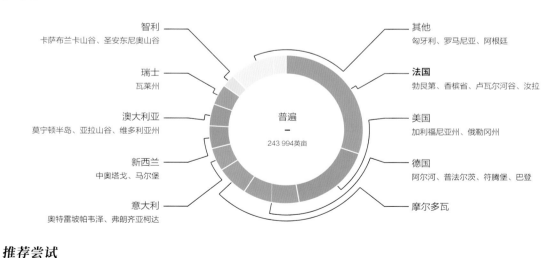

智利
卡萨布兰卡山谷、圣安东尼奥山谷

瑞士
瓦莱州

澳大利亚
莫宁顿半岛、亚拉山谷、维多利亚州

新西兰
中奥塔戈、马尔堡

意大利
奥特雷坡帕韦泽、弗朗齐亚柯达

普遍
—
243 994英亩

其他
匈牙利、罗马尼亚、阿根廷

法国
勃艮第、香槟省、卢瓦尔河谷、汝拉

美国
加利福尼亚州、俄勒冈州

德国
阿尔河、普法尔茨、符腾堡、巴登

摩尔多瓦

推荐尝试

🍷 圣罗兰酒　　🍷 佳美酒　　🍷 马斯卡斯奈莱洛酒　　🍷 司棋亚娃酒　　🍷 茨威格酒

黑皮诺酒

附加品鉴笔记

法国勃艮第

在金坡地一块狭长的土地上，有 27 个葡萄酒法定产区（尼伊圣乔治、热夫雷 – 尚贝坦等），这 27 个产区就是享誉全球的黑皮诺葡萄庄园的所在地。该地区较为凉爽的气候赋予了葡萄酒质朴的果香与花香，并提高了其酸度。

- 蘑菇
- 蔓越莓
- 梅子酱
- 润喉糖
- 木槿花

美国加利福尼亚州中央海岸

在原本炎热的气候下，太平洋上几乎每天早晨都飘着一层雾气，这有助于维持该地区的凉爽，使之足以维系黑皮诺葡萄藤的生长。尽管如此，这里的葡萄成熟度更高，果实甜美，酸度也较为柔和。

- 覆盆子酱
- 李子
- 硝烟
- 香草
- 甜胡椒

其他地区

试试这些地区的黑皮诺酒，看看合不合你的口味。

较为凉爽的气候能够带来更多的酸果风味。例如美国的俄勒冈州、加拿大的不列颠哥伦比亚、澳大利亚的塔斯马尼亚、新西兰的马尔堡、意大利的奥特雷坡帕韦泽，当然还有德国。

较为温暖的气候能够带来成熟而浓郁的果香。例如澳大利亚的莫宁顿半岛与亚拉山谷、美国的索诺马、新西兰的中奥塔戈、智利的卡萨布兰卡山谷以及阿根廷的巴塔哥尼亚。

皮诺塔吉 *PINOTAGE*

◀) *"pee-no-taj"*

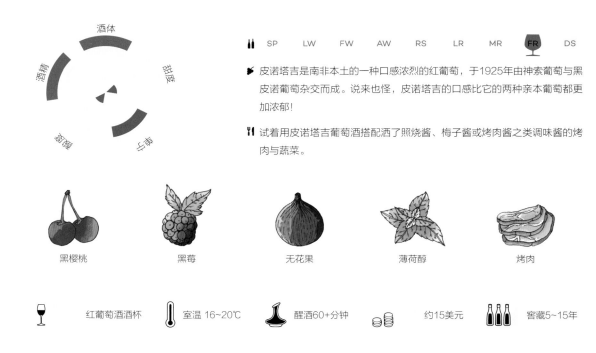

| | SP | LW | FW | AW | RS | LR | MR | **FR** | DS |

🍷 皮诺塔吉是南非本土的一种口感浓烈的红葡萄，于1925年由神索葡萄与黑皮诺葡萄杂交而成。说来也怪，皮诺塔吉的口感比它的两种亲本葡萄都更加浓郁！

🍴 试着用皮诺塔吉葡萄酒搭配洒了照烧酱、梅子酱或烤肉酱之类调味酱的烤肉与蔬菜。

| 黑樱桃 | 黑莓 | 无花果 | 薄荷醇 | 烤肉 |

| 红葡萄酒酒杯 | 室温 16~20℃ | 醒酒60+分钟 | 约15美元 | 窖藏5~15年 |

产区

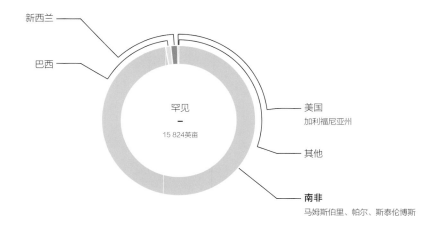

新西兰
巴西
罕见
—
15 824英亩
美国
加利福尼亚州
其他
南非
马姆斯伯里、帕尔、斯泰伦博斯

推荐尝试

🍷 紫北塞酒   🍷 西拉酒   🍷 小西拉酒   🍷 慕合怀特酒   🍷 丹娜酒

匹格普勒 PICPOUL

◀ "pik-pool"　　💬 白匹格普勒、白匹克普勒、皮内匹格普勒

酒体

| SP | **LW** | FW | AW | RS | LR | MR | FR | DS |

🏴 这种古老的法国葡萄受欢迎程度正在节节攀升。匹格普勒本意为"刺痛嘴唇"，这种葡萄能够酿造出一类蕴含独特盐水味道、令人咂摸的白葡萄酒。

🍴 匹格普勒酒几乎就是为了搭配海鲜、贝类、寿司以及油炸开胃小菜而出现的。炸鱿鱼也许是匹格普勒酒最完美的搭档。

青苹果

橙花

柠檬

百里香

盐水

 白葡萄酒酒杯　　冰镇 3~7℃　　 无须醒酒　　　约10美元　　窖藏1~3年

产地

其他
西班牙、美国

法国
朗格多克-鲁西永、罗讷河谷

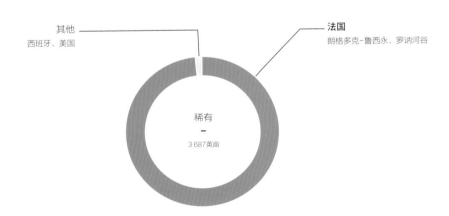

稀有
—
3 687英亩

推荐尝试

 阿斯提可酒　　密斯卡岱酒　　绿酒　　阿尔巴利诺酒　　格里洛酒（西西里岛）

153

波特 PORT

◀ "Port"　　💬 波尔图

酒体

甜度

酒精

单宁

酸度

| ♟ | SP | LW | FW | AW | RS | LR | MR | FR | **DS** |

🍷 波特酒是葡萄牙久负盛名的加强型葡萄酒，这种混酿酒拥有一系列风格，包括白葡萄酒、桃红葡萄酒、红葡萄酒与茶色波特酒。每种风格都拥有独特的口感，所以逐一尝试一番吧！

🍴 如果你想要完美地体验一次美食配美酒，可以随手拿上一瓶晚装瓶年份波特酒或年份波特酒，再来一大块斯提尔顿干酪。

乌梅　　樱桃干　　巧克力　　葡萄干　　肉桂

🍷 餐后甜酒酒杯　　🌡 窖藏 13~16℃　　醒酒30分钟　　约35美元　　窖藏50年以上

50种以上

法国杜丽佳　　国家杜丽佳　　罗巴卡红　　罗丽红（丹魄）　　猎狗　　拉比加多　　维欧新

白波特酒
白葡萄酿造，半干型，带有桃干、白胡椒、蜜橘皮与焚香风味。

桃红波特酒
桃红葡萄酒风味，含有草莓、肉桂、蜂蜜与树莓糖香味。

宝石红波特酒
基础款红波特酒，带有甜香的黑色水果、巧克力与香料风味，趁年轻时饮用。

晚装瓶年份波特酒
一款可以即开即饮的单一年份波特酒。

茶色波特酒
这款木桶陈化波特酒会随着年份的推移变得愈发美味。可以尝试一瓶 20 年的陈酿。

年份茶色波特酒
单一年份、氧化的、木桶陈化波特酒。

酒垢波特酒
有陈化潜力的多年份波特酒。罕见。

年份波特酒
产自特殊年份的单一年份波特酒。前 5 年饮用最佳，之后还能继续窖藏 30~50 年，甚至更久。

推荐尝试

🍷 瓦坡里切拉雷乔托酒　　🍷 巴纽尔斯酒（法国）　　🍷 里韦萨特酒（法国）　　🍷 红色圣酒（法国）　　🍷 晚收红酒

154

普罗塞克 PROSECCO

◀) *"pro-seh-co"*

| | SP | LW | FW | AW | RS | LR | MR | FR | DS |

🍷 这款最受欢迎的起泡型葡萄酒由生长在威尼托与弗留利-威尼斯朱利亚的歌蕾拉葡萄酿成。最好的普罗塞克酒产自瓦尔多比亚德内。

🍴 普罗塞克酒在意大利的传统搭配包括开胃菜、腌肉与杏仁，但你若是真正想要提高层次，可以试着用普罗塞克酒来搭配辛辣的亚洲食物。

| 青苹果 | 蜜瓜 | 梨 | 拉格啤酒 | 奶油 |

| 长笛形香槟杯 | 冰镇 3~7℃ | 无须醒酒 | 约15美元 | 窖藏1~3年 |

质量等级

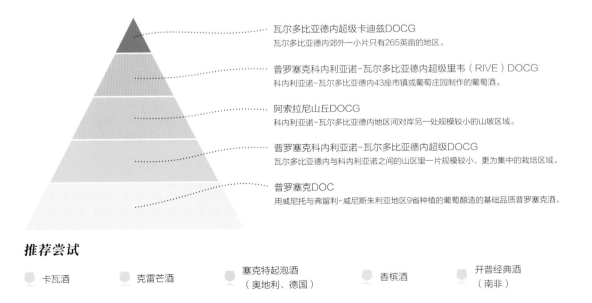

瓦尔多比亚德内超级卡迪兹DOCG
瓦尔多比亚德内郊外一小片只有265英亩的地区。

普罗塞克科内利亚诺-瓦尔多比亚德内超级里韦（RIVE）DOCG
科内利亚诺-瓦尔多比亚德内43座市镇或葡萄庄园制作的葡萄酒。

阿索拉尼山丘DOCG
科内利亚诺-瓦尔多比亚德内地区河对岸另一处规模较小的山坡区域。

普罗塞克科内利亚诺-瓦尔多比亚德内超级DOCG
瓦尔多比亚德内与科内利亚诺之间的山区里一片规模较小、更为集中的栽培区域。

普罗塞克DOC
用威尼托与弗留利-威尼斯朱利亚地区9省种植的葡萄酿造的基础品质普罗塞克酒。

推荐尝试

🍷 卡瓦酒　　🍷 克雷芒酒　　🍷 塞克特起泡酒（奥地利、德国）　　🍷 香槟酒　　🍷 开普经典酒（南非）

罗讷河谷 /GSM 混酿 RHÔNE / GSM BLEND

◀ "roan"　　💬 歌海娜-西拉-慕合怀特，罗讷河谷

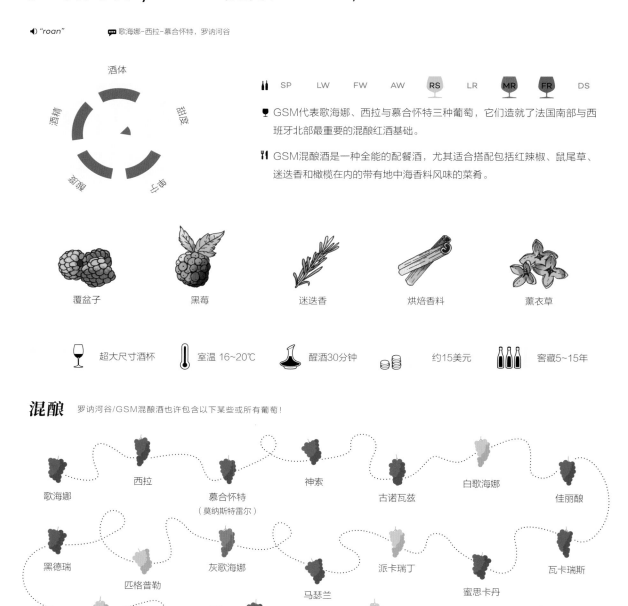

酒体

酒精

甜度

酸度

单宁

SP　LW　FW　AW　**RS**　LR　**MR**　**FR**　DS

🍷 GSM代表歌海娜、西拉与慕合怀特三种葡萄，它们造就了法国南部与西班牙北部最重要的混酿红酒基础。

🍴 GSM混酿酒是一种全能的配餐酒，尤其适合搭配包括红辣椒、鼠尾草、迷迭香和橄榄在内的带有地中海香料风味的菜肴。

覆盆子　　黑莓　　迷迭香　　烘焙香料　　薰衣草

超大尺寸酒杯　　室温 16~20℃　　醒酒30分钟　　约15美元　　窖藏5~15年

混酿　罗讷河谷/GSM混酿酒也许包含以下某些或所有葡萄！

歌海娜　　西拉　　慕合怀特（莫纳斯特雷尔）　　神索　　古诺瓦兹　　白歌海娜　　佳丽酿

黑德瑞　　匹格普勒　　灰歌海娜　　马瑟兰　　派卡瑞丁　　蜜思卡丹　　瓦卡瑞斯

布布兰克　　黑匹格普勒　　候尔（维蒙蒂诺）　　卡丽托

推荐尝试

🍷 歌海娜酒　　🍷 仙粉黛酒　　🍷 桑娇维塞酒　　🍷 门西亚酒　　🍷 佳丽酿酒

罗讷河谷 /GSM 混酿酒

附加品鉴笔记

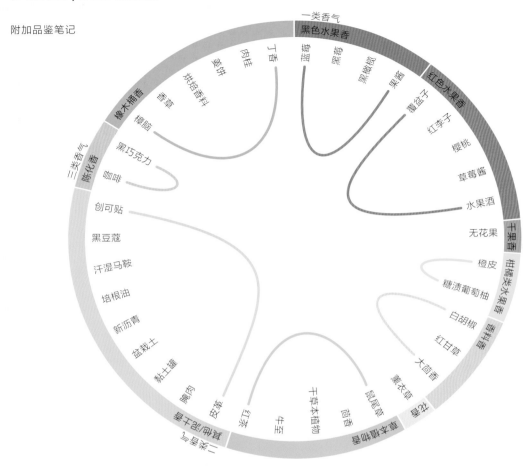

一类香气
黑色水果香
红色水果香
三类香气
陈化香
橡木桶香
干果香
柑橘类水果香
香料香
二类香气
与葡萄香
草本植物香

丁香
肉桂
姜饼
烘焙香料
香草
樟脑
黑巧克力
咖啡
创可贴
黑豆蔻
汗湿马鞍
培根油
新沥青
盆栽土
泥土罐
腌肉
皮革
红茶
牛至
干草本植物
茴香
鼠尾草
薰衣草
松
大茴香
红甘草
白胡椒
糖渍葡萄柚
橙皮
无花果
水果酒
草莓酱
樱桃
红李子
覆盆子
果酱
黑橄榄
黑莓
草莓

法国罗讷河谷

包括朗格多克山区与普罗旺斯在内的罗讷河谷及法国南部其他地区正是罗讷河谷 /GSM 混酿酒的发源地。在这里，你将找到黑色刺莓果与红色水果的风味与黑胡椒、橄榄、普罗旺斯香草及棕色烘焙香料气息相互平衡的葡萄酒。

- ▸ 黑橄榄
- ▸ 蔓越莓干
- ▸ 干草本植物
- ▸ 肉桂
- ▸ 皮革

加利福尼亚州帕索罗布尔斯

帕索罗布尔斯其实是美国第一个全心全意支持罗讷河谷葡萄品种种植的地区。这里炎热干燥的气候能够酿出浓郁得不可思议、带有烟熏口感的葡萄酒——尤其是那些以西拉与慕合怀特为主的类型。

- ▸ 黑覆盆子
- ▸ 无花果
- ▸ 姜饼
- ▸ 培根油
- ▸ 樟脑

普罗旺斯桃红葡萄酒

罗讷河谷 /GSM 混酿酒的另一风貌体现在它的桃红葡萄酒上。它是普罗旺斯与法国南部的特色混酿酒，通常还会加入少量候尔葡萄，以增添清爽的酸度与清脆的苦涩，使混酿酒的口感变得更有生气。

- ▸ 草莓
- ▸ 蜜瓜
- ▸ 粉红胡椒
- ▸ 芹菜
- ▸ 橙皮

雷司令 RIESLING

◀) *"reese-ling"*

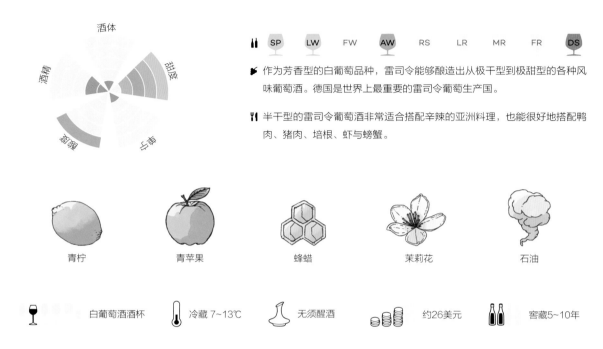

作为芳香型的白葡萄品种，雷司令能够酿造出从极干型到极甜型的各种风味葡萄酒。德国是世界上最重要的雷司令葡萄生产国。

半干型的雷司令葡萄酒非常适合搭配辛辣的亚洲料理，也能很好地搭配鸭肉、猪肉、培根、虾与螃蟹。

| 青柠 | 青苹果 | 蜂蜡 | 茉莉花 | 石油 |

白葡萄酒酒杯　　冷藏 7~13℃　　无须醒酒　　约26美元　　窖藏5~10年

产区

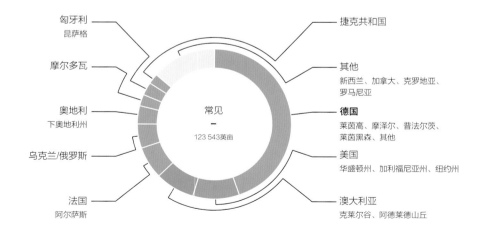

匈牙利
昆萨格

摩尔多瓦

奥地利
下奥地利州

乌克兰/俄罗斯

法国
阿尔萨斯

捷克共和国

其他
新西兰、加拿大、克罗地亚、罗马尼亚

德国
莱茵高、摩泽尔、普法尔茨、莱茵黑森、其他

美国
华盛顿州、加利福尼亚州、纽约州

澳大利亚
克莱尔谷、阿德莱德山丘

常见
—
123 543英亩

推荐尝试

富尔民特酒　　阿斯提可酒　　洛雷罗酒（葡萄牙）　　米勒-图高酒

雷司令酒

附加品鉴笔记

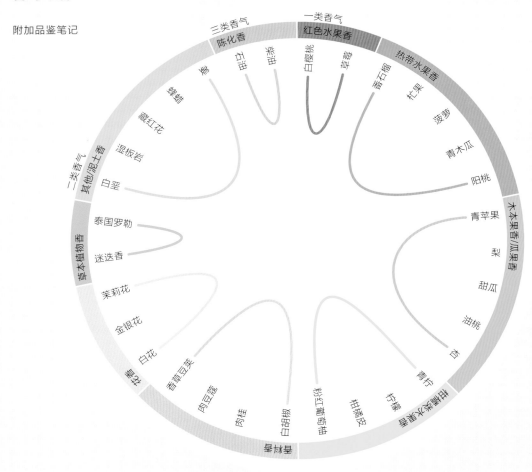

德国

雷司令酒属于德国特产。莱茵高、普法尔茨与摩泽尔出产的是全世界优质的雷司令酒典范。这里的葡萄酒因极高的酸度与高浓度的香气、矿物味道及和谐的干白风味而著称。

▸ 杏
▸ 柠檬
▸ 蜂蜡
▸ 石油
▸ 湿板岩

法国阿尔萨斯

阿尔萨斯紧邻德国，也专注于雷司令酒。和德国一样，阿尔萨斯是按品种来贴标签的。阿尔萨斯雷司令酒清淡、矿物味浓，而且十分干涩！典型的莫过于阿尔萨斯南部所酿的雷司令。那里的孚日山脉山坡下拥有 51 座官方特级葡萄庄园。

▸ 青苹果
▸ 青柠
▸ 柠檬
▸ 烟
▸ 泰国罗勒

南澳大利亚州

在澳大利亚南部气候较为凉爽的地区（伊登谷、克莱尔谷和阿德莱德山丘），你能找到一种风味十分独特、散发着明显的汽油味的雷司令酒。这款酒尝起来会有干涩的矿物味、柑橘及热带水果气息。

▸ 青柠皮
▸ 青苹果
▸ 青木瓜
▸ 茉莉花
▸ 柴油

瑚珊 ROUSSANNE

◀) "rooh-sahn"　　💬 伯杰隆，弗罗芒塔勒

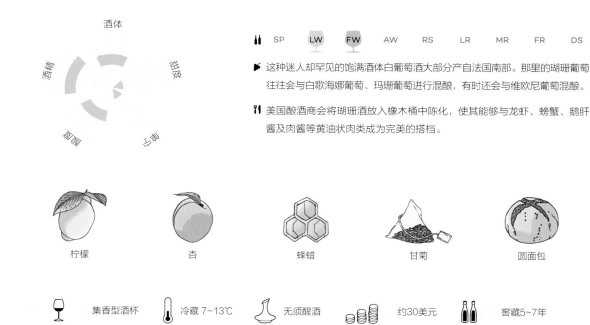

| SP | **LW** | **FW** | AW | RS | LR | MR | FR | DS |

☞ 这种迷人却罕见的饱满酒体白葡萄酒大部分产自法国南部。那里的瑚珊葡萄往往会与白歌海娜葡萄、玛珊葡萄进行混酿，有时还会与维欧尼葡萄混酿。

🍴 美国酿酒商会将瑚珊酒放入橡木桶中陈化，使其能够与龙虾、螃蟹、鹅肝酱及肉酱等黄油状肉类成为完美的搭档。

| 柠檬 | 杏 | 蜂蜡 | 甘菊 | 圆面包 |

集香型酒杯　　冷藏 7~13℃　　无须醒酒　　约30美元　　窖藏5~7年

产地

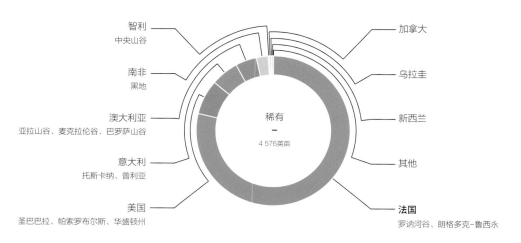

智利
中央山谷

南非
黑地

澳大利亚
亚拉山谷、麦克拉伦谷、巴罗萨山谷

意大利
托斯卡纳、普利亚

美国
圣巴巴拉、帕索罗布尔斯、华盛顿州

加拿大

乌拉圭

新西兰

其他

法国
罗讷河谷、朗格多克-鲁西永

稀有
—
4 576英亩

推荐尝试

🍷 玛珊酒　　🍷 霞多丽酒　　🍷 白歌海娜酒　　🍷 洒瓦滴诺酒　　🍷 维奥娜酒

萨格兰蒂诺 *SAGRANTINO*

◀) *"sah-grahn-tee-no"*

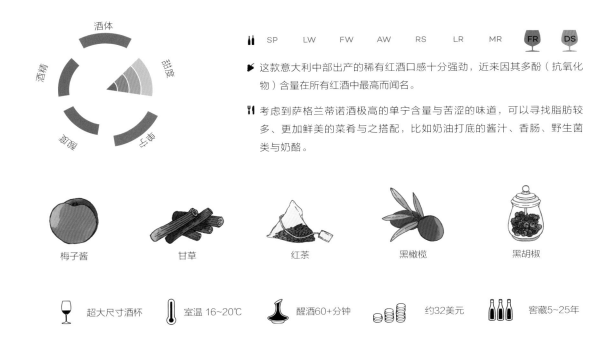

SP LW FW AW RS LR MR **FR** **DS**

🗡 这款意大利中部出产的稀有红酒口感十分强劲，近来因其多酚（抗氧化物）含量在所有红酒中最高而闻名。

🍴 考虑到萨格兰蒂诺酒极高的单宁含量与苦涩的味道，可以寻找脂肪较多、更加鲜美的菜肴与之搭配，比如奶油打底的酱汁、香肠、野生菌类与奶酪。

| 梅子酱 | 甘草 | 红茶 | 黑橄榄 | 黑胡椒 |

超大尺寸酒杯　室温 16~20℃　醒酒60+分钟　约32美元　窖藏5~25年

产区

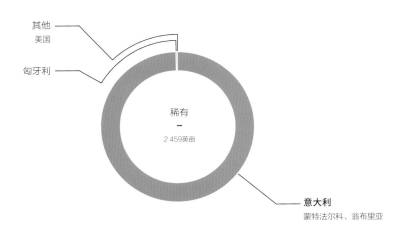

其他
美国

匈牙利

稀有
—
2 459英亩

意大利
蒙特法尔科、翁布里亚

推荐尝试

🍷 丹娜酒　🍷 小西拉酒　🍷 国家杜丽佳酒　🍷 慕合怀特酒　🍷 波尔多混酿酒

桑娇维塞 *SANGIOVESE*

◀) *"san-jo-vay-zay"*　💬 普鲁诺阳提、涅露秋、莫雷利诺、布鲁奈罗

酒体 / 甜度 / 单宁 / 酸度 / 酒精

SP　LW　FW　AW　**RS**　LR　**MR**　FR　DS

🍇 桑娇维塞是意大利种植最广泛的葡萄，也是托斯卡纳著名的基安蒂葡萄酒所使用的主要品种。它十分敏感，依生长地的不同口感也截然不同。

🍴 桑娇维塞酒的浓烈酸味使其能够很好地搭配各种加入香料的食物。在与番茄酱的搭配上，它是少有的几种不会显得无味的葡萄酒之一。

| 樱桃 | 烤番茄 | 意大利香醋 | 牛至 | 浓缩咖啡 |

🍷 红葡萄酒酒杯　🌡️ 窖藏 13~16℃　🫙 醒酒30分钟　🪙 约18美元　🍾 窖藏5~25年

产区

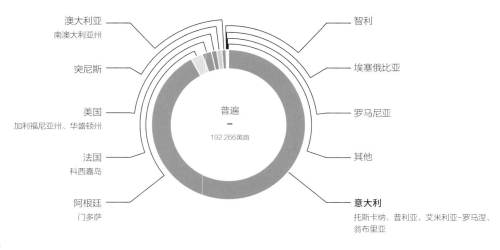

澳大利亚
南澳大利亚州

突尼斯

美国
加利福尼亚州、华盛顿州

法国
科西嘉岛

阿根廷
门多萨

智利

埃塞俄比亚

罗马尼亚

其他

意大利
托斯卡纳、普利亚、艾米利亚-罗马涅、翁布里亚

普遍
—
192 266英亩

推荐尝试

🍷 内比奥罗酒　🍷 丹魄酒　🍷 阿吉提可酒　🍷 艾格尼科酒　🍷 门西亚酒

桑娇维塞酒

附加品鉴笔记

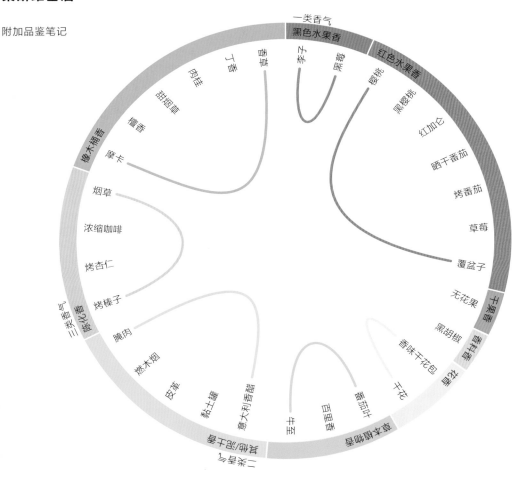

一类香气
黑色水果香
红色水果香
李子 黑莓 樱桃
黑樱桃
红加仑
晒干番茄
烤番茄
草莓
覆盆子
无花果
黑胡椒
香味干花包
干花
番茄叶
百里香
丁香
茴香
香草
肉桂
甜烟草
檀香
摩卡
烟草
浓缩咖啡
烤杏仁
烤榛子
腌肉
燃木烟
皮革
黏土罐
意大利香醋
孜然
橡木桶香
三类香气
陈化香
其他/泥土香
二类香气/酒香
草本香味
花香

基安蒂

基安蒂是托斯卡纳的一个产区，主产桑娇维塞酒。基安蒂有 8 个子产区，包括最初的经典基安蒂产区。基安蒂地区会基于产区、品质与陈化规格对其葡萄酒进行分门别类。

▸ 顶级精选（GRAN SELEZIONE）：2.5 年
▸ 珍藏（RISERVA）：2 年
▸ 超级（SUPERIORE）：1 年
▸ 经典基安蒂、基安蒂菲欧伦蒂尼丘、基安蒂鲁菲纳（CH. CLASSICO, CH. COLLI FIORENTINI, CH. RUFINA）：1 年
▸ 基安蒂蒙特斯佩托利（CH. MONTES-PERTOLI）：9 个月
▸ 基安蒂及其他（CHIANTI AND OTH-ERS）：6 个月

蒙塔尔奇诺

托斯卡纳的蒙塔尔奇诺地区种植着被称为"大桑娇维塞"或"布鲁奈罗"的葡萄，它们都是桑娇维塞的克隆品种。该地区拥有三种 100% 的桑娇维塞葡萄酒：

▸ 蒙塔尔奇诺布鲁奈罗珍藏酒（BRUNELLO DI MONTALCINO "RISERVA"）：在橡木桶中陈化 2 年，装瓶之后再陈化 4 年。
▸ 蒙塔尔奇诺布鲁奈罗酒（BRUNELLO DI MONTALCINO）：在橡木桶中陈化 2 年，装瓶之后再陈化 3 年。
▸ 蒙塔尔奇诺红葡萄酒（ROSSO DI MONTALCINO）：陈化 1 年。

产区名称

桑娇维塞酒有许多产区名称，由于这些产区鲜为人知，你可能会发现它们蕴藏着巨大的价值。

● 卡尔米尼亚诺酒
● 基安蒂酒
● 蒙特法尔科红葡萄酒
● 斯坎萨诺 - 莫雷利诺酒
● 科内罗红葡萄酒
● 蒙塔尔奇诺红葡萄酒
● 托尔贾诺红葡萄酒
● 高贵蒙特普尔恰诺

苏玳奈斯 *SAUTERNAIS*

 "sow-turn-aye" 　　索泰尔讷、巴尔萨克、塞龙

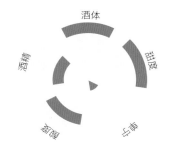

SP　LW　FW　AW　RS　LR　MR　FR　**DS**

苏玳奈斯酒产自波尔多的一些餐后甜酒产区，它由赛美蓉、长相思，以及被灰葡萄孢菌感染的密斯卡岱葡萄混酿而成。

苏玳奈斯酒最适合搭配洗浸软奶酪，因为葡萄酒的甜香能够中和奶酪的"臭味"，最经典的就是洛克福奶酪。

柠檬酱　　　　　杏　　　　　　榅桲　　　　　蜂蜜　　　　　姜

 餐后甜酒酒杯　　冷藏 7~13℃　　 无须醒酒　　约37美元　　 窖藏10~30年

苏玳奈斯酒法定产区

波尔多首丘产区

优级格拉夫产区

波尔多上伯诺日产区

卡迪亚克产区

卢皮亚克产区

圣十字山产区

波尔多苏玳奈斯酒的产区位于加龙河畔，那里雾气弥漫，为灰葡萄孢菌创造了良好的条件。

塞龙产区

巴尔萨克产区

索泰尔讷产区

推荐尝试

 冰酒　　　晚收白葡萄酒　　　托卡伊奥苏酒

长相思 *SAUVIGNON BLANC*

◀) *"saw-vin-yawn blonk"*　　💬 白富美

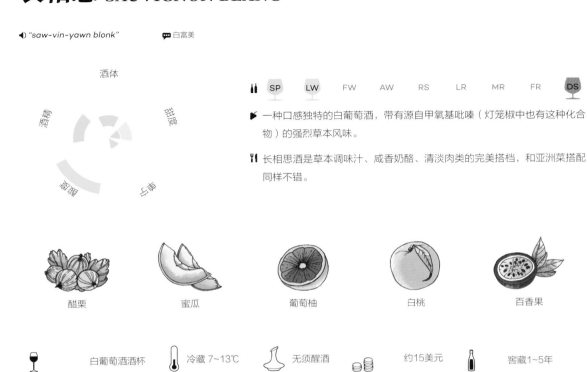

酒体

酒精　　甜度

甘油　　单宁

SP　LW　FW　AW　RS　LR　MR　FR　DS

🐟 一种口感独特的白葡萄酒，带有源自甲氧基吡嗪（灯笼椒中也有这种化合物）的强烈草本风味。

🍴 长相思酒是草本调味汁、咸香奶酪、清淡肉类的完美搭档，和亚洲菜搭配同样不错。

醋栗　　　蜜瓜　　　葡萄柚　　　白桃　　　百香果

白葡萄酒酒杯　　　冷藏 7~13℃　　　无须醒酒　　　约15美元　　　窖藏1~5年

产区

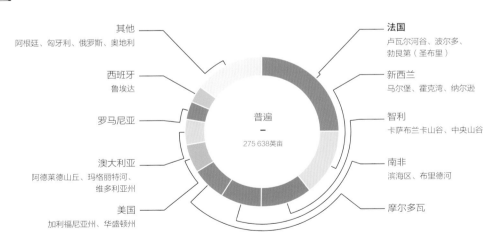

其他
阿根廷、匈牙利、俄罗斯、奥地利

西班牙
鲁埃达

罗马尼亚

澳大利亚
阿德莱德山丘、玛格丽特河、维多利亚州

美国
加利福尼亚州、华盛顿州

普遍
—
275 638英亩

法国
卢瓦尔河谷、波尔多、勃艮第（圣布里）

新西兰
马尔堡、霍克湾、纳尔逊

智利
卡萨布兰卡山谷、中央山谷

南非
滨海区、布里德河

摩尔多瓦

推荐尝试

绿维特利纳酒　　维蒙蒂诺酒　　白诗南酒　　鸽笼白酒　　弗德乔酒

长相思酒

附加品鉴笔记

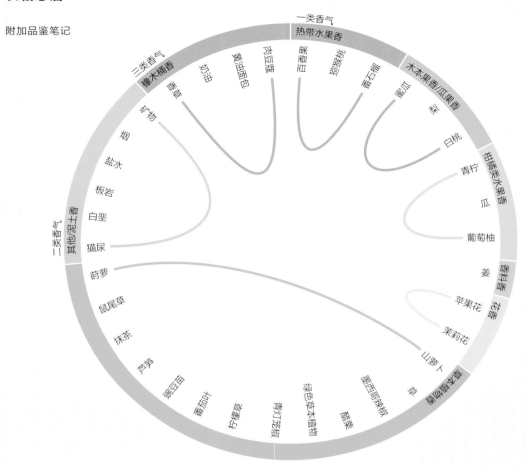

一类香气
热带水果香
木本果香瓜果香
柑橘类水果香
香料香
花香
野生草本香
青灰色草本香
二类香气
其他泥土香
三类香气
橡木桶香

白桃
青柠
瓜
葡萄柚
姜
苹果花
茉莉花
山萝卜
草
墨西哥辣椒
醋栗
绿色草本植物
青灯笼椒
柠檬草
番茄叶
豌豆苗
芦笋
抹茶
鼠尾草
莳萝
猫尿
白垩
板岩
盐水
烟
矿物
香草
奶油
黄油面包
肉豆蔻
百香果
猕猴桃
番石榴
蜜瓜
梨

法国卢瓦尔河谷

作为卢瓦尔河谷的特色，长相思葡萄主要生长在河谷中部及图赖讷地区的中心。这里酿造的葡萄酒往往清淡爽口，蕴含更多的草本、矿物及烟熏风味，还带有一丝橡木的气息。在卢瓦尔河谷出产的葡萄酒中，最受欢迎的应数桑塞尔白葡萄酒。

▸ 青柠
▸ 醋栗
▸ 葡萄柚
▸ 板岩
▸ 烟

新西兰

长相思是新西兰最重要的葡萄品种，马尔堡则是该品种最重要的产区。这里出产的长相思酒氤氲着更多的热带绿色水果气息，少量残糖的加持往往还能平衡高浓度的酸。

▸ 百香果
▸ 猕猴桃
▸ 豌豆苗
▸ 茉莉花
▸ 熟梨

加利福尼亚州北海岸

索诺马与纳帕较为凉爽的地区能够产出风味更加成熟的长相思葡萄。在波尔多白葡萄酒酿造方式的启发下，它通常与赛美蓉葡萄进行混酿，制成混酿白葡萄酒，其中一些会在橡木桶中陈化，其风味与霞多丽酒相似。

▸ 白桃
▸ 抹茶粉
▸ 柠檬草
▸ 黄油面包
▸ 盐水

洒瓦滴诺 *SAVATIANO*

◀) *"sav-vah-tee-ahno"*　　💬 萨瓦滴诺

酒体

酒精

甜度

单宁

酸度

| 🍷 | SP | LW | **FW** | AW | RS | LR | MR | FR | DS |

🌱 由于酿酒商对葡萄酒品质的持续关注，作为希腊种植最普遍的葡萄品种，洒瓦滴诺正东山再起。它能够酿造出浓郁的饱满酒体白葡萄酒，其口感令人不禁联想到霞多丽酒。

🍴 由于口感独特的洒瓦滴诺白葡萄酒带有一丝不易察觉的松树风味，它能够搭配墨西哥、加勒比及波利尼西亚菜肴中的重口味腌肉。

青苹果　　　　蜜瓜　　　　　青柠皮　　　　　柠檬酱　　　　　松子

🍷 集香型酒杯　　🌡 冷藏 7~13℃　　🍶 无须醒酒　　⊙ 约14美元　　🍾 窖藏1~5年

产区

希腊
阿提卡（雅典周边地区）

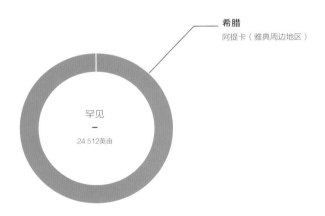

罕见
—
24 512英亩

推荐尝试

🍷 托斯卡纳特雷比奥罗酒　　🍷 霞多丽酒　　🍷 法兰娜酒　　🍷 菲亚诺酒　　🍷 赛美蓉酒

司棋亚娃 *SCHIAVA*

◀)) *"skee-ah-vah"* 　　💬 菲玛切、特罗灵格、黑汉堡

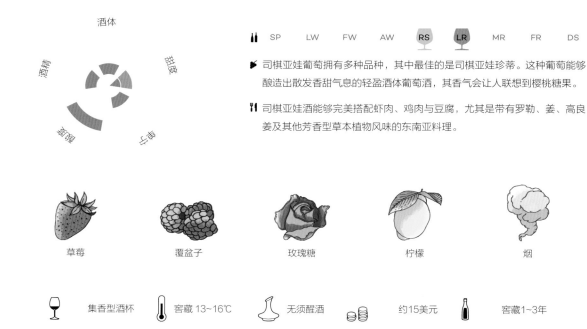

酒体
酒精　　　甜度
单宁　　　含酸量

| 🍷 | SP | LW | FW | AW | **RS** | **LR** | MR | FR | DS |

🔖 司棋亚娃葡萄拥有多种品种，其中最佳的是司棋亚娃珍蒂。这种葡萄能够酿造出散发香甜气息的轻盈酒体葡萄酒，其香气会让人联想到樱桃糖果。

🍴 司棋亚娃酒能够完美搭配虾肉、鸡肉与豆腐，尤其是带有罗勒、姜、高良姜及其他芳香型草本植物风味的东南亚料理。

| 草莓 | 覆盆子 | 玫瑰糖 | 柠檬 | 烟 |

| 集香型酒杯 | 窖藏 13~16℃ | 无须醒酒 | 约15美元 | 窖藏1~3年 |

产地

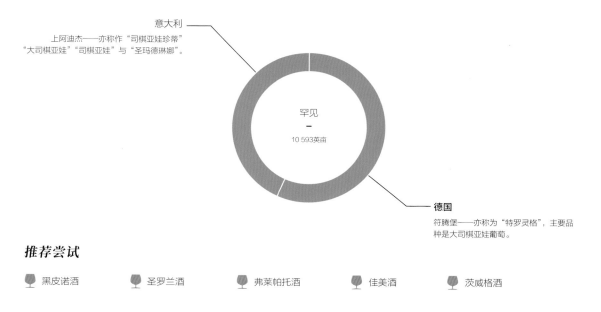

意大利
上阿迪杰——亦称作"司棋亚娃珍蒂"
"大司棋亚娃""司棋亚娃"与"圣玛德琳娜"。

罕见
—
10 593英亩

德国
符腾堡——亦称为"特罗灵格"，主要品
种是大司棋亚娃葡萄。

推荐尝试

🍷 黑皮诺酒　　🍷 圣罗兰酒　　🍷 弗莱帕托酒　　🍷 佳美酒　　🍷 茨威格酒

赛美蓉 SÉMILLON

◀ "sem-ee-yawn"　　💬 猎人谷雷司令

SP | **LW** | **FW** | AW | RS | LR | MR | FR | **DS**

🍴 索泰尔讷是波尔多的优质餐后甜酒，而赛美蓉是其主要的酿酒葡萄。干型赛美蓉葡萄酒经过橡木桶陈化后会变得惊人地浓郁，口感近似霞多丽酒。

🍴 赛美蓉的最佳拍档是较为肥厚的鱼肉（黑鳕鱼）主菜、白肉（鸡肉）与猪排。试试用新鲜的茴香与莳萝进行调味。

| 柠檬 | 蜂蜡 | 黄桃 | 甘菊 | 盐水 |

白葡萄酒酒杯　　冷藏 7~13℃　　无须醒酒　　约14美元　　窖藏5~10年

产区

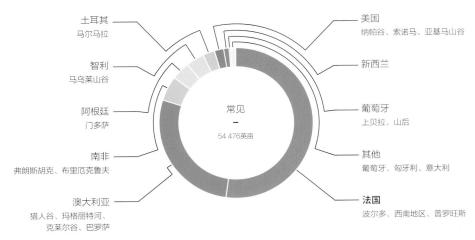

土耳其
马尔马拉

智利
马乌莱山谷

阿根廷
门多萨

南非
弗朗斯胡克、布里厄克鲁夫

澳大利亚
猎人谷、玛格丽特河、
克莱尔谷、巴罗萨

常见
—
54 476英亩

美国
纳帕谷、索诺马、亚基马山谷

新西兰

葡萄牙
上贝拉、山后

其他
葡萄牙、匈牙利、意大利

法国
波尔多、西南地区、普罗旺斯

推荐尝试

卡尔卡耐卡酒　　维奥娜酒　　弗留利酒　　洒瓦滴诺酒　　白羽酒

雪莉 SHERRY

 "share-ee"　　赫雷斯

酒体

酒精　　　　　　　甜度

涩润　　　　　单宁

SP　LW　FW　AW　RS　LR　MR　FR　**DS**

雪莉酒是西班牙的顶级加强型葡萄酒，主要由菲诺帕洛米诺葡萄酿制而成，并会延长氧化陈化过程。雪莉酒拥有一系列风格，从极干型到极甜型，应有尽有。

用菲诺或曼萨尼亚雪莉酒搭配熏鱼、炸鱼或烤鱼，抑或是蔬菜。还可以尝试用阿蒙提拉多雪莉酒搭配烤肉，用佩德罗－希梅内斯雪莉酒或奶油雪莉酒搭配黏软的奶酪。

菲萝蜜　　　　盐水　　　　　柠檬脯　　　　巴西胡桃　　　　杏仁

 餐后甜酒酒杯　 窖藏 13~16℃　 无须醒酒　 约25美元　 窖藏1~5年

雪莉酒是如何酿造的

雪莉酒使用的是一种被称为"索莱拉"的陈化方式。该方式使用的是3~9层名为"培养层"的木桶。

索莱拉4层培养层

年份短的葡萄酒会被放入顶层，而陈化完成的葡萄酒则会从底层被取出。陈化过程至少3年（有些会超过50年！）。还有一种被称为"阿尼娜达"（Añada）的罕见单一年份雪莉酒。

干型风味

菲诺和曼萨尼亚雪莉酒
来自赫雷斯与桑卢卡尔-德巴拉梅达的口感最为清淡的雪莉酒，带有咸香的水果风味。冰镇后饮用最佳。

阿蒙提拉多雪莉酒
口感稍显浓烈、介于菲诺与欧罗索雪莉酒之间，带有坚果风味。

帕罗科塔多雪莉酒
一款风味更加浓烈的雪莉酒，伴有烘焙咖啡与蜜糖的风味。

欧罗索雪莉酒
通过橡木桶陈化酿成的口感最为浓烈的雪莉酒。经年的欧罗索酒桶是制作威士忌的紧俏工具。

甜型风味

佩德罗-希梅内斯雪莉酒
雪莉酒中风味最甜美的一款，残糖量超过600克/升。这款雪莉酒为深棕色，散发着无花果与枣子的香味。

麝香葡萄雪莉酒
一款用亚历山大玫瑰葡萄酿成的芳香型雪莉酒，以焦糖风味为特色。

加糖雪莉酒
最实惠的加糖雪莉酒通常是由佩德罗-希梅内斯酒与欧罗索酒调和而成的。这款酒会标注甜度水平：

· 干型：残糖量5~45克/升
· 中级甜型：残糖量5~115克/升
· 白奶油雪莉：残糖量45~115克/升
· 奶油雪莉：残糖量115~140克/升
· 甜型：残糖量160+克/升

推荐尝试

 舍西亚尔马德拉酒　　　 干型马尔萨拉酒

西万尼 *SILVANER*

◀) *"sihl-fahn-er"* 　　💬 格鲁纳西万尼、希瓦那

酒体

酒精　　　　　　甜度

浓郁　　　　单宁

| | SP | **LW** | FW | AW | RS | LR | MR | FR | DS |

🍷 这款被低估的白葡萄酒主要产自德国，能够散发出阵阵桃香以及对比鲜明却不易察觉的香草与矿物气息。

🍴 很适合在露天餐厅饮用，搭配以水果为主的沙拉、较为清淡的肉类、豆腐和鱼——最好配以新鲜的草本香料。

桃子

百香果

橙花

百里香

碎砾石

🍷 白葡萄酒酒杯　　🌡 冰镇 3~7℃　　无须醒酒　　 约18美元　　🍾 窖藏1~5年

产区

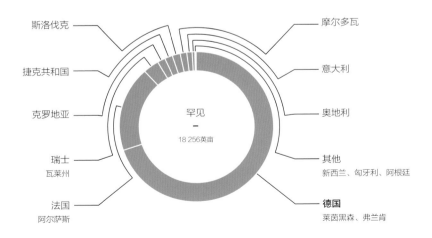

斯洛伐克

捷克共和国

克罗地亚

瑞士
瓦莱州

法国
阿尔萨斯

摩尔多瓦

意大利

奥地利

其他
新西兰、匈牙利、阿根廷

德国
莱茵黑森、弗兰肯

罕见
—
18 256英亩

推荐尝试

🍷 白皮诺酒　　🍷 玛拉格西亚酒（希腊）　　🍷 灰皮诺酒　　🍷 维蒂奇诺酒　　🍷 费尔诺皮埃斯酒

西拉 SYRAH

◀ "sear-ah"　　💬 设拉子，埃米塔日

SP　LW　FW　AW　RS　LR　MR　FR　DS

☙ 一款源自法国罗讷河谷的红葡萄酒，浓郁强劲，有时还散发着肉香。西拉是澳大利亚种植面积最广的葡萄，在那里被称为"shiraz"（设拉子）。

🍴 颜色较深的肉食与异域香料能够激发出西拉酒的果香。试试用它来搭配羊肉沙瓦玛、肉卷、亚洲五香猪肉与印度唐杜里烧烤。

蓝莓　　　　　　李子　　　　　牛奶巧克力　　　　　烟草　　　　　青胡椒粒

红葡萄酒酒杯　　　室温 16~20℃　　　醒酒60+分钟　　　约25美元　　　窖藏5~15年

产区

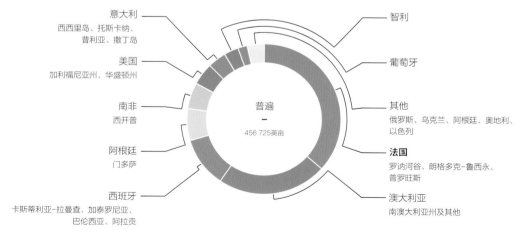

意大利
西西里岛、托斯卡纳、普利亚、撒丁岛

美国
加利福尼亚州、华盛顿州

南非
西开普

阿根廷
门多萨

西班牙
卡斯蒂利亚-拉曼查、加泰罗尼亚、巴伦西亚、阿拉贡

普遍
—
456 725英亩

智利

葡萄牙

其他
俄罗斯、乌克兰、阿根廷、奥地利、以色列

法国
罗讷河谷、朗格多克-鲁西永、普罗旺斯

澳大利亚
南澳大利亚州及其他

推荐尝试

 国家杜丽佳酒　　 慕合怀特酒　　 小西拉酒　　 门西亚酒　　紫北塞酒

西拉酒

附加品鉴笔记

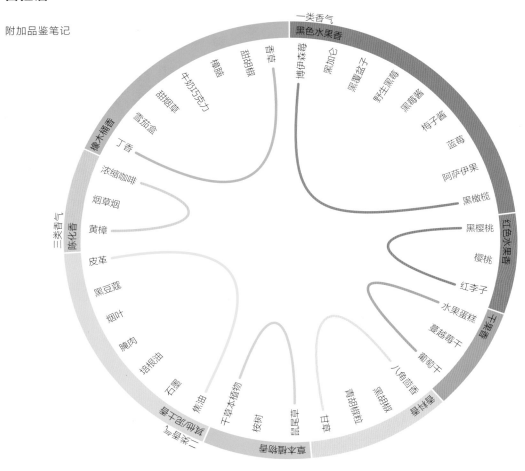

一类香气
黑色水果香
博伊森莓
黑加仑
黑覆盆子
野生黑莓
黑莓酱
梅子酱
蓝莓
阿萨伊果
黑橄榄
黑樱桃
红色水果香
樱桃
红李子
水果蛋糕
蔓越莓干
葡萄干
八角茴香
黑胡椒
青胡椒粒
草甘
鼠尾草
桉树
干草本植物
焦油
石墨
培根油
腌肉
烟叶
黑豆蔻
皮革
黄樟
烟草烟
浓缩咖啡
丁香
雪茄盒
甜烟草
牛奶巧克力
樟脑
黄樟
草莓
三类香气
陈化香
二类香气
草本植物香
橡木桶香

南澳大利亚州

很少有哪种葡萄酒能与南澳大利亚州的设拉子葡萄酒的浓度相媲美。历史上，巴罗萨山谷的葡萄会被用于酿造加强型波特酒。如今，百年老藤结出的则是全世界最令人梦寐以求的西拉。麦克拉伦谷、巴罗萨山谷以及以产值为主导的河地地区也值得一探究竟。

▸ 黑莓酱
▸ 水果蛋糕
▸ 黄樟
▸ 樟脑
▸ 甜烟草

法国罗讷河谷

法国北部拥有好几片生产单一品种西拉酒的产区，包括罗蒂丘、科尔纳斯、圣约瑟夫、克罗兹－埃米塔日和埃米塔日。这里的葡萄酒都为中度酒体，单宁含量高，散发着淳厚的水果味道和鲜明的黑胡椒气息。

▸ 李子
▸ 黑胡椒
▸ 烟叶
▸ 培根油
▸ 石墨

智利

考虑到智利西拉酒纯正得令人震惊的水果风味、高酸度以及容易入口的特点，南美西拉酒的出口量可能会增加是件喜闻乐见之事。总的来说，这里的葡萄酒有着从酸涩到成熟的黑色水果风味以及不太强烈的单宁口感。

▸ 博伊森莓
▸ 黑樱桃
▸ 八角茴香
▸ 石墨
▸ 青胡椒粒

丹娜 TANNAT

◀) *"tahn-naht"* 💬 马迪朗

 SP　LW　FW　AW　RS　LR　MR　**FR**　DS

▶ 丹娜酒中的多酚（抗氧化物）含量水平是所有葡萄酒中最高的。丹娜葡萄原产自法国西南部，而丹娜酒是乌拉圭排名第一的葡萄酒。

🍴 由于丹娜酒单宁口感强劲、十分苦涩，你可能会想用它来搭配浓香的烤肉或其他脂肪较多的菜肴。豆焖肉就是个不错的选择。

黑加仑

李子

甘草

烟

小豆蔻

 超大尺寸酒杯　　 室温 16~20℃　　 醒酒60+分钟　　 约15美元　　 窖藏5~25年

产地

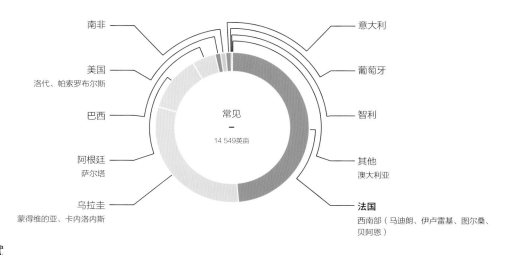

南非

美国
洛代、帕索罗布尔斯

巴西

阿根廷
萨尔塔

乌拉圭
蒙得维的亚、卡内洛内斯

意大利

葡萄牙

智利

其他
澳大利亚

法国
西南部（马迪朗、伊卢雷基、图尔桑、贝阿恩）

常见
—
14 549英亩

推荐尝试

 萨格兰蒂诺酒　　 紫北塞酒　　 国家杜丽佳酒　　 慕合怀特酒　　 小西拉酒

丹魄 *TEMPRANILLO*

◀) *"temp-rah-nee-oh"* 💬 森西贝尔、罗丽红、阿拉哥斯、红多罗、乌尔德耶布雷、汀塔派斯

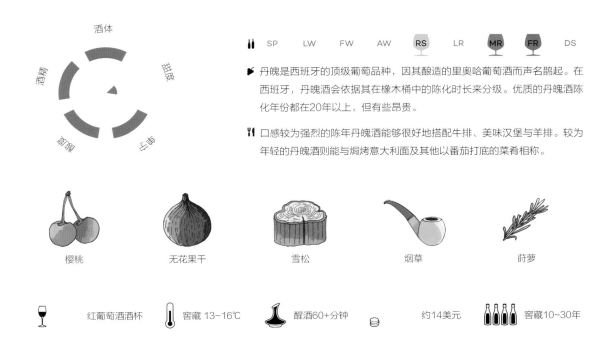

| | SP | LW | FW | AW | **RS** | LR | **MR** | **FR** | DS |

酒体

酒精

甜度

单宁

酸度

⚐ 丹魄是西班牙的顶级葡萄品种，因其酿造的里奥哈葡萄酒而声名鹊起。在西班牙，丹魄酒会依据其在橡木桶中的陈化时长来分级。优质的丹魄酒陈化年份都在20年以上，但有些昂贵。

🍴 口感较为强烈的陈年丹魄酒能够很好地搭配牛排、美味汉堡与羊排。较为年轻的丹魄酒则能与焗烤意大利面及其他以番茄打底的菜肴相称。

| 樱桃 | 无花果干 | 雪松 | 烟草 | 莳萝 |

🍷 红葡萄酒酒杯　🌡 窖藏 13~16℃　醒酒60+分钟　约14美元　窖藏10~30年

产地

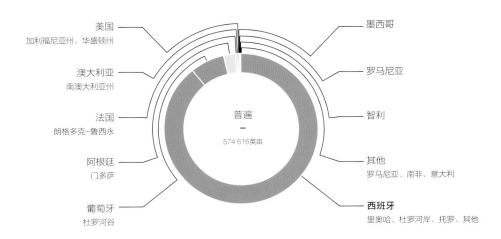

美国
加利福尼亚州、华盛顿州

澳大利亚
南澳大利亚州

法国
朗格多克-鲁西永

阿根廷
门多萨

葡萄牙
杜罗河谷

普遍
—
574 616英亩

墨西哥

罗马尼亚

智利

其他
罗马尼亚、南非、意大利

西班牙
里奥哈、杜罗河岸、托罗、其他

推荐尝试

🍷 桑娇维塞酒　🍷 内比奥罗酒　🍷 阿吉提可酒　🍷 蒙特普尔恰诺酒　🍷 艾格尼科酒

丹魄酒

附加品鉴笔记

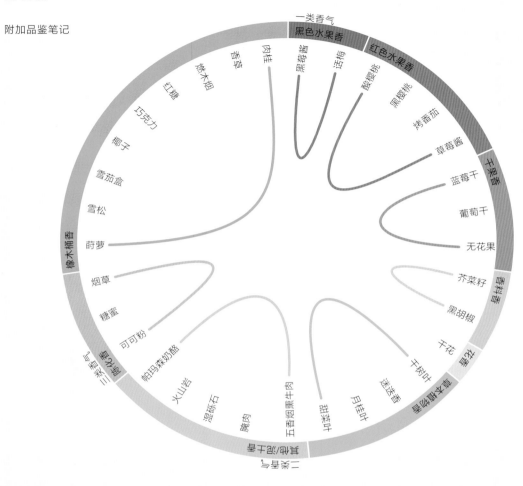

一类香气
黑色水果香
红色水果香
肉桂
黑莓
话梅
酸樱桃
黑樱桃
烤番茄
香草
枞木桶
红糖
草莓酱
巧克力
蓝莓干
椰子
葡萄干
雪茄盒
无花果
雪松
橡木桶香
莳萝
芥菜籽
烟草
黑胡椒
糖蜜
干花
可可粉
香料香
帕玛森奶酪
干树叶
陈化/发酵香
迷迭香
火山岩
月桂叶
湿砾石
甜菜叶
腌肉
五香烟熏牛肉
其他/发酵香
二类香气

西班牙北部

西班牙的入门级丹魄酒通常来自里奥哈与杜罗河岸地区。最实惠的丹魄酒往往不会被装进橡木桶中陈化或是陈化很长时间，从而造就了一种更加清新多汁、带有鲜明肉香的丹魄酒。

▸ 樱桃干
▸ 酸樱桃
▸ 五香烟熏牛肉
▸ 烤番茄
▸ 甜菜叶

西班牙"珍藏酒"

西班牙里奥哈、托罗与杜罗河岸地区出产的丹魄酒是按照陈化时间这一标准进行分门别类的。陈化时间最短的丹魄酒包括"橡木桶酿新酒"（Roble）或"红色酒"（Tinto，陈化时间不长或未进行陈化）；其次是"陈酿酒"（Crianza，陈化不到1年）；最后，珍藏酒（Reserva）与特级珍藏（Gran Reserva）分别最多陈化3年和6年。

▸ 黑樱桃　　　▸ 红糖
▸ 莳萝　　　　▸ 无花果
▸ 雪茄盒

桃红丹魄酒

丹魄葡萄能够酿造出一种更加可口、风格强劲、带有肉香的桃红葡萄酒。这款酒通常呈粉橙色，口感浓郁顺滑，呈现出浓烈的红色水果风味。

▸ 草莓
▸ 白胡椒
▸ 丁香
▸ 番茄
▸ 月桂叶

特浓情 *TORRONTÉS*

 "torr-ron-tez" 　圣胡安特浓情、门多西诺特浓情、里奥哈特浓情

作为阿根廷本地出产的白葡萄酒，特浓情酒实际上是由亚历山大玫瑰葡萄自然杂交的三个品种葡萄酿成的。里奥哈特浓情被认为是三者中的佼佼者。

虽然特浓情酒气味香甜，口感却往往十分干涩，能够很好地搭配有香料、水果及香草风味特征的美食。

柠檬	桃子	玫瑰花瓣	天竺葵	柑橘皮

白葡萄酒酒杯　　冷藏 7~13℃　　无须醒酒　 　约12美元　　窖藏 1~5年

产区

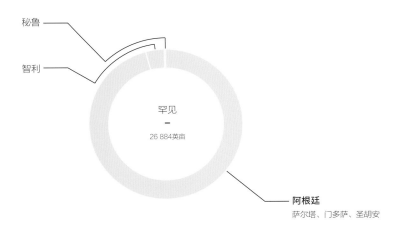

秘鲁

智利

罕见
—
26 884英亩

阿根廷
萨尔塔、门多萨、圣胡安

推荐尝试

 费尔诺皮埃斯酒　　 全盛酒（匈牙利）　　 西万尼酒　　 格拉塞维纳酒（克罗地亚）　　 白皮诺酒

国家杜丽佳 *TOURIGA NACIONAL*

◀) *"tor-ree-guh nah-see-un-nall"*　💬 杜奥多瑞加、卡拉布鲁涅拉、摩尔图瓜

🍾 | SP | LW | FW | AW | RS | LR | MR | **FR** | **DS**

🍽 产自葡萄牙的国家杜丽佳葡萄原本是用于酿造波特酒，如今愈发重要，在单一品种红葡萄酒及杜罗河谷等地的混酿酒中占据了极其重要的位置。

🍴 国家杜丽佳酒有着优雅的花果香气与大量的单宁，这会让你渴望就着淋了奶油或蓝纹奶酪的厚切牛排一起享用。

紫罗兰　　　蓝莓　　　　李子　　　　薄荷　　　　湿板岩

 超大尺寸酒杯　 室温 16~20℃　 醒酒60+分钟　 约25美元　🍾🍾🍾 客藏5~25年

产地

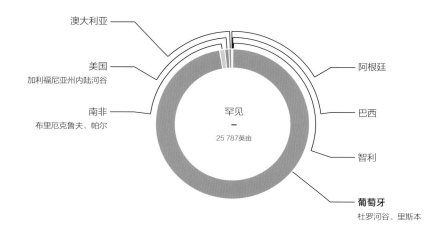

澳大利亚

美国
加利福尼亚州内陆河谷

南非
布里厄克鲁夫、帕尔

罕见
—
25 787英亩

阿根廷

巴西

智利

葡萄牙
杜罗河谷、里斯本

推荐尝试

 西拉酒　　🍷 萨格兰蒂诺酒　　🍷 慕合怀特酒　　 小味儿多酒　　 小西拉酒

178

托斯卡纳特雷比奥罗 *TREBBIANO TOSCANO*

💬 白玉霓（Vgni Blanc，"oo-nee blonk"）

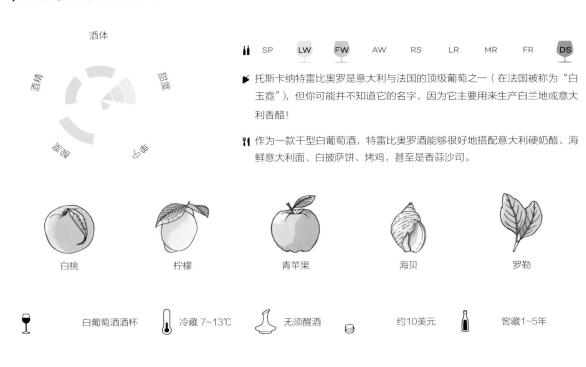

| | SP | LW | FW | AW | RS | LR | MR | FR | DS |

🔖 托斯卡纳特雷比奥罗是意大利与法国的顶级葡萄之一（在法国被称为"白玉霓"），但你可能并不知道它的名字，因为它主要用来生产白兰地或意大利香醋！

🍴 作为一款干型白葡萄酒，特雷比奥罗酒能够很好地搭配意大利硬奶酪、海鲜意大利面、白披萨饼、烤鸡，甚至是香蒜沙司。

| 白桃 | 柠檬 | 青苹果 | 海贝 | 罗勒 |

白葡萄酒酒杯　　冷藏 7~13℃　　无须醒酒　　约10美元　　窖藏1~5年

产区

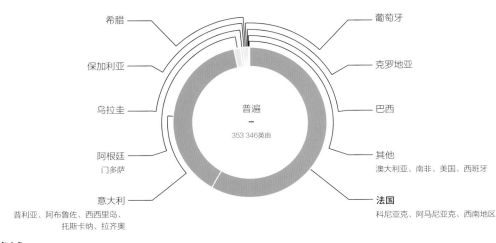

希腊　　葡萄牙

保加利亚　　克罗地亚

乌拉圭　　巴西

普遍
—
353 346英亩

其他
澳大利亚、南非、美国、西班牙

阿根廷
门多萨

意大利
普利亚、阿布鲁佐、西西里岛、
托斯卡纳、拉齐奥

法国
科尼亚克、阿马尼亚克、西南地区

推荐尝试

🍷 霞多丽酒　　🍷 洒瓦滴诺酒　　🍷 赛美蓉酒　　🍷 瑚珊酒　　🍷 白歌海娜酒

瓦坡里切拉混酿 *VALPOLICELLA BLEND*

◀) *"val-polla-chellah"*　💬 瓦坡里切拉阿玛罗尼、瓦坡里切拉雷乔托、超级瓦坡里切拉里帕索

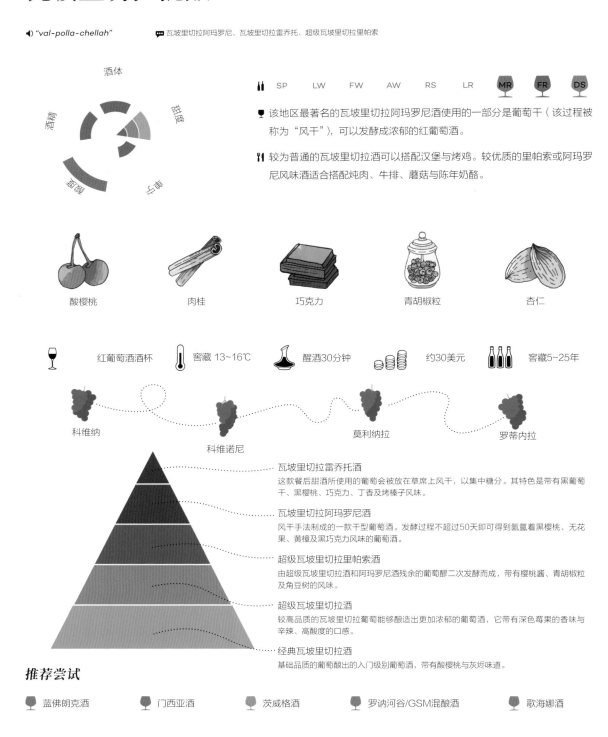

酒体

甜度

酒精

丹宁

酸度

果味

SP　LW　FW　AW　RS　LR　**MR**　**FR**　**DS**

🍷 该地区最著名的瓦坡里切拉阿玛罗尼酒使用的一部分是葡萄干（该过程被称为"风干"），可以发酵成浓郁的红葡萄酒。

🍴 较为普通的瓦坡里切拉酒可以搭配汉堡与烤鸡。较优质的里帕索或阿玛罗尼风味酒适合搭配炖肉、牛排、蘑菇与陈年奶酪。

酸樱桃　　　肉桂　　　巧克力　　　青胡椒粒　　　杏仁

红葡萄酒酒杯　　窖藏 13~16℃　　醒酒30分钟　　约30美元　　窖藏5~25年

科维纳　　科维诺尼　　莫利纳拉　　罗蒂内拉

瓦坡里切拉雷乔托酒
这款餐后甜酒所使用的葡萄会被放在草席上风干，以集中糖分。其特色是带有黑葡萄干、黑樱桃、巧克力、丁香及烤榛子风味。

瓦坡里切拉阿玛罗尼酒
风干手法制成的一款干型葡萄酒。发酵过程不超过50天即可得到氤氲着黑樱桃、无花果、黄樟及黑巧克力风味的葡萄酒。

超级瓦坡里切拉里帕索酒
由超级瓦坡里切拉酒和阿玛罗尼酒残余的葡萄醪二次发酵而成，带有樱桃酱、青胡椒粒及角豆树的风味。

超级瓦坡里切拉酒
较高品质的瓦坡里切拉葡萄能够酿造出更加浓郁的葡萄酒，它带有深色莓果的香味与辛辣、高酸度的口感。

经典瓦坡里切拉酒
基础品质的葡萄酿出的入门级别葡萄酒，带有酸樱桃与灰烬味道。

推荐尝试

🍷 蓝佛朗克酒　　🍷 门西亚酒　　🍷 茨威格酒　　🍷 罗讷河谷/GSM混酿酒　　🍷 歌海娜酒

弗德乔 *VERDEJO*

◀) "ver-day-ho"　　💬 鲁埃达、弗德哈

酒体
甜度
酒精
单宁
酒香
风味

| | SP | **LW** | FW | AW | RS | LR | MR | FR | DS |

🌿 一款草本风味的白葡萄酒，所用葡萄几乎仅生长在西班牙的鲁埃达。不要将其与华帝露葡萄相混淆，后者是马德拉酒所用的葡萄牙葡萄。

🍴 弗德乔酒的酸度高，带有隐约的苦涩口感，是很好的配餐酒与味蕾清洁剂。可以尝试用它搭配墨西哥鱼卷、熏肉卷饼、青柠鸡与牛肉饼。

青柠　　　　蜜瓜　　　　葡萄柚衬皮　　　茴香　　　　白桃

🍷 白葡萄酒酒杯　　🌡 冰镇 3~7℃　　无须醒酒　　约15美元　　窖藏1~5年

产地

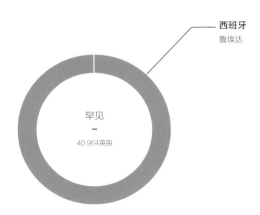

西班牙
鲁埃达

罕见
—
40 964英亩

推荐尝试

🍷 长相思酒　　🍷 弗留利酒　　🍷 香瓜酒　　🍷 维蒙蒂诺酒　　🍷 鸽笼白酒

维蒂奇诺 VERDICCHIO

“vair-dee-kee-yo”　　卢戛纳特雷比奥罗

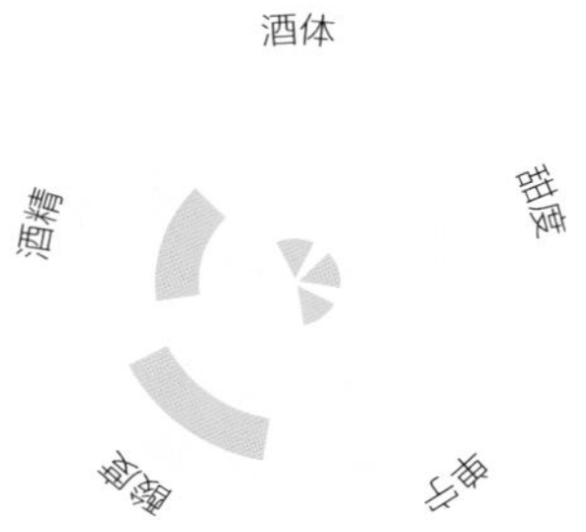

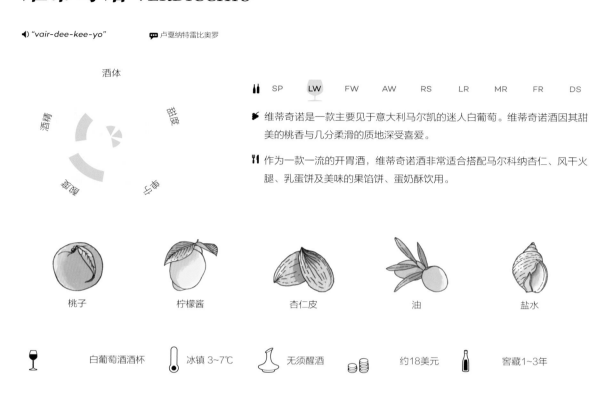

酒体
甜度
单宁
酸度
酒精

SP　LW　FW　AW　RS　LR　MR　FR　DS

维蒂奇诺是一款主要见于意大利马尔凯的迷人白葡萄。维蒂奇诺酒因其甜美的桃香与几分柔滑的质地深受喜爱。

作为一款一流的开胃酒，维蒂奇诺酒非常适合搭配马尔科纳杏仁、风干火腿、乳蛋饼及美味的果馅饼、蛋奶酥饮用。

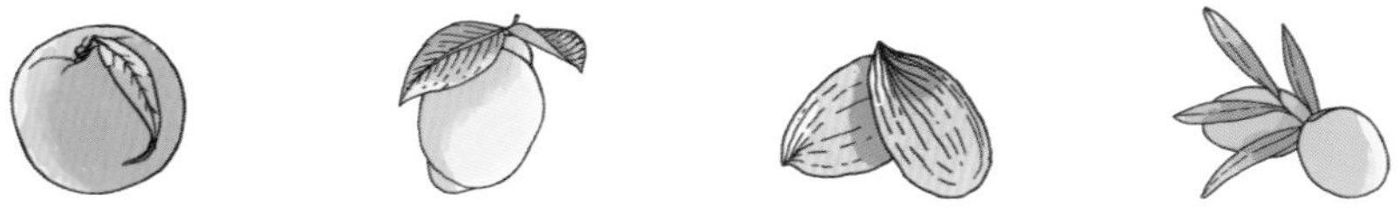

桃子　柠檬酱　杏仁皮　油　盐水

白葡萄酒酒杯　冰镇 3~7℃　无须醒酒　约18美元　窖藏1~3年

产地

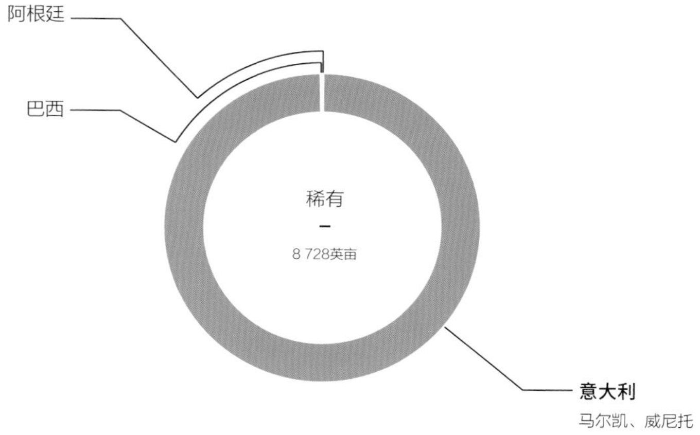

阿根廷
巴西
稀有
–
8 728英亩
意大利
马尔凯、威尼托

推荐尝试

白皮诺酒　西万尼酒　格莱切多酒　费尔诺皮埃斯酒　灰皮诺酒

维蒙蒂诺 VERMENTINO

 "vur-men-tino"　　侯尔、法沃里达、皮加图

🍷 维蒙蒂诺是见于撒丁岛与托斯卡纳的一款白葡萄酒。那里的酿造商能酿造出橡木桶陈化与未经橡木桶陈化的两种风味的葡萄酒。它也是普罗旺斯桃红葡萄酒的秘密武器！

🍴 尽管维蒙蒂诺酒口味青涩、酒体饱满，却能很好地搭配烧烤白肉、鱼肉以及绿色蔬菜与草本风味突出的菜肴。

青柠

葡萄柚

青苹果

杏仁

水仙花

 白葡萄酒酒杯　　🌡 冷藏 7~13℃　　无须醒酒　　 约15美元　　窖藏1~5年

产地

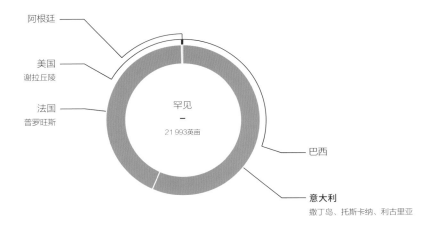

阿根廷

美国
谢拉丘陵

法国
普罗旺斯

罕见
—
21 993英亩

巴西

意大利
撒丁岛、托斯卡纳、利古里亚

推荐尝试

 白诗南酒　　 长相思酒　　 绿维特利纳酒　　 鸽笼白酒　　赛美蓉酒

绿酒 *VINHO VERDE*

🔊 *"vino verr-day"* 　　💬 洛雷罗酒、阿瓦里诺酒、塔佳迪拉酒、阿莎尔酒

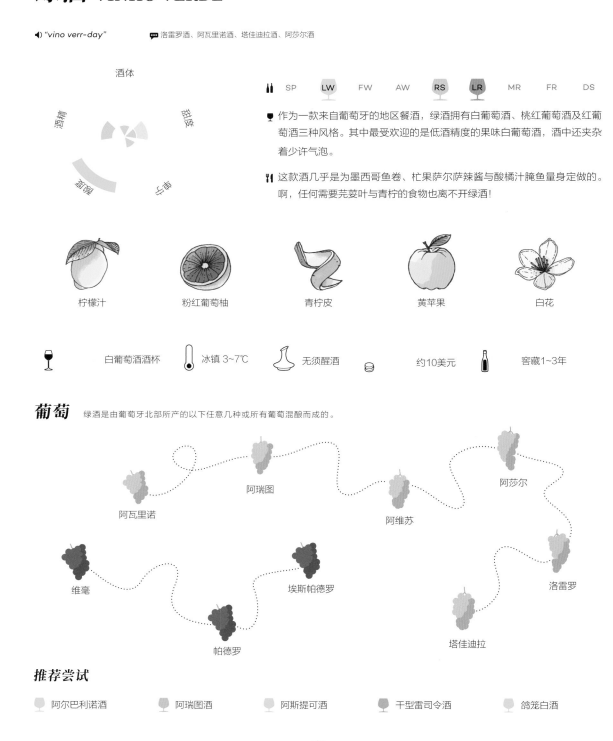

酒体

酒精　　　　　　　　　甜度

单宁　　　　　　　　　　　　酸度

SP　LW　FW　AW　RS　LR　MR　FR　DS

🍷 作为一款来自葡萄牙的地区餐酒，绿酒拥有白葡萄酒、桃红葡萄酒及红葡萄酒三种风格。其中最受欢迎的是低酒精度的果味白葡萄酒，酒中还夹杂着少许气泡。

🍴 这款酒几乎是为墨西哥鱼卷、杧果萨尔萨辣酱与酸橘汁腌鱼量身定做的。啊，任何需要芫荽叶与青柠的食物也离不开绿酒！

柠檬汁　　　粉红葡萄柚　　　青柠皮　　　黄苹果　　　白花

白葡萄酒酒杯　　冰镇 3~7℃　　无须醒酒　　约10美元　　窖藏1~3年

葡萄　绿酒是由葡萄牙北部所产的以下任意几种或所有葡萄混酿而成的。

阿瓦里诺　阿瑞图　阿萨尔　阿维苏　洛雷罗　维毫　埃斯帕德罗　帕德罗　塔佳迪拉

推荐尝试

🍷 阿尔巴利诺酒　　🍷 阿瑞图酒　　🍷 阿斯提可酒　　🍷 干型雷司令酒　　🍷 鸽笼白酒

圣酒 *VIN SANTO*

◀) *"vin son-tow"*

🍷	SP	LW	FW	AW	RS	LR	MR	FR	**DS**

🍷 圣酒是用特雷比奥罗、玛尔维萨与/或桑娇维塞葡萄酿造而成的稀有的意大利餐后甜酒。由于圣酒太甜，发酵过程可持续至少4年。

🍴 圣酒最受欢迎的搭配是意大利点心与杏仁饼，它也能完美搭配塔雷吉欧之类的臭味软奶酪。

香水

无花果

葡萄干

杏仁

太妃糖

 餐后甜酒酒杯　🌡 窖藏 13~16℃　无须醒酒　 约40美元　 窖藏5~10年

圣酒的酿造方法

葡萄会被铺在垫上或悬挂在房椽上数月，变成葡萄干——这种方式被称为"风干"。

随后，葡萄干被装进桶中，趁着春季自然发酵。发酵过程会随着季节起伏，至少 4 年才能完成！

较低品质的圣酒也可以用被称为"加强型圣酒"的葡萄酒制作。

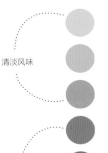

清淡风味

浓郁风味

甘贝拉拉圣酒
用卡尔卡耐卡葡萄酿造的威尼托葡萄酒。

特伦蒂诺圣酒
用罕见的诺西奥拉芳香型白葡萄酿成的特伦蒂诺酒带有糖渍葡萄柚与蜂蜜风味。

经典基安蒂圣酒
最受欢迎的圣酒风味。这种托斯卡纳葡萄酒是用玛尔维萨与托斯卡纳特雷比奥罗之类的白葡萄酿造而成的。

奥菲达圣酒
马尔凯地区一款罕见的葡萄酒，由帕斯琳娜葡萄酿成，能够散发柠檬与茴香的气息。

鹧鸪之眼圣酒
托斯卡纳的一款罕见的红葡萄酒，大部分由桑娇维塞葡萄和被称为"黑玛尔维萨"的一种玛尔维萨葡萄的红色变种酿成。

希腊圣酒
一款截然不同的葡萄酒，由希腊圣托里尼的阿斯提可葡萄酿成，带有鲜明的单宁味道和覆盆子、杏干与樱桃脯的风味。

推荐尝试

 茶色波特酒　 塞图巴尔麝香葡萄酒　 布尔马德拉酒　 马姆齐马德拉酒　 奶油雪莉酒

维欧尼 *VIOGNIER*

 "vee-own-yay"　　💬 孔德里约

酒体

| 🍶 | SP | LW | **FW** | AW | RS | LR | MR | FR | DS |

🔖 浓郁顺滑的维欧尼白葡萄酒源自罗讷河谷北部，在加利福尼亚州、澳大利亚等地的受欢迎程度与日俱增，这些地方的维欧尼酒往往会被放置在橡木桶中陈化。

🍴 想要激发出维欧尼酒的最佳风味？试着用它来搭配杏仁、柑橘、蜜饯及用泰国罗勒或龙蒿叶之类的香草调味的菜肴。

蜜橘　　　　桃子　　　　杜果　　　　金银花　　　　玫瑰

 白葡萄酒酒杯　　 冷藏 7~13℃　　 无须醒酒　　 约30美元　　🍾 窖藏 1~5 年

产区

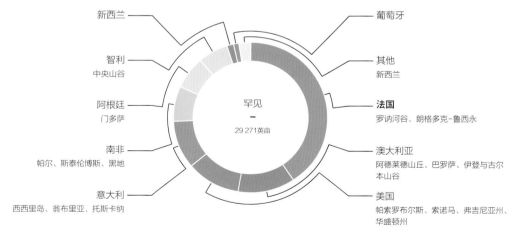

新西兰

智利
中央山谷

阿根廷
门多萨

南非
帕尔、斯泰伦博斯、黑地

意大利
西西里岛、翁布里亚、托斯卡纳

罕见
—
29 271英亩

葡萄牙

其他
新西兰

法国
罗讷河谷、朗格多克-鲁西永

澳大利亚
阿德莱德山丘、巴罗萨、伊登与古尔本山谷

美国
帕索罗布尔斯、索诺马、弗吉尼亚州、华盛顿州

推荐尝试

 玛拉格西亚酒（希腊）　　 玛珊酒　　 菲亚诺酒　　 霞多丽酒　　 费尔诺皮埃斯酒

186

维奥娜 VIURA

◀ "vee-yur-ah"　　💬 马家婆、马卡贝奥

酒体

酒精　　　　甜度

葡萄　　　　丹宁

🍷 | SP | LW | FW | AW | RS | LR | MR | FR | DS

🥄 维奥娜葡萄酒是西班牙里奥哈白葡萄酒与卡瓦起泡型葡萄酒（在当地被称为"马家婆酒"）主要使用的葡萄。随着陈化过程的推进，维奥娜酒会变得越来越浓郁，且充满坚果风味。

🍴 年份较短的维奥娜酒很适合搭配东南亚料理（椰汁咖喱、意式细面）。陈年维奥娜酒则可以很好地搭配烤肉与含树脂的香草。

蜜瓜　　　　青柠皮　　　　马鞭草　　　　龙蒿叶　　　　榛子

 白葡萄酒酒杯　🌡 冷藏 7~13℃　无须醒酒　约15美元　窖藏 5~15 年

产区

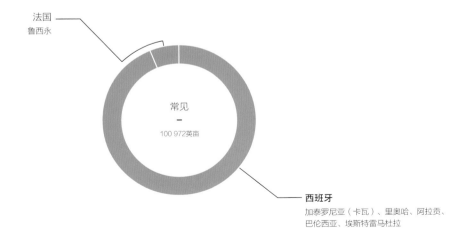

法国
鲁西永

常见
—
100 972英亩

西班牙
加泰罗尼亚（卡瓦）、里奥哈、阿拉贡、巴伦西亚、埃斯特雷马杜拉

推荐尝试

🍷 白歌海娜酒　　🍷 阿瑞图酒　　🍷 托斯卡纳特雷比奥罗酒　　🍷 霞多丽酒　　🍷 赛美蓉酒

黑喜诺 XINOMAVRO

◀)) *"ksino-mav-roh"*   💬 希诺玛洛

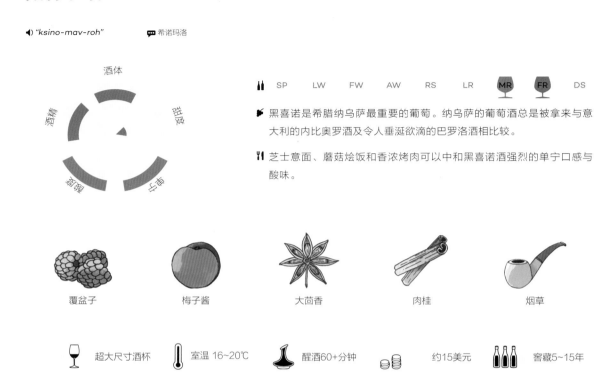

🍷 | SP | LW | FW | AW | RS | LR | **MR** | **FR** | DS

🌱 黑喜诺是希腊纳乌萨最重要的葡萄。纳乌萨的葡萄酒总是被拿来与意大利的内比奥罗酒及令人垂涎欲滴的巴罗洛酒相比较。

🍴 芝士意面、蘑菇烩饭和香浓烤肉可以中和黑喜诺酒强烈的单宁口感与酸味。

覆盆子	梅子酱	大茴香	肉桂	烟草

超大尺寸酒杯   室温 16~20℃   醒酒60+分钟   约15美元   窖藏5~15年

产地

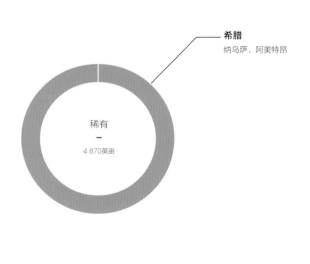

希腊
纳乌萨、阿美特昂

稀有
—
4 870英亩

推荐尝试

内比奥罗酒   丹魄酒   门西亚酒   桑娇维塞酒   艾格尼科酒

仙粉黛 ZINFANDEL

◀) "zin-fan-dell"   💬 普里米蒂沃、特里彼得拉格、施连纳克卡斯特兰斯基

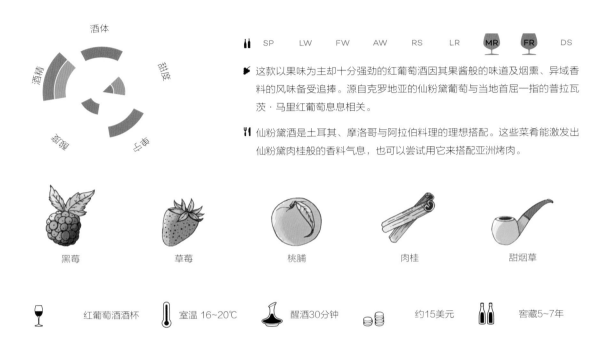

| 🍾 | SP | LW | FW | AW | RS | LR | **MR** | **FR** | DS |

🥢 这款以果味为主却十分强劲的红葡萄酒因其果酱般的味道及烟熏、异域香料的风味备受追捧。源自克罗地亚的仙粉黛葡萄与当地首屈一指的普拉瓦茨·马里红葡萄息息相关。

🍴 仙粉黛酒是土耳其、摩洛哥与阿拉伯料理的理想搭配。这些菜肴能激发出仙粉黛肉桂般的香料气息，也可以尝试用它来搭配亚洲烤肉。

| 黑莓 | 草莓 | 桃脯 | 肉桂 | 甜烟草 |

红葡萄酒酒杯　　室温 16~20℃　　醒酒30分钟　　约15美元　　窖藏5~7年

产区

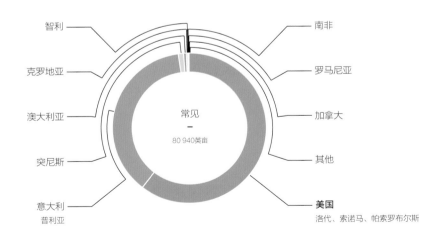

智利　　南非　　克罗地亚　　罗马尼亚　　澳大利亚　　加拿大　　突尼斯　　其他　　意大利 普利亚

常见
—
80 940英亩

美国
洛代、索诺马、帕索罗布尔斯

推荐尝试

🍷 普拉瓦茨·马里酒（克罗地亚）　　🍷 歌海娜酒　　🍷 佳丽酿酒　　🍷 卡斯特劳酒　　🍷 弗莱帕托酒

仙粉黛酒

附加品鉴笔记

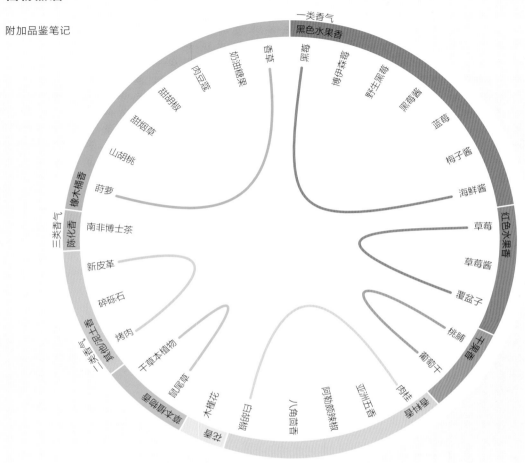

一类香气
黑色水果香
草莓
黑莓
博伊森莓
野生黑莓
黑莓酱
蓝莓
梅子酱
海鲜酱
红色水果香
草莓
草莓酱
覆盆子
干果香
桃脯
葡萄干
肉桂
辣椒
亚洲五香
阿勒颇辣椒
八角茴香
白胡椒
木槿花
鼠尾草
干草本植物
烤肉
碎砾石
新皮革
南非博士茶
陈化香
橡木桶香
三类香气
蒂萝
山胡桃
甜烟草
甜胡椒
肉豆蔻
奶油糖果
香草
香蕉
二类香气

意大利普利亚

仙粉黛在普利亚被称为"普里米蒂沃"，是一种能够散发出鲜明的类似糖渍水果味的葡萄酒。意大利南部出产的仙粉黛酒蕴含更多的皮革与干草本植物气息。曼杜里亚普里米蒂沃是仙粉黛葡萄的最佳产区之一，能够酿造出口感最为浓郁的葡萄酒。

▸ 草莓
▸ 皮革
▸ 糖渍加仑子
▸ 干草本植物
▸ 腌渍橙子

加利福尼亚州洛代

位于加利福尼亚州中央山谷的默默无闻的洛代坐拥 10 万英亩葡萄庄园，其中不少都贡献给了仙粉黛葡萄。这里出产的仙粉黛酒颜色浅，却浓香扑鼻，还带有烟熏－甜水果的风味及顺滑的单宁口感。

▸ 覆盆子酱
▸ 桃脯
▸ 野生黑莓
▸ 山胡桃
▸ 八角茴香

加利福尼亚州北海岸

索诺马与纳帕谷中的好几个产区都因仙粉黛酒而闻名，其中包括石堆产区、德赖克里克谷、智利谷区以及豪厄尔山。多亏了该地区的火山土壤，其出产的葡萄酒单宁口感强烈，颜色浓郁，口感质朴。

▸ 黑莓
▸ 乌梅
▸ 碎砾石
▸ 甜胡椒
▸ 白胡椒

茨威格 ZWEIGELT

◀) *"zz-why-galt"*　　💬 蓝茨威格、罗特伯格

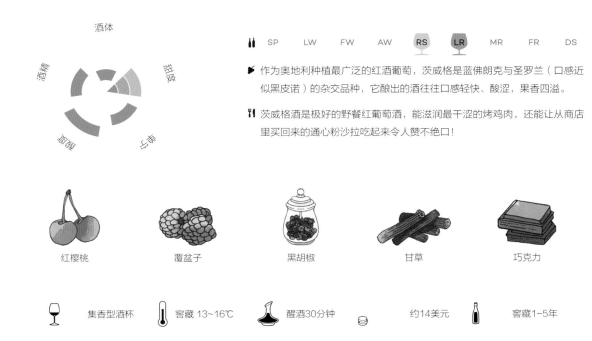

| SP | LW | FW | AW | **RS** | **LR** | MR | FR | DS |

🍷 作为奥地利种植最广泛的红酒葡萄，茨威格是蓝佛朗克与圣罗兰（口感近似黑皮诺）的杂交品种，它酿出的酒往往口感轻快、酸涩，果香四溢。

🍴 茨威格酒是极好的野餐红葡萄酒，能滋润最干涩的烤鸡肉，还能让从商店里买回来的通心粉沙拉吃起来令人赞不绝口！

| 红樱桃 | 覆盆子 | 黑胡椒 | 甘草 | 巧克力 |

集香型酒杯　　窖藏 13~16℃　　醒酒30分钟　　约14美元　　窖藏1~5年

产区

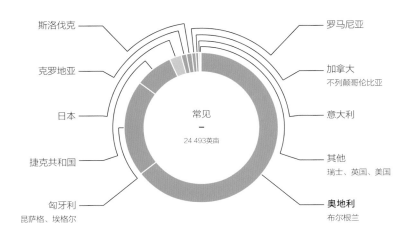

斯洛伐克
克罗地亚
日本
捷克共和国
匈牙利
昆萨格、埃格尔

罗马尼亚
加拿大
不列颠哥伦比亚
意大利
其他
瑞士、英国、美国
奥地利
布尔根兰

常见
—
24 493英亩

推荐尝试

🍷 蓝佛朗克酒　　🍷 圣罗兰酒（德国）　　🍷 佳美酒　　🍷 弗莱帕托酒　　🍷 司棋亚娃酒

SECTION

4

WINE REGIONS

世界葡萄酒产区

意大利　法国　西班牙　美国　阿根廷　智利　澳大利亚　南非　中国　德国　葡萄牙　俄罗斯　罗马尼亚　匈牙利　巴西　希腊　新西兰　奥地利　塞尔维亚　乌克兰

葡萄酒出产国前 20 名（占全球总产量的百分比）。《交易数据和分析》（ Trade Data & Analysis ）（ 2015 ）

全球各国葡萄酒产量

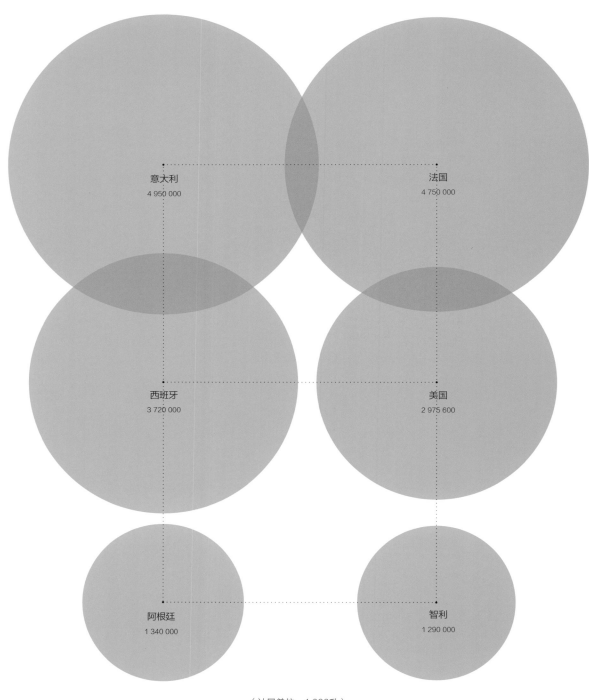

意大利
4 950 000

法国
4 750 000

西班牙
3 720 000

美国
2 975 600

阿根廷
1 340 000

智利
1 290 000

（计量单位：1 000升）
《交易数据和分析》（2015）

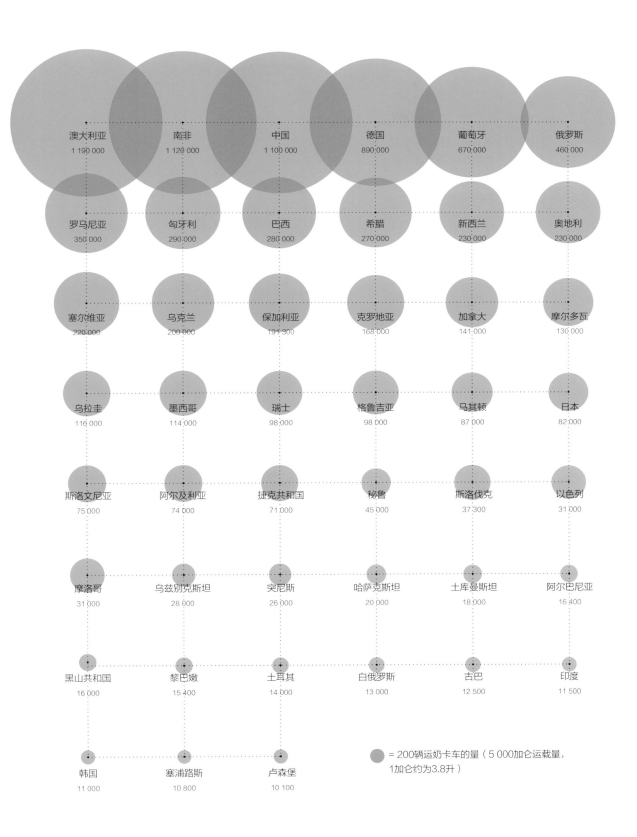

澳大利亚
1 190 000

南非
1 120 000

中国
1 100 000

德国
890 000

葡萄牙
670 000

俄罗斯
460 000

罗马尼亚
350 000

匈牙利
290 000

巴西
280 000

希腊
270 000

新西兰
230 000

奥地利
230 000

塞尔维亚
220 000

乌克兰
200 000

保加利亚
191 300

克罗地亚
168 000

加拿大
141 000

摩尔多瓦
130 000

乌拉圭
116 000

墨西哥
114 000

瑞士
98 000

格鲁吉亚
98 000

马其顿
87 000

日本
82 000

斯洛文尼亚
75 000

阿尔及利亚
74 000

捷克共和国
71 000

秘鲁
45 000

斯洛伐克
37 300

以色列
31 000

摩洛哥
31 000

乌兹别克斯坦
28 000

突尼斯
26 000

哈萨克斯坦
20 000

土库曼斯坦
18 000

阿尔巴尼亚
16 400

黑山共和国
16 000

黎巴嫩
15 400

土耳其
14 000

白俄罗斯
13 000

古巴
12 500

印度
11 500

韩国
11 000

塞浦路斯
10 800

卢森堡
10 100

= 200辆运奶卡车的量（5 000加仑运载量，
1加仑约为3.8升）

酒从何处来?

当前证据表明，葡萄酒源自包括高加索山脉与扎格罗斯山脉在内的古老高加索地区。这一区域囊括了如今的亚美尼亚、阿塞拜疆、格鲁吉亚、伊朗北部地区、安纳托利亚东南部地区及土耳其东部地区。有关葡萄酒起源的证据可以追溯至公元前8000 年至公元前4200 年之间，包括亚美尼亚一家古老的酒厂、格鲁吉亚出土的酿酒葡萄残渣和土耳其东部地区的葡萄驯化迹象。

石器时代（又称"新石器时代"，约 8000 年前），舒拉维里 – 舒慕文明的古人曾栖居在高加索，他们是使用黑曜石的农夫，懂得蓄养牛与猪，最重要的是懂得酿酒！

以高加索为起点，酿酒葡萄跟随人类文明的扩张一路向南、向西迁移，进入了地中海地区。

有证据表明，是腓尼基人与希腊人的古老航海文明将葡萄酒带到了整个欧洲。

酿酒葡萄的起源
（"欧洲"葡萄藤）

黑海

高加索山脉

里海

地中海

扎格罗斯山脉

厄尔布尔士山脉

阿根廷

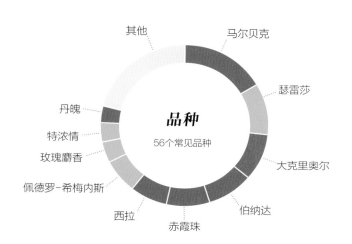

品种

56个常见品种

其他
马尔贝克
瑟雷莎
大克里奥尔
伯纳达
赤霞珠
西拉
佩德罗-希梅内斯
玫瑰麝香
特浓情
丹魄

产区

530 580英亩
（2016）

其他
卡塔马卡
萨尔塔
巴塔哥尼亚
拉里奥哈
门多萨
圣胡安

马尔贝克之地

阿根廷大多数的葡萄庄园坐落在安第斯山脉脚下。那里既有充足的日照，又有可供灌溉的融雪水，从而造就了一批饱满的红葡萄酒，马尔贝克酒就是其中最重要的一款。高地势的葡萄庄园（海拔超过 2 200 米！）夜间凉爽，有助于维持葡萄酒的酸度。

除马尔贝克酒之外，赤霞珠酒、伯纳达酒、西拉酒、品丽珠酒、黑皮诺酒以及被称为特浓情的芳香型白葡萄酒都十分值得探索。

葡萄酒产区

门多萨是面积最大、最重要的葡萄酒产区，占据了阿根廷 75% 的葡萄庄园面积。这里主要出产红葡萄酒，就酿酒品质而言，某些地区堪称出类拔萃。比如，迈普、卢汉德库约及优克谷这几个子产区地势最高，得以酿造出酸度更高的葡萄酒。酸度能够增添清新的口感，提高葡萄酒的陈化能力。包括圣拉斐尔与圣罗莎在内的门多萨其他地区，拥有众多年代久远的葡萄园，能够酿出更加浓郁的葡萄酒。

除了门多萨，卡塔马卡、拉里奥哈与萨尔塔的高地势葡萄庄园出产的葡萄酒更为优雅、矿物味更浓，其代表就是风味干涩清爽的特浓情酒。南部的巴塔哥尼亚则是日见重要的黑皮诺酒产地。

太平洋

萨尔塔
萨尔塔产区
▸ 特浓情
▸ 马尔贝克
▸ 丹娜

图库曼
图库曼产区
▸ 特浓情

卡塔马卡
卡塔马卡产区
▸ 特浓情
▸ 赤霞珠
▸ 西拉

拉里奥哈
拉里奥哈产区
▸ 特浓情
▸ 赤霞珠
▸ 西拉
▸ 伯纳达
▸ 马尔贝克

圣胡安
圣胡安产区
▸ 西拉
▸ 品丽珠
▸ 马尔贝克

卢汉德库约/迈普
门多萨
罗萨里奥
圣地亚哥
优克谷
门多萨产区
▸ 马尔贝克
▸ 伯纳达
▸ 赤霞珠
▸ 西拉
▸ 丹魄
▸ 霞多丽

圣拉斐尔

巴塔哥尼亚产区
▸ 美乐
▸ 黑皮诺
▸ 霞多丽

布兰卡港

内乌肯

南大西洋

0 100 200 300 400 千米
0 100 200 300 英里

北

推荐葡萄酒

包括马尔贝克酒、赤霞珠酒与西拉酒在内的浓烈红葡萄酒是阿根廷的特色。伯纳达酒与特浓情酒之类名气稍小的品种也具备可供发掘的巨大价值。丹魄酒、品丽珠酒与黑皮诺酒是阿根廷满是灰尘却能带来果香的风土条件的最佳适应者。

优克谷马尔贝克酒

门多萨地势最高的一部分葡萄庄园就坐落在优克谷之中。这样的地势造就了更加香醇、带有紧致单宁与层层黑色水果风味的葡萄酒。你时常会看到这些葡萄酒的标签上标注着图蓬加托（Tupungato）或维斯塔弗洛雷斯（Vista Flores）等子产区的名字。

 乌梅、覆盆子、橄榄、红辣椒粉、可可

卢汉德库约马尔贝克酒

卢汉德库约出产的马尔贝克酒黑色水果风味更浓，口感更为丰富。阿格列罗子产区（优雅＋浓烈）、维斯塔巴子产区（矿物味道）、拉斯孔普尔塔斯子产区（优雅）及佩德里埃尔子产区（单宁）的差异最为明显。

FR 黑莓、梅子酱、黑樱桃、亚洲五香、石墨

迈普马尔贝克酒

作为门多萨传统的葡萄种植与酿酒区，这里出产的马尔贝克酒更加优雅，拥有较为清淡的红色水果风味，往往还夹着一丝淳朴的雪松或烟草味道。巴兰卡斯子产区气候微暖，使得葡萄酒的黑色水果气息更加浓郁。

FR 红李子、博伊森莓、樱桃、雪松、烟草

赤霞珠－马尔贝克混酿酒

阿根廷赤霞珠－马尔贝克混酿酒的受欢迎程度正与日俱增。马尔贝克为其增添了丝滑、饱满的口感与浓烈的莓果气息；赤霞珠带来的高单宁与咸香风味使其口感更加丰富。

FR 黑莓、李子、巧克力、黑胡椒、烟草

赤霞珠酒

门多萨艳阳下的葡萄能够酿出浓烈、成熟的果味，使其得以应对严谨的新橡木桶陈化程序（顶级葡萄酒通常陈化 18 个月）。该地区的风土条件能在赤霞珠酒的风味之外平添异域香料的气息。

FR 黑加仑酱、黑樱桃、亚洲五香、烟草烟

伯纳达酒

伯纳达葡萄（又称"Deuce Noir"或"沙帮乐"）盛产于阿根廷，对于世界上其他地方来说却十分稀有。作为单一品种葡萄酒，伯纳达酒价值不菲。总之，该酒与马尔贝克酒相似，能够爆发出红色与黑色的多汁水果果香，口感较为轻盈。

MR 李子、樱桃、甘草、可可、石墨

不可不知

🍷 单一品种葡萄酒必须包含所列品种至少 85% 的含量。

🍷 带有"珍藏"（Reserva）标签的红葡萄酒必须至少陈酿 12 个月，白葡萄酒与桃红葡萄酒则是 6 个月。

巴塔哥尼亚黑皮诺酒

阿根廷巴塔哥尼亚的内乌肯与里奥内格罗出产的黑皮诺酒风味独特。该酒能够平衡甜香的红色水果风味与多叶草本茶香般的味道。巴塔哥尼亚是阿根廷日见重要的葡萄酒产区。

 LR 红加仑、樱桃、檀香、石墨、伯爵茶

丹魄酒

丹魄葡萄适宜在气候干旱、地势高、以黏土为主的土壤条件下生长。这些区域特点造就了浓度与结构（单宁）更高的葡萄酒。阿根廷丹魄酒相对难以寻觅，通常价值不菲。

 FR 烟、黑樱桃、肉桂、雪松、香草

品丽珠酒

品丽珠酒通常与马尔贝克酒混合，以增加一丝草本植物气息。在门多萨及其周边地区，品丽珠葡萄正越来越多地被酿造成单一品种葡萄酒。和法国"表亲"品丽珠酒相比，这里的酒风味强烈得多，酒体更加饱满，单宁含量更高。

 FR 黑莓、巧克力、青胡椒粒、木炭、李子

霞多丽酒

对于那些喜爱霞多丽酒橡木与奶香风味的人来说，门多萨霞多丽酒却以果味为主，缀以烘焙糕点与肉豆蔻气息。不幸的是，在如此炎热的气候条件下很难种植霞多丽葡萄，寻求高品质的霞多丽酒更是难上加难。

 FW 烤苹果、菠萝、奶油、肉豆蔻、龙蒿叶

特浓情酒

这种被低估的芳香型白葡萄酒物美价廉，味道甜香，却通常口感干涩。最佳的特浓情酒由特浓情里奥哈（特浓情葡萄共有三个品种）酿造。可以留意萨尔塔与卡法亚特子产区出产的特浓情酒。

 AW 荔枝、柠檬-青柠、香水、桃子、柑橘络

起泡型马尔贝克酒

博德加斯地区很早便开始摘取马尔贝克葡萄，以酿造口味辛辣干涩的起泡型桃红葡萄酒。由马尔贝克酿成的桃红葡萄酒呈柔和的浅粉色，既有桃子、覆盆子的香气，也有甜瓜、柑橘络的风味。

 SP 白桃、覆盆子、白垩、大黄、橘子

澳大利亚

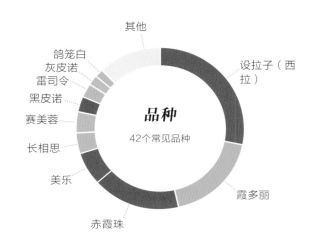

其他

鸽笼白
灰皮诺
雷司令
黑皮诺
赛美蓉
长相思
美乐
赤霞珠

设拉子（西拉）

品种
42个常见品种

霞多丽

设拉子酒（西拉酒）万岁

澳大利亚温暖干燥的气候与该国人民心灵手巧的特征相得益彰，造就了独树一帜的葡萄酒。举例而言，澳大利亚人为了突出西拉酒明显的独特风味，创造了"设拉子"这一名称。澳大利亚的葡萄酒产业不断创新，驱动酿酒技术的发展，其中最有趣的一点就在于澳大利亚葡萄酒几乎全都使用螺旋盖（Stelvins）——就连特级酒也不例外！

昆士兰州
塔斯马尼亚州
维多利亚州
西澳大利亚州

南澳大利亚州

产区
334 000英亩
（2015）

新南威尔士州

葡萄酒产区

澳大利亚国土面积大，每个地理区域均专注于不同的葡萄酒。以下为澳大利亚最重要的栽培区域中的一些热门之选：

· 南澳大利亚州的一流产区巴罗萨山谷专注于出产设拉子酒与雷司令酒。

· 在西澳大利亚州的玛格利特河，你能够找到优质的未经橡木桶陈化的霞多丽酒与优雅的波尔多混酿酒。

· 维多利亚州拥有众多气候较为凉爽的产区，能够出产果香浓郁的霞多丽酒与黑皮诺酒。

· 维多利亚的拉瑟格伦出产一种宜人的陈化甜酒，由白麝香葡萄的变种红皮葡萄酿成。

· 在新南威尔士州的悉尼郊外，你能够找到具备陈酿潜力且带有清淡矿物风味的西拉酒，以及产自猎人谷的赛美蓉酒。

印度洋

昆士兰产区
▶ 西拉
▶ 赤霞珠

南澳大利亚产区
▶ 西拉
▶ 赤霞珠
▶ 霞多丽
▶ 美乐
▶ 雷司令
▶ 长相思

新南威尔士产区
▶ 霞多丽
▶ 西拉
▶ 赤霞珠
▶ 美乐
▶ 赛美蓉

西澳大利亚产区
▶ 波尔多混酿酒
▶ 霞多丽
▶ 长相思
▶ 西拉

珀斯 〇

布里斯班 〇

阿德莱德 〇

悉尼 〇

墨尔本 〇

维多利亚产区
▶ 西拉
▶ 霞多丽
▶ 赤霞珠
▶ 美乐
▶ 黑皮诺
▶ 长相思

塔斯马尼亚产区
▶ 黑皮诺
▶ 霞多丽
▶ 起泡酒

南冰洋

0   200   400   600   800   1,000 千米

0   200   400   600   800 英里

北

天鹅地区

珀斯山区

天鹅河

珀斯 〇
曼哲拉 ● 皮尔

吉奥格拉非

布莱克伍德山谷

大南部地区

曼吉马普

彭伯顿

玛格丽特河

大澳大利亚湾

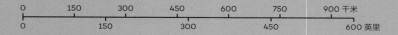

| 0 | 150 | 300 | 450 | 600 | 750 | 900 千米 |
| 0 | 150 | 300 | 450 | 600 英里 |

北

班达伯格

南伯内特 阳光海岸

布里斯班

格兰纳特贝尔 黄金海岸

达令河

麦夸里河

澳大利亚新英格兰

塔姆沃思

黑斯廷斯河 麦夸里港

猎人谷

南弗林德斯岭

克莱尔谷
巴罗萨山谷
阿德莱德平原 河地 墨累－达令河岸 马奇 纽卡斯尔
伊登谷 奥兰治
河德莱德山脉 阿德莱德 考拉
麦克拉伦谷 瑞福利纳 奥兰治
兰好乐溪 拉克伦河 悉尼
袋鼠岛 金钱溪 希托普斯 南部高地
南福雷里卢 斯旺希尔 沃加沃加
肖尔黑文海岸
帕德萨韦 古尔本山谷 佩里科特 堪培拉
本逊山 希思科特 拉瑟格伦
罗布 比利牛斯山 本迪戈 堪培拉区
拉顿布里 格兰屏 冈德盖
库纳瓦拉 亨蒂 坦巴伦巴
甘比尔山 墨尔本 吉普斯兰
马西登山脉 森伯里 比奇沃思
吉朗 阿尔派恩谷
格林罗旺 金希尔谷
斯特拉斯博吉岭
上古尔本
莫宁顿半岛
亚拉山谷

朗塞斯顿

塔斯马尼亚

霍巴特

推荐葡萄酒

要想了解澳大利亚葡萄酒的概况，可以将产自主要的葡萄生长区的酒进行混合、搭配。你很快就会发现，从西澳大利亚州优雅的波尔多风味红葡萄酒到南澳大利亚州浓郁的烟熏设拉子酒，每个产区都能带来属于自己的风味。

南澳大利亚设拉子酒

代表性的设拉子酒产自历史悠久的南澳大利亚产区。这里的许多葡萄藤都有超过百年的历史。事实上，南澳大利亚的巴罗萨山谷是唯一一个能够保证标有"老藤"（Old Vine）标签的葡萄酒所使用的葡萄都产自拥有 35 年以上"树龄"老藤的地区。

 黑莓、加仑干、摩卡、烟草、黏土罐

南澳大利亚 GSM 混酿

有大设拉子的地方，就会有大歌海娜与慕合怀特（在这里被称为"玛塔罗"）。南澳遍布它们的身影，但为了寻找上好品质的葡萄酒，一定要探寻麦克拉伦谷与巴罗萨山谷。

 覆盆子、甘草、石墨、异域香料、烤肉

库纳瓦拉赤霞珠酒

库纳瓦拉最好的赤霞珠葡萄庄园分布在红土地之上，红土能够赋予葡萄酒丰富的层次感、浓烈的单宁与一丝不易察觉的干草本植物风味。除了库纳瓦拉（比波尔多更加凉爽），兰好乐溪是另一处值得探索的地区。

 黑莓、黑加仑、雪松、绿薄荷、月桂叶

玛格丽特河波尔多混酿酒

西澳大利亚以更加朴实、优雅的波尔多风味混酿酒区别于澳大利亚其他地区。精酿酒陈酿十年之后会更好。该地区对于寻求收藏期较长的葡萄酒的人来说是上佳的选择。

 黑樱桃、黑加仑、红茶、玫瑰果、壤土

维多利亚黑皮诺酒

包括莫宁顿半岛在内的维多利亚产区被誉为黑皮诺酒的最佳产地。其中最好的黑皮诺酒果香浓郁，回味中还散发着迷人的橙皮与香料气息。

 李子、覆盆子、薰衣草、红茶、甜胡椒

亚拉山谷橡木桶陈化霞多丽酒

维多利亚州也是寻觅澳大利亚霞多丽酒的好去处。亚拉山谷还拥有好几种未经橡木桶陈化的上好霞多丽酒，它能够带来一股多汁水果的香味，辅以扑鼻的清新回味。

阳桃、柠檬、梨、菠萝、白花

不可不知

 包括陈酿酒在内，大多数澳大利亚葡萄酒使用的都是螺旋盖。葡萄酒能够直立储存。

 如果一款混酿葡萄酒列举了自身所含的葡萄品种，那么一定是按照比例进行排列的。

玛格丽特河霞多丽酒

作为优良品质霞多丽酒的顶级产区之一，玛格丽特河出产的霞多丽酒既有经过橡木桶陈化的，也有未经橡木桶陈化的。这里的酒往往矿物味道与花香更重，在某种程度上归因于该地区以花岗岩为基础的沙质土壤。

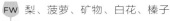 **FW** 梨、菠萝、矿物、白花、榛子

猎人谷赛美蓉酒

猎人谷是澳大利亚坚守葡萄栽培传统、酿造历史最为悠久的地区之一，以出产设拉子酒和赛美蓉酒著称。其中真正令人惊喜的是既复杂又清爽且充满矿物味道的赛美蓉酒。

LW 青柠、丁香、青菠萝、烛蜡

克莱尔谷雷司令酒

包括阿德莱德山丘与克莱尔谷在内的南澳大利亚拥有较为凉爽的微气候。在阿德莱德山丘出产一系列白葡萄酒的同时，克莱尔谷则专注于口感宜人、令人神清气爽的干型雷司令酒。

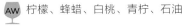 **AW** 柠檬、蜂蜡、白桃、青柠、石油

塔斯马尼亚葡萄酒

塔斯马尼亚州在澳大利亚葡萄酒产业中是一个新开发的地区，其葡萄产量不到全国酿酒葡萄的 0.5%。这里专酿凉爽气候下的黑皮诺酒、霞多丽酒及起泡型葡萄酒，它们清爽且带有烟熏味，时常夹杂着隐约的蘑菇味道。

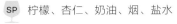 **SP** 柠檬、杏仁、奶油、烟、盐水

拉瑟格伦麝香葡萄酒

拉瑟格伦麝香葡萄酒是全世界最罕见的甜酒之一，由白麝香葡萄的红色变种酿造而成，它有时会被标记为"棕色麝香葡萄"（Brown Muscat）。丰收之后，将这种葡萄在藤上长时间悬挂，以便酿出澳大利亚最甜的"甜酒"之一。

 **DS** 干荔枝、橙皮、胡桃、异域香料、咖啡

澳大利亚茶色波特酒

在设拉子酒作为澳大利亚干红葡萄酒普及开来之前，酒庄主要以餐后甜酒而闻名。加强型波特酒十分美味，尤其是茶色波特酒，因为它能够随陈化过程的推移散发出糖渍山核桃的气息。

 **DS** 太妃糖、焚香、樱桃干、美洲山核桃、肉豆蔻

奥地利

其他

霞多丽
蓝波特基斯
雷司令
白皮诺
米勒-图高
蓝佛朗克
威尔士雷司令
（格拉塞维纳）

绿维特利纳
茨威格

品种
36个官方品种

向绿维特利纳酒问好

大多数人从未意识到奥地利对于葡萄酒的痴迷，但若你前往它的首都维也纳，就会发现这座城市的两侧竟然坐拥数千英亩葡萄庄园（并且拥有数千年的历史！）。奥地利以其本土葡萄绿维特利纳著称，能够酿造出令人抿嘴的白葡萄酒，其酸度如一道闪电，直击你的味蕾。该地区的其他葡萄酒也拥有相似的令人释怀的、味道辛辣的口味，能给人带来独树一帜的体验。

其他
维恩（维也纳）
施泰尔马克州
下奥地利州

布尔根兰州

产区
112 300英亩
（2015）

葡萄酒产区

下奥地利州是奥地利最大的葡萄酒产区。在这里，你能够找到该国最受欢迎也是最重要的葡萄酒品种，包括绿维特利纳酒与雷司令酒。在下奥地利州内，瓦豪、克雷姆斯谷及坎普谷始终是出产优质酒的地区。

往南，气候会在布尔根兰新锡德尔湖的调节下略微转暖。较为温暖的气候适合出产包括茨威格酒、蓝佛朗克酒及圣罗兰酒在内的高品质红酒。

施泰尔马克州（施第里尔）的气候更加凉爽，能够出产一些卓越典范——长相思酒、被称为"西舍尔"的辛辣桃红葡萄酒及慕斯卡特拉酒（一种芳香却干涩的白麝香葡萄酒）。

坎普谷
坎普谷 DAC

克雷姆斯谷
克雷姆斯谷 DAC

瓦豪

威非尔特
威非尔特 DAC

瓦格拉姆

特莱森谷
特莱森谷 DAC

维恩产区
（维也纳）
▮ 维也纳混酿酒DAC
▶ 绿维特利纳

下奥地利州产区

▶ 绿维特利纳
▶ 茨威格
▶ 雷司令
▶ 威尔士雷司令

维也纳

卡农图姆

温泉区

维也纳新城

布拉迪斯拉发

艾森施塔特

施泰尔马克州产区
（施第里尔）

▶ 长相思
▶ 灰皮诺
▶ 威尔士雷司令
▮ 西舍尔桃红酒
▶ 慕斯卡特拉

诺伊齐德勒湖－丘陵地
雷德堡 DAC

中部布尔根兰
中部布尔根兰 DAC

诺伊齐德勒
诺伊齐德勒 DAC

布尔根兰州产区

▶ 蓝佛朗克
▶ 茨威格
▶ 绿维特利纳
▶ 霞多丽
▶ 圣罗兰

松博特海伊

格拉茨

西施泰尔马克
斯奇切尔兰德 DAC

南施泰尔马克

东南施泰尔马克

南部布尔根兰
冰堡 DAC

马里博尔

0   25   50 千米

0   25 英里

北

推荐葡萄酒

奥地利经典且口感清瘦的白葡萄酒——绿维特利纳酒、雷司令酒和长相思酒轻易就能与法、德两国最优质的葡萄酒比肩。凭借丰富的香料气息、质朴的口感与爆发性的果香，该国出产的茨威格酒、蓝佛朗克酒和圣罗兰酒等红葡萄酒是绝佳的配餐酒。

绿维特利纳酒

作为奥地利的顶级葡萄酒，绿维特利纳酒的风格多种多样，带有"Klassik"（经典）标签的通常较为轻盈，辛辣味更重，而被标记为"Reserve"（珍藏）或"Smaragd"（蜥蜴级，来自瓦豪）的葡萄酒则能带来更加浓郁的热带水果气息。使用橡木桶陈化的酒着实难以寻觅。

 LW 阳桃、醋栗、豌豆、白胡椒、碎岩石

雷司令酒

奥地利雷司令酒初品时似乎与德国雷司令酒并无二致，酸度清澈透明，散发阵阵果香。将二者一同品鉴就会发现，奥地利的雷司令酒更加清瘦，草本植物气息更加集中。下奥地利州是个值得探索的地方。

 AW 柠檬-青柠、杏、梨、柠檬皮、龙蒿叶

长相思酒

若是到访奥地利，品鉴产自施泰尔马克州的长相思酒一定是种振奋人心的发现。这种酒带有令人垂涎的酸度，其成熟的桃香在辛辣、薄荷味的草本风味的补足下还能在味蕾上创造出一种紧张感。

 LW 蜜瓜、芹菜、新鲜草本植物、白桃、细香葱

维也纳混酿酒

维也纳混酿酒是一款传统酒，由产自同一葡萄庄园的至少三种白葡萄混酿而成，其中也许包括绿维特利纳、白皮诺、琼瑶浆、格拉塞维纳（又称"威尔士雷司令"），还有萨姆琳与戈德伯格之类罕见的葡萄品种。

 AW 熟苹果、梨、杏仁膏、白胡椒、柑橘皮

茨威格酒

茨威格是奥地利种植最广泛的红葡萄，是圣罗兰葡萄（与黑皮诺葡萄类似，口感较为清淡）与生命力顽强的蓝佛朗克葡萄杂交的品种。用它酿造的红葡萄酒口感辛辣，香味以红色水果味为主；桃红葡萄酒宜冷藏后饮用，与炎热的夏日堪称绝配。

 LR 酸樱桃、牛奶巧克力、胡椒、干草本植物、盆栽土

蓝佛朗克酒

作为奥地利首屈一指的红葡萄酒，（年份好的）蓝佛朗克酒拥有令人惊艳的层次与单宁结构，是值得窖藏的有力竞争者。年份尚浅的蓝佛朗克酒多少有些酸水果味的质朴与辛辣，其口感会伴随时间的推移变得愈发醇厚柔和。

 MR 樱桃干、石榴、烤肉、甜胡椒、甜烟叶

读懂葡萄酒标签

1985 年，奥地利低品质葡萄酒被发现含有乙二醇，这酿成了一起众所周知的丑闻。在此之后，该国的葡萄酒委员会加强了监管，使得如今的奥地利拥有最为严格的葡萄酒品质与标签标准。虽然条理分明，但这一标准还是有些令人困惑！

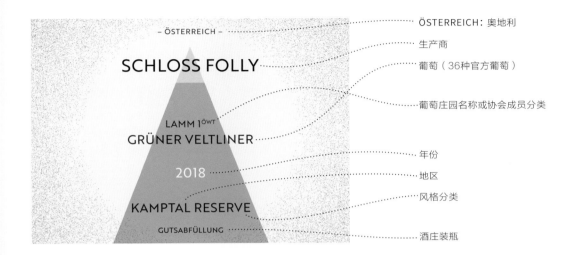

ÖSTERREICH：奥地利
生产商
葡萄（36种官方葡萄）
葡萄庄园名称或协会成员分类
年份
地区
风格分类
酒庄装瓶

干型（Trocken）：干型葡萄酒，残糖量 0~9克/升。

半干型（Halbtrocken）：半干型葡萄酒，残糖量 10~18克/升。

半甜型（Lieblich）：半甜型葡萄酒，残糖量至多 45克/升。

甜型（Sweet）：甜型葡萄酒，残糖量超过 45克/升。

经典（Klassik）：清淡、激爽型葡萄酒。

珍藏（Reserve）：浓郁型葡萄酒，酒精含量 13%ABV以上，手工采摘。

维恩/奥地利塞克特酒（Wein/Austrian Sekt）：除了奥地利没有列举其他地区？基本款佐餐葡萄酒。

地区餐酒（Landwein）：如果此酒来自维恩兰德、施泰尔兰德或布尔根兰，那么使用的就是 36 种官方葡萄，比佐餐葡萄酒更进一步。

优质葡萄酒（Qualitätswein）：这是奥地利葡萄酒的顶级质量标识，用红白瓶封作为标记，证明该酒通过了两道审查（化学分析与品鉴）。这类酒由 36 种官方葡萄酿造，并会标明16 个葡萄酒产区或9个州名

（下奥地利州、布尔根兰州、施泰尔马克州、维恩州等）其中的一个。

高级优质葡萄酒（Kabinett）：标准稍高一些的优质葡萄酒。

特优葡萄酒（Prädikatswein）：葡萄成熟水平更高、生产标准更高的优质葡萄酒。

· **晚收葡萄酒（Spätlese）**：白利糖度超过 22.4° 时采摘的晚收葡萄酿造的酒。

· **精选葡萄酒（Auslese）**：白利糖度 24.8° 或以上的贵腐精选葡萄酿造的葡萄酒。

· **逐粒精选葡萄酒（Beerenauslese）**：白利糖度 29.6° 或以上的贵腐精选葡萄酿造的葡萄酒。

· **冰酒（Eiswein）**：使用在藤上冻结、白利糖度29.6° 或以上的葡萄酿造的葡萄酒。

· **稻草酒（Strohwein）**：风干至白利糖度 29.6° 或以上的葡萄酿造的稻草酒（又称"芦苇酒"）。

· **逐粒枯萄精选酒（Trockenbeerenauslese）**：白利糖度 35.5° 或以上的贵腐精选葡萄酿造的葡萄酒。

法定产区葡萄酒（DAC）：优质葡萄酒，产自官方指定葡萄酒风味的16个产区中的10个产区。（参见地图）

原产地命名保护塞克特酒（Sekt g.U.）：优质级别的起泡型葡萄酒，分为 3 个品质等级——经典（Klassik，酒泥陈酿 9个月）、珍藏（Reserve，酒泥陈酿18个月）、特级珍藏（Grosse Reserve，酒泥陈酿30个月）。值得好好品评研究！

芳草级（Steinfeder）：清爽的瓦豪白葡萄酒，酒精含量 11.5% ABV。

猎鹰级（Federspiel）：中度酒体瓦豪白葡萄酒，酒精含量 11.5%~12.5% ABV。

蜥蜴级（Smaragd）：浓郁的瓦豪白葡萄酒，酒精含量 12.5%ABV以上。

1 ÖWT：列于酒名之后，表明其出自克雷姆斯谷、坎普谷、特莱森谷及瓦格拉姆的特级葡萄庄园（类似一级葡萄庄园）。

智利

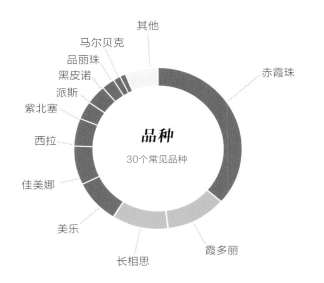

其他

马尔贝克

品丽珠

黑皮诺

派斯

紫北塞

西拉

佳美娜

美乐

长相思

赤霞珠

霞多丽

品种

30个常见品种

南美洲的亲法派

智利理想的气候与土壤环境适合酿造精良的葡萄酒，这令法国人兴奋不已，早早便在这一地区进行了投资。他们的影响力塑造了智利的葡萄酒市场，使其专注于美乐与赤霞珠之类的波尔多酒品种，并大量出口。20世纪90年代，人们发现智利大部分的美乐葡萄其实就是几近灭绝的佳美娜葡萄，该国因此骤然拥有了属于自己的独特的葡萄酒。

其他

科金博地区

南部地区

阿空加瓜

中央山谷

产区

321 300英亩

（2015）

葡萄酒产区

智利国土是一片夹在太平洋与安第斯山脉之间的狭长地带，其地理位置创造了巨大的空调效应——能将凉爽的海风吸到内陆。每一片葡萄酒产区都拥有3个独特的栽培区域：海岸区（较为凉爽的沿海区域）、中间区（温暖的内陆山谷）及安第斯山区（一览无余的山区）。

· 海岸区最适宜黑皮诺与霞多丽等适宜在凉爽气候下生长的葡萄。长相思葡萄也能在这里茁壮成长！

· 内陆山谷最为温暖，以口感柔软顺滑的波尔多混酿酒著称。

· 地势高耸的安第斯山脉创造出了结构（单宁与酸度）更加丰富的葡萄酒，从而带来了耐人寻味的西拉酒、品丽珠酒、马尔贝克酒与赤霞珠酒。

阿塔卡玛产区
▶ 多种葡萄

科皮亚波
科皮亚波山谷

巴耶纳尔
瓦斯科山谷

科金博产区
▶ 霞多丽
▶ 西拉
▶ 赤霞珠
▶ 长相思

科金博 · 拉塞雷纳
埃尔基山谷

奥瓦耶
利马里山谷

乔阿帕山谷

○ 圣胡安

阿空加瓜产区
▶ 长相思
▶ 霞多丽
▶ 黑皮诺
▶ 美乐
▶ 赤霞珠
▶ 西拉

阿空加瓜山谷

○ 门多萨

拉佩尔河
洛斯安第斯

卡萨布兰卡山谷 ○ 比尼亚德尔马

圣安东尼奥山谷
圣安东尼奥
○ 圣地亚哥
迈波山谷

中央山谷产区
▶ 赤霞珠
▶ 霞多丽
▶ 美乐
▶ 长相思
▶ 佳美娜
▶ 西拉
▶ 紫北塞
▶ 派斯
▶ 品丽珠

○ 兰卡瓜
卡恰布山谷

拉佩尔山谷
圣费尔南多
科尔查瓜山谷

库里科
库里科山谷

塔尔卡

利纳雷斯
马乌莱山谷

南部产区
▶ 亚历山大玫瑰
▶ 派斯
▶ 霞多丽
▶ 黑皮诺

奇廉
康塞普西翁 ○
科罗内尔
伊塔塔河
伊塔塔山谷

洛斯安赫莱斯

安戈尔
比奥比奥河
比奥比奥山谷

卡乌丹山谷 ○ 特木科

奥斯特勒尔产区
▶ 黑皮诺
▶ 霞多丽

瓦尔迪维亚

奥索尔诺山谷
奥索尔诺

太平洋

⊕ 北

| 0 | 100 | 200 | 300 | 400 千米 |

| 0 | 100 | 200 英里 |

蒙特港

推荐葡萄酒

智利以生产红葡萄酒见长，且热衷于波尔多酒，包括赤霞珠酒、美乐酒与佳美娜酒，它们明确了智利的风土条件为葡萄酒带来的优雅与结构特色。除此之外，白葡萄酒也价值不菲，而派斯与佳丽酿之类的葡萄也会令葡萄酒迷印象深刻。

佳美娜酒

佳美娜葡萄是品丽珠葡萄的近亲，两者酿造的酒都颇具红色水果风味，草本气息浓郁。如今最好的葡萄酒产自科尔查瓜、卡恰布及迈波山谷及其周边地区，酒体更加浓稠，巧克力味更加浓郁。

 覆盆子、李子、青胡椒粒、牛奶巧克力、灯笼椒

赤霞珠酒

作为智利种植最广泛的葡萄，赤霞珠以酿造优雅、更具草本风味的葡萄酒而闻名。也就是说，阿帕尔塔瓜、迈波及科尔查瓜山谷地区潜力出众，能够出产近似精酿波尔多酒的浓香红酒。

 黑莓干、黑樱桃、青胡椒粒、黑巧克力、铅笔芯

波尔多混酿酒

鉴于智利主要的葡萄种植区坐拥多家法国酒厂，也不奇怪波尔多混酿酒会成为最重要的葡萄酒品种了。最佳的酒庄位于迈波与科尔查瓜，两地均出产口味均衡、具备陈酿潜力的混酿葡萄酒。

 黑加仑、覆盆子、铅笔芯、可可粉、青胡椒粒

美乐酒

智利美乐酒的果味清淡得多，更具草本植物香气——尤其是出产该国大部分桶装葡萄酒的中央山谷地区。换句话说，因为总是遭到忽视，源自赤霞珠酒顶级产区的美乐酒，价值不可限量。

 李子、黑樱桃、干草本植物、可可粉

黑皮诺酒

包括著名的卡萨布兰卡山谷在内，智利南部的海岸产区和沿海地区是黑皮诺酒大放异彩的地方。智利黑皮诺酒能够散发出清新的浸渍莓果风味，并带有隐约的森林气息。这通常是严谨的橡木桶陈化过程所带来的。

 蓝莓酱、红李子、檀香、香草、黏土罐

西拉酒

作为大有前途的一款葡萄酒，西拉酒展现出不少优秀的潜质，既有氤氲着多汁味美黑色水果香气与挥散不去的巧克力香气的红酒，也有产自较高地势、红色水果香味更淡、带有高酸度与矿物味，从而更显优雅的葡萄酒。

博伊森莓、梅子酱、摩卡、甜胡椒、白胡椒

不可不知

🍷 包括派斯葡萄（又称"里斯坦普利耶托葡萄"）在内的智利第一批酿酒葡萄是由西班牙传教士于 16 世纪中叶种植的。

🍷 迄今为止，智利的葡萄庄园从未感染过根瘤蚜——一种寄生于酿酒葡萄根部的寄生虫。

品丽珠酒

品丽珠葡萄是智利波尔多混酿酒中默默无闻的主力之一，似乎在全国各地不同的气候条件下都能蓬勃生长。换句话说，你能找到品种变化多样的品丽珠酒，其中最佳的主要来自迈波与马乌莱山谷。

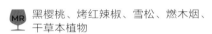 黑樱桃、烤红辣椒、雪松、燃木烟、干草本植物

派斯酒

派斯葡萄又被称为"传教士葡萄"，在智利种植面积广泛，但在智利以外的其他国家却十分罕见。人们曾在马乌莱与比奥比奥重新发现过许多派斯葡萄的老藤。派斯葡萄多汁味美，带有鲜明的红色水果风味及清脆的单宁口感。派斯酒可谓是智利的博若莱红葡萄酒。

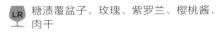 糖渍覆盆子、玫瑰、紫罗兰、樱桃酱、肉干

佳丽酿酒

由于佳丽酿葡萄的百年老藤——有些是在由马犁过的旱地上种植，数量众多，佳丽酿酒拥有众多热忱的当地支持者。这种酒既有极高的浓度，又有游刃于水果与喷香烤肉、草本植物之间的极高酸度。

 烤李子、蔓越莓干、肉豆蔻、铁、白胡椒

霞多丽酒

气候较为凉爽的海岸地区是霞多丽酒的最佳产区。该酒最受欢迎的风味当属来自橡木桶陈化的黄油味，带有这种风味的霞多丽酒产于卡萨布兰卡与圣安东尼奥。利马里与阿空加瓜郊外产区出产的霞多丽酒最具矿物气息，咸香独特。

 烤苹果、菠萝、阳桃、黄油、水果馅饼

长相思酒

智利长相思酒芳香四溢，伴有激爽的酸度。令这款酒独树一帜的是其白桃、粉红葡萄柚的果香及柠檬草、青豌豆强烈的绿植草本气息，与刚刚湿润的混凝土味道形成的对比。

 猕猴桃、青杜果、鲜割草、山萝卜、茴香

维欧尼酒

维欧尼酒也是智利一款罕见的单一品种葡萄酒，维欧尼葡萄时常与霞多丽葡萄混酿，以增加核果风味，或是被少量加入西拉酒中，增强其色泽（信不信由你！）与香味。如果你找到一瓶维欧尼酒，会发现它的口感十分柔和，且矿物气味十足。

蜜瓜、茴香、青杏仁、亚洲梨、盐水

法国

品种

100+常见品种

- 美乐
- 歌海娜
- 白玉霓（特雷比奥罗）
- 西拉
- 赤霞珠
- 佳丽酿
- 霞多丽
- 品丽珠
- 黑皮诺
- 佳美
- 长相思
- 其他

具有影响力的顶级葡萄酒大国

法国葡萄酒对于发展中的新兴葡萄酒出产国具有深远的影响力。因此，即便你之前不曾品味过法国葡萄酒，也一定喝到过深受法国影响的酒。举例而言，赤霞珠酒、西拉酒、黑皮诺酒与霞多丽酒就发源于此。这些酒的法国"版本"都拥有与众不同的鲜明特点。品尝法国葡萄酒能为近代葡萄酒的演变发展提供颇有价值的视角。

产区

2 155 000英亩
（2014）

- 博若莱
- 其他
- 阿尔萨斯
- 香槟
- 朗格多克-鲁西永
- 勃艮第
- 西南地区
- 卢瓦尔河谷
- 普罗旺斯
- 波尔多
- 罗讷河谷

葡萄酒产区

法国有 11 个主要葡萄酒产区，跨越多种气候与地带。基于生产规模、分布范围与影响力，某些地区更令人耳熟能详。可以说，最具影响力（也是最知名）的法国葡萄酒产区是波尔多、勃艮第、罗讷河谷、卢瓦尔河谷与香槟省。你会发现上述这些地区是探索法国流行葡萄酒的上佳之选。

针对法国葡萄酒，若是说哪一点是值得记住的，那就是该国的气候条件每一年都有很大差别，从而导致不同年份的葡萄酒之间存在着云泥之别（每一年的酒都拥有不同的口感）。优质酿酒商出产的上等葡萄酒在年份方面的差异并非显而易见，但这些差异却能大大影响葡萄酒的价值。因此，好的做法是囤积上好年份且有价值的葡萄酒！

香槟省产区
- 香槟酒

阿尔萨斯产区
- 雷司令
- 阿尔萨斯克雷芒酒
- 琼瑶浆
- 灰皮诺
- 黑皮诺

雷司 · 兰斯

洛林

斯特拉斯堡

卢瓦尔河谷产区
- 长相思
- 密斯卡岱（香瓜）
- 白诗南
- 品丽珠

巴黎

· 勒芒

奥尔良

· 南特

图尔

旺代

勃艮第产区
- 霞多丽
- 黑皮诺

第戎

汝拉

博若莱产区
- 佳美

比热

萨伏依

波尔多产区
- 波尔多混酿酒
- 长相思
- 赛美蓉
- 苏玳奈斯酒

· 波尔多

里昂

奥弗涅

罗讷河谷产区
- 罗讷河谷/GSM混酿酒
- 西拉
- 玛珊-瑚珊
- 维欧尼

尼斯

图卢兹

蒙彼利埃

马赛

西南产区
- 贝尔热拉克酒（波尔多混酿酒）
- 卡奥尔酒（马尔贝克）
- 马迪朗酒（丹娜）
- 伊卢雷基酒（丹娜-赤霞珠）
- 朱朗松酒（大满胜）
- 白玉霓（托斯卡纳特雷比奥罗）

普罗旺斯产区
- 罗讷河谷/GSM混酿酒
- 邦多勒酒（慕合怀特）
- 候尔（维蒙蒂诺）

朗格多克-鲁西永产区
- 罗讷河谷/GSM混酿酒
- 利穆克雷芒酒
- 西拉
- 佳丽酿
- 匹格普勒

科西嘉岛产区
- 罗讷河谷/GSM混酿酒
- 西拉
- 涅露秋（桑娇维塞）
- 维蒙蒂诺

↑北

0   60   120   180 千米
0   60   120 英里

推荐葡萄酒

这里囊括了法国十几种标志性的葡萄酒，包括勃艮第与波尔多出产的酒。你会注意到，每一种酒都带有泥土般的独特优雅气息，这令法国葡萄酒在口感方面稍显精细一些，非常适合搭配美食。

干型香槟酒

香槟省是使用传统手法酿造起泡型葡萄酒的第一个地区。非年份干型香槟酒最受欢迎，通常由霞多丽、黑皮诺与莫尼耶皮诺混酿而成。

SP 青梨、柑橘、烟、奶油干酪、吐司面包

起泡型武弗雷酒

武弗雷酒是卢瓦尔河谷白诗南酒最著名的名称。该酒风格多种多样，从干型到甜型、从不起泡型到起泡型，应有尽有。品尝起泡型武弗雷就是探索白诗南酒宜人花香的最佳方法。

SP 梨、榅桲、金银花、姜、蜂蜡

桑塞尔酒

桑塞尔酒是长相思酒在卢瓦尔河谷家喻户晓的名称，代表了在凉爽气候下酿造的长相思酒的特点：清凛，以矿物味为主，口感明快却不失结构，伴有以草本植物为主的风味，回味略有刺痛感。

LW 醋栗、白桃、龙蒿叶、柠檬-青柠、燧石

夏布利酒

夏布利是勃艮第产区北部的一小片地区，仅专注于霞多丽酒，该地区主要采用不经橡木桶发酵的方式，以彰显葡萄酒的纯正果香及钢铁般的矿物风味。专家提示：许多高端特级葡萄庄园的确会使用一些橡木桶。

LW 阳桃、苹果、白花、柠檬、白垩

阿尔萨斯雷司令酒

作为最靠近德国的产区，这里长于出产雷司令酒并不出人意料。尽管在阿尔萨斯能够找到各式各样风味的雷司令葡萄酒，适合日常饮用的阿尔萨斯雷司令酒却是干型的，散发着青柠、青苹果与葡萄柚的香气，并伴有烟熏矿物味与令人垂涎的酸味。

AW 青柠、青苹果、葡萄柚皮、马鞭草、烟

勃艮第白酒

勃艮第的博讷丘出产世界上顶级的霞多丽酒。这里的酒通常会经过橡木桶陈化，通过可控的氧化过程为葡萄酒注入浓郁的坚果与香草风味，以及苹果、瓜果与白花气息。

FW 黄苹果、刺槐花、蜜瓜、香草、榛子

不可不知

🍶 "原产地酒"（vin de terroir）指的是拥有区域标记的葡萄酒。按照规定，这种酒需要明确标明所使用的葡萄与酿造方法。

🍶 法国大多数高端葡萄酒（原产地酒）都是按照产区而非品种进行贴标的，阿尔萨斯除外。

普罗旺斯丘桃红葡萄酒

作为世界上首要的桃红葡萄酒产区，普罗旺斯丘出产的桃红葡萄酒清淡可口，泛着浅铜色的色泽。一些最好的桃红葡萄酒就产自这里，其中往往含有一定比例的候尔葡萄（又称"维蒙蒂诺葡萄"）。

RS 草莓、芹菜、西瓜、黏土罐、橙皮

博若莱酒

就在勃艮第以南，你可以找到出产高品质佳美酒的粉色风化花岗岩土壤。那里品质最好的葡萄酒来自10个法定产区，其出产的酒与勃艮第红酒相似度惊人，价钱却不到后者的一小部分。

LR 樱桃、紫罗兰、牡丹、桃子、盆栽土

勃艮第红葡萄酒

夜丘（尼伊丘）与博讷丘的黑皮诺酒是世界上最昂贵的葡萄酒之一，而令其如此迷人的正是它们鲜明的泥土香与花香。找瓶上好年份的勃艮第酒来尝一尝吧。

LR 红樱桃、木槿花、蘑菇、盆栽土、干树叶

南罗讷河谷混酿酒

这款南法最受欢迎的混酿酒主要使用的葡萄包括歌海娜、西拉与慕合怀特。它能够散发出浓郁的炖覆盆子、无花果与黑莓风味，还带有一丝隐约的干草本植物与腌肉气息。

MR 梅子酱、大茴香、石墨、薰衣草、烟草

北罗讷河谷西拉酒

北罗讷河谷所产的西拉酒唤起了全世界对于西拉酒的迷恋。这里的葡萄庄园依罗讷河的斜坡（被称为"丘"）而建，以其所酿葡萄酒美味的果香（比如橄榄香）与辛辣气味而闻名。你能从中品出优雅的酸果味道与黏稠的单宁口感。

FR 橄榄、李子、黑胡椒、黑莓、肉汁

波尔多混酿红酒

全世界人民都爱的赤霞珠酒与美乐酒的灵感来源正是这款红酒。其中最有价值的来自波尔多特级产区。葡萄酒在稳健却均衡的单宁的支持下能散发出石墨、黑加仑、黑樱桃与雪茄的风味。

FR 黑加仑、黑樱桃、铅笔芯、壤土、烟草

读懂葡萄酒标签

对法国葡萄酒胸有成竹的秘诀在于，你要了解大多数法国葡萄酒都是依据地区或官方产区进行标示的。每个产区都有一系列规定，指明瓶中使用了何种葡萄。

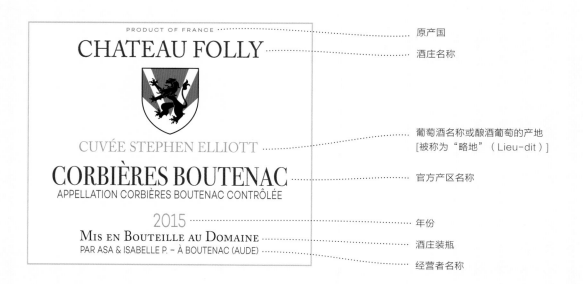

原产国

酒庄名称

葡萄酒名称或酿酒葡萄的产地
[被称为"略地"（Lieu-dit）]

官方产区名称

年份

酒庄装瓶

经营者名称

原产地命名保护 / 原产地命名控制
[Appellation d'Origine Protégée/Appellation d'Origine Contrôlée (AOP/AOC)]

AOP/AOC 是法国最严格的分级规则，详细说明了从地理位置、酒中允许使用的葡萄、葡萄品质及葡萄庄园的栽培方式，到酿酒与陈化过程中的所有事项。法定产区共 329 个，每一个都拥有一套不同的规定，由法国国家原产地命名与质量监控院监管。

地区餐酒
[Indication Géographique Protégée (IGP) / Vin de Pays]

地区餐酒即法国的日常饮用葡萄酒。这种酒的区域命名不那么严格，允许使用的葡萄种类更多，潜在的品质波动也更大。74 个地理区域包含 150 个独特的命名。其中最著名（产量最大）的地区包括托洛桑伯爵领地、奥克地区、加斯科涅丘与卢瓦尔河谷。

日常餐酒
（Vin de France）

不具备地区特性的基础款法国餐酒。这些酒代表了法国葡萄酒的最低品质层次，酒标上通常包含葡萄品种，偶尔还有年份标注。

常见标签术语

GRAND VIN de BOURGOGNE

CHASSAGNE-MONTRACHET
LES BLACHOT-DESSUS

APPELLATION CHASSAGNE-MONTRACHET 1ᴱᴿ CRU CONTROLÉE

Mis en Bouteille à la Proprieté
DOMAINE FOLLY et FILS
Proprietaire-Viticulteur à Chassagne-Montrachet (CÔTE-D'OR), France

750ML   13.5% ALC./VOL

CONTAINS SULFITES

2018

Biologique：有机生产。

Blanc de Blancs：100% 使用白葡萄酿造的起泡型白葡萄酒。

Blanc de Noirs：100% 使用黑葡萄酿造的起泡型白葡萄酒。

Brut：起泡型葡萄酒的甜度水平。"Brut"代表干型。

Cépage：葡萄酒中所使用的葡萄（En-cépagement 指混酿酒中各种葡萄的比例）。

Château：酒堡。

Clos：拥有围墙的葡萄庄园或坐落在古老围墙内的葡萄庄园。常用于勃艮第葡萄酒。

Côtes：斜坡或（邻近）山坡——通常沿河。

Coteaux：多个斜坡或山坡（不相邻）。

Cru：意为"生长"，指的是一座或几座葡萄庄园，品质通常被认可。

Cuvée：意为"桶"或"罐"，但被用于表示某种特定的混酿葡萄酒或某一批次的葡萄酒。

Demi-Sec：半干型（微甜）。

Domaine：拥有葡萄庄园的酒庄。

Doux：甜型。

Élevé en fûts de chêne：橡木桶陈化。

Grand Cru：意为"特级酒庄"，用于勃艮第与香槟省，以表示该地区最佳的酒庄。

Grand Vin：用于波尔多地区，指的是一座酒庄的"正牌酒"或优质葡萄酒。波尔多拥有价格等级各异的正牌酒、副牌酒、三年酒是十分常见的。

Millésime：陈酿年份。该术语常用于香槟省。

Mis en bouteille au château/domaine：由酒堡 / 酒庄装瓶。

Moelleux：甜型。

Mousseux：起泡型。

Non-filtré：未经过滤的葡萄酒。

Pétillant：微起泡酒。

Premiere Cru（1er Cru）：意为"一级酒庄"，指波尔多顶级的酿酒商，以及勃艮第与香槟省位居二等的酒庄。

Propriétaire：酒庄拥有者。

Sec：干型（比如，不甜型）。

Supérieur：常用于波尔多的标准术语，用以描述比基本款葡萄酒最低酒精含量及陈化要求略高的酒。

Sur Lie：使用酒泥（非活性酵母颗粒）陈酿的葡萄酒，以口感平滑细腻、充满面包味道、酒体饱满而著称。该术语最常见于卢瓦尔密斯卡岱酒。

Vendangé à la main：手工摘取。

Vieille Vignes：老藤。

Vignoble：葡萄园。

Vin Doux Natural（VDN）：发酵过程中得到加强的一款葡萄酒（通常是甜香的餐后甜酒）。

波尔多

波尔多绝大多数地区出产的都是与地区同名的混酿红葡萄酒，主要使用的葡萄是美乐、赤霞珠与品丽珠。尽管最具价值的酒厂（又称"酒庄"）标价不菲，但是大部分葡萄酒都物美价廉，你只需要知道去哪里寻觅。

梅多克（左岸）

梅多克专注于出产以赤霞珠为主的葡萄酒，使用的多是生长在沙粒与黏土中的葡萄。这种酒往往散发着朴实的果味，带有黏腻的单宁口感以及中度至饱满的酒体。除了淳朴的风味，这种酒也是清澈而优雅的。

 FR 黑加仑、野生黑莓、木炭、大茴香、烟

利布尔讷（右岸）

利布尔讷地区酿造以美乐为主的葡萄酒，其中品质最上乘的能够散发浓烈的樱桃与烟草气息，辅以精炼的巧克力般的单宁口感。该地区最佳的葡萄庄园主要位于拥有黏土土壤的波美侯与圣埃米利永。

 FR 黑樱桃、烤烟草、李子、大茴香、可可粉

波尔多白葡萄酒

在波尔多出产的葡萄中，只有不到 10% 会用于长相思、赛美蓉与罕见的密斯卡岱的混酿酒中。你会发现波尔多的白葡萄大部分生长在两海之间的沙质黏土上。

 LW 葡萄柚、醋栗、青柠、甘菊、碎岩石

苏玳奈斯

包括索泰尔讷在内的几个子产区会凝聚来自加龙河的雾气，这会使葡萄染上被称为"灰葡萄孢菌"（又称"贵腐"）的真菌。这种真菌集中在该地区的白葡萄上，使之能够酿造出格外甜蜜的葡萄酒。

 DS 杏、橘子酱、蜂蜜、姜、热带水果

等级分类

列级酒庄级 (Cru Classés)	1855	格拉夫与梅多克的61家酿酒商与索泰尔讷的26家酿酒商于1855年制订的5级分类法。
波尔多最昂贵的葡萄酒。	圣埃米利永 (Saint-Émilion)	圣埃米利永顶级酿酒商所使用的分级方法，每10年重新考量一次。
	格拉夫 (Graves)	格拉夫酿酒商自1953年开始采用（1959年修订）的一种分级方法。
酒庄级 (Crus)	中级酒庄 (Bourgeois)	对葡萄酒进行测试并使其符合质量准则的梅多克酿酒商组织。
仅适用于梅多克的酿酒商联合组织。	艺术家酒家 (Artisans)	梅多克的小型手工酿酒商联合组织。
波尔多级 (Bordeaux)	法定产区 (Appellations)	某指定区域（例如布莱伊、格拉夫等）出产的葡萄酒。该等级共有37个法定产区。
地区餐酒命名与质量等级。	优质 (Supérieur)	比波尔多AOP生产标准更高的地区餐酒。
	原产地命名保护 (AOP)	（AOC）基本款地区餐酒，包括起泡型葡萄酒与桃红葡萄酒。

大西洋

吉伦特河

鲁瓦阳

科尼亚克

下梅多克

布尔格与布拉伊产区

🍷 波尔多混酿酒
▷ 长相思
▷ 赛美蓉

布莱伊
布莱伊丘
波尔多布莱伊丘

利布尔讷产区
("右岸")

🍷 波尔多混酿酒
▷ 美乐
▷ 品丽珠
▷ 马尔贝克

梅多克产区
("左岸")

圣埃斯泰夫
波亚克
圣于连

🍷 波尔多混酿酒
▷ 赤霞珠
▷ 品丽珠
▷ 小味儿多

布尔格
布尔格丘

波尔多

拉朗德 – 波美侯
蒙塔涅 – 圣埃米利永

利斯特拉克梅多克
穆利
马尔戈

波美侯
卡农 – 弗龙萨克
弗龙萨克

吕萨克 – 圣埃米利永
皮斯甘 – 圣埃米利永
法兰克丘
卡斯蒂永丘

伊勒河

上梅多克

利布尔讷

圣埃米利永

多尔多涅河

佩萨克 – 莱奥尼昂

波尔多

圣富波尔多

格拉夫产区

🍷 波尔多混酿酒
▷ 赤霞珠
▷ **品丽珠**
▷ 小味儿多
▷ 赛美蓉
▷ 长相思
▷ 密斯卡岱

• 拉泰斯特德比克

塞斯塔斯

韦尔 – 格拉夫
波尔多首丘

两海之间

两海之间 – 上伯诺日

德罗河

卡迪亚克
格拉夫
卢皮亚克
塞龙
巴尔萨克

圣十字山
波尔多 – 圣马凯尔丘

加龙河

索泰尔讷产区

🍷 苏玳奈斯甜酒
▷ 赛美蓉
▷ 长相思
▷ 密斯卡岱

朗贡

马尔芒德

索泰尔讷

波尔多

两海之间产区

▷ 赛美蓉
▷ 长相思
▷ 密斯卡岱

波尔多产区

🍷🍷🍷 波尔多酒
🍷 淡红/桃红葡萄酒
🍷 优质波尔多酒
🍷 波尔多克雷芒酒

0   10   20   30 千米

0   10   20 英里

北

地图上并未显示所有法定产区

勃艮第

勃艮第在法语中写为"Bourgogne"，其葡萄庄园的起源可以追溯至中世纪时期。当时的西多会僧侣会在被称为"clos"、有围墙的葡萄庄园中种植葡萄藤，试图避开瘟疫。僧侣们种植的都是些什么呢？当然是霞多丽与黑皮诺了！这两种葡萄如今享誉全球，而勃艮第也被视为葡萄酒品质的基准。

黑皮诺酒

在被称为"金丘"或"金坡地"的狭长斜坡上，有着世界上最受欢迎的黑皮诺葡萄庄园。年份尚佳的黑皮诺酒酒香四溢，散发着阵阵红色水果与鲜花的气息，还带有蘑菇般微妙的刺鼻气味。

 LR 樱桃、木槿花、玫瑰花瓣、蘑菇、盆栽土

霞多丽酒

霞多丽葡萄是种植最广泛的品种，拥有两大类型。来自博讷丘的霞多丽酒往往更加浓郁，经过橡木桶陈化，散发着黄苹果与榛子的气息。马贡酒与基础款勃艮第白葡萄酒酒体更加轻盈，往往经过短期的橡木桶陈化。

 FW 黄苹果、烤榅桲、苹果花、香草、松露

夏布利酒

夏布利产区的气候凉爽，主要出产霞多丽酒。大部分的夏布利酒都未经橡木桶陈化，风味清爽，带有矿物气息。然而，如果你接触的是较为高端的葡萄酒，就会发现这里的 10 大特级葡萄庄园都更加大胆，通常会采用橡木桶陈化。

 LW 榅桲、百香果、青柠皮、布里干酪皮、苹果花

勃艮第克雷芒酒

在勃艮第克雷芒法定产区，你能找到与香槟酒使用同种葡萄、同一处理方式的上好起泡型葡萄酒。近年来，为保证坚果风味的提升，这里还加入了新的陈化管理体系，包括卓越级（Éminent，陈化 24 个月）与超卓越级（Grand Éminent，陈化 36 个月）。

SP 白桃、苹果、干酪皮、烤面包、生杏仁

等级分类

酒庄级（Crus） 勃艮第最久负盛名的葡萄酒。	特级酒庄(Grand Cru)	产自勃艮第顶级酒庄土地（被称为"风土区"）上的葡萄酒。金坡地上共有33家特级酒庄，出产的60%是黑皮诺酒。
	一级酒庄[Premier Cru(1er)]	勃艮第优异风土区酿造的葡萄酒。官方一级酒庄共有640家，出产的葡萄酒不一定非要在标签上表明风土区，但会列出村庄名称以及"Premier Cru"或"1er"字样。
村庄级（Villages） 重点区域的品质葡萄酒。	村庄或公社名(Village or Commune Name)	产自勃艮第村庄或公社的葡萄酒。勃艮第总共拥有44座村庄级葡萄酒庄，包括夏布利、波马尔、普伊-富赛以及博讷丘村庄与马孔村庄的子产区。
法定产区级（Appellation） 入门级葡萄酒。	勃艮第(Bourgogne)	被标注为勃艮第、勃艮第阿里高特、勃艮第克雷芒及勃艮第上博讷丘，这些来自勃艮第法定产区的葡萄酒。

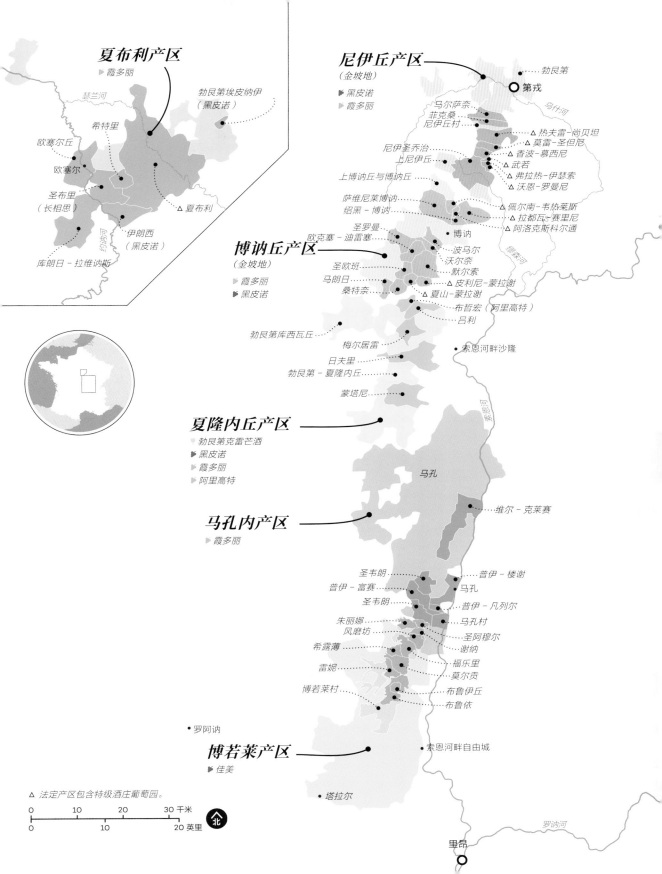

夏布利产区
- ▶ 霞多丽

勃艮第埃皮纳伊
（黑皮诺）

瑟兰河

希特里

欧塞尔丘

欧塞尔

圣布里
（长相思）

△ 夏布利

伊朗西
（黑皮诺）

库朗日 – 拉维讷斯

约讷河

尼伊丘产区
（金坡地）
- ▶ 黑皮诺
- ▶ 霞多丽

勃艮第

第戎

马尔萨奈

菲克桑

尼伊丘村

乌什河

△ 热夫雷 – 尚贝坦

△ 莫雷 – 圣但尼

尼伊圣乔治

上尼伊丘

△ 香波 – 慕西尼

△ 武若

△ 弗拉热 – 伊瑟索

△ 沃恩 – 罗曼尼

上博讷丘与博讷丘

萨维尼莱博讷

绍黑 – 博讷

圣罗曼

△ 佩尔南 – 韦热莱斯

△ 拉都瓦 – 赛里尼

△ 阿洛克斯科尔通

欧克塞 – 迪雷塞

博讷

索恩河

博讷丘产区
（金坡地）
- ▶ 霞多丽
- ▶ 黑皮诺

波马尔

沃尔奈

圣欧班

默尔索

马朗日

皮利尼 – 蒙拉谢

桑特奈

夏山 – 蒙拉谢

布哲宏（阿里高特）

勃艮第库西瓦丘

吕利

梅尔居雷

索恩河畔沙隆

日夫里

勃艮第 – 夏隆内丘

蒙塔尼

夏隆内丘产区
- ▪ 勃艮第克雷芒酒
- ▶ 黑皮诺
- ▶ 霞多丽
- ▶ 阿里高特

马孔

索恩河

马孔内产区
- ▶ 霞多丽

维尔 – 克莱赛

圣韦朗

普伊 – 楼谢

普伊 – 富赛

马孔

圣韦朗

普伊 – 凡列尔

朱丽娜

马孔村

风磨坊

圣阿穆尔

希露薄

谢纳

雷妮

福乐里

莫尔贡

博若莱村

布鲁伊丘

布鲁依

罗阿讷

博若莱产区
- ▶ 佳美

索恩河畔自由城

塔拉尔

△ 法定产区包含特级酒庄葡萄园。

0   10   20   30 千米

0   10   20 英里

北

里昂

罗讷河

香槟省

作为法国气候最为凉爽的产区之一，香槟省在历史上一直在与葡萄的成熟做斗争。也许正因如此，唐·培里侬等 17 世纪的酿酒专家才会专注于前沿的葡萄酒生产，从而带来了起泡型葡萄酒的普及。香槟省共有 3 种主要的酿酒葡萄：霞多丽、黑皮诺与莫尼耶皮诺。

非年份香槟酒

酿酒专家善于年复一年地酿造风格始终如一的招牌混酿酒。要想达成这个目的，需要混合不同葡萄庄园与年份的桶装酒或"罐装"酒。非年份香槟酒要求至少陈酿 15 个月。

SP 楤梓、梨、柑橘皮、干酪皮、烟

白中白香槟酒

"白中白"意为"白葡萄酿成的白葡萄酒"，是仅使用白葡萄酿造的香槟。大部分"白中白"都由100% 的霞多丽葡萄酿造，不过也有例外，使用的是罕见的阿尔班、白皮诺及小美斯丽尔这几种白葡萄。

SP 黄苹果、柠檬酱、蜜瓜、金银花、吐司面包

黑中白香槟酒

"黑中白"意为"黑葡萄酿成的白葡萄酒"，是仅用黑（红）葡萄酿造的香槟。你会发现，这种酒是由比例各异的黑皮诺与莫尼耶皮诺葡萄酿造而成的。该酒的色泽更为金黄，能够散发出更多的红色水果香气。

 SP 白樱桃、红加仑、柠檬皮、蘑菇、烟

年份香槟酒

年份好的时候，酿酒师通常会"创作"一款单一品种的年份香槟酒。尽管这种香槟的风格依酿酒师的不同各有差异，但它们通常都会带有更加浓厚的坚果与烤水果的陈化香。年份香槟至少陈化 36 个月。

SP 杏、白樱桃、圆面包、杏仁膏、烟

等级分类

酒庄级	特级酒庄 (Grand Cru)	17家香槟特级酒庄被认为是霞多丽、黑皮诺与莫尼耶皮诺的最佳种植地点，所酿的既有年份酒，也有非年份酒。
特定区域的香槟酒。	一级酒庄 (Premier Cru)	获得一级酒庄称号的优秀酒庄共有42家。
年份级 (Vintage) 单一年份香槟酒。	年份香槟 (Millesime)	单一年份的香槟酒要求陈化36个月。陈化能够强化优质香槟酒的三类香气，包括杏仁膏、圆面包、吐司面包与坚果的味道。
非年份级 (Non-Vintage) 混合年份香槟酒。	NV	酿酒师或"首席酿酒师"会将几种年份的葡萄酒混合在一起，年复一年地生产某种风格始终如一的招牌风味香槟酒。非年份香槟酒要求陈化至少15个月。

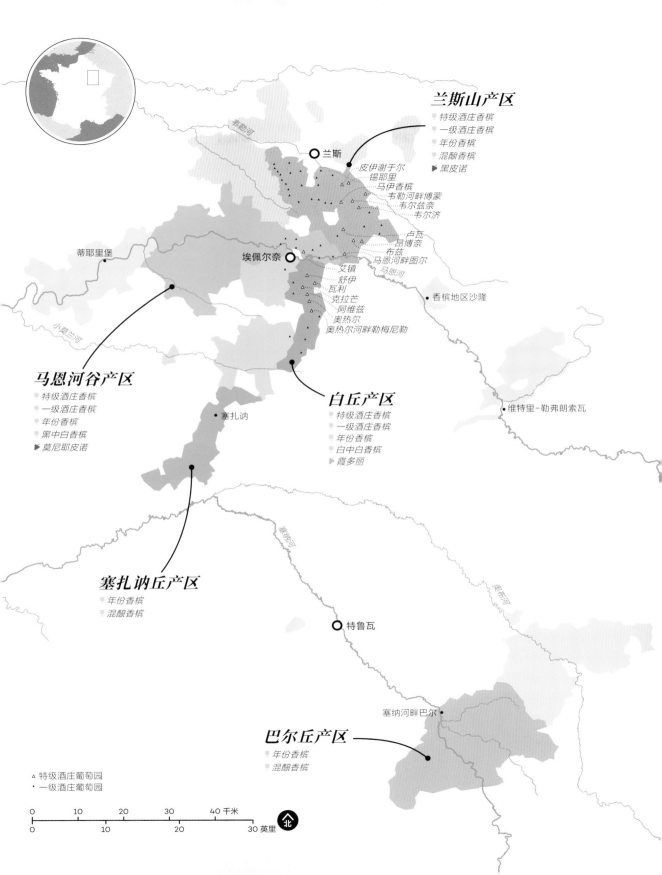

兰斯山产区

特级酒庄香槟
一级酒庄香槟
年份香槟
混酿香槟
▶ 黑皮诺

韦勒河

兰斯

皮伊谢于尔
锡耶里
马伊香槟
韦勒河畔博蒙
韦尔兹奈
韦尔济

卢瓦
昂博奈
布兹
马恩河畔图尔
马恩河

埃佩尔奈

蒂耶里堡

艾镇
舒伊
瓦利
克拉芒
阿维兹
奥热尔
奥热尔河畔勒梅尼勒

香槟地区沙隆

小奥兰河

白丘产区

特级酒庄香槟
一级酒庄香槟
年份香槟
白中白香槟
▶ 霞多丽

维特里-勒弗朗索瓦

马恩河谷产区

特级酒庄香槟
一级酒庄香槟
年份香槟
黑中白香槟
▶ 莫尼耶皮诺

塞扎讷

塞扎讷丘产区

年份香槟
混酿香槟

塞纳河

特鲁瓦

奥布河

塞纳河畔巴尔

巴尔丘产区

年份香槟
混酿香槟

△ 特级酒庄葡萄园
▲ 一级酒庄葡萄园

0 10 20 30 40 千米
0 10 20 30 英里

北

朗格多克－鲁西永

朗格多克－鲁西永是朗格多克与鲁西永两地合二为一形成的法国面积最大的葡萄园，还是寻求优质葡萄酒的胜地。朗格多克专精西拉、歌海娜、慕合怀特及佳丽酿的混酿酒。你还能得到额外的惊喜，包括上好的起泡型葡萄酒（利穆克雷芒酒）、餐后甜酒及激爽的白葡萄酒。

朗格多克混酿红酒

西拉、歌海娜、慕合怀特、佳丽酿、神索（一种淡红色葡萄）在这里占据着主导地位。产自圣西尼昂、福热尔、米内瓦、科比耶尔、菲图与圣卢峰地区的酒，品质好得令人不可思议，价格却通常是临近的罗讷河谷出产的一小部分。

 MR　黑橄榄、黑醋栗、胡椒、干草本植物、碎岩石

鲁西永丘等地区出产的葡萄酒

鲁西永紧邻西班牙，历史上便是采用白麝香葡萄与歌海娜葡萄酿造餐后甜酒的著名产区。如今，在主要种植歌海娜葡萄的科利乌尔与鲁西永丘村等地方，你还能找到出类拔萃的干红葡萄酒。

 FR　覆盆子、丁香、橄榄、可可、碎岩石

朗格多克混酿白酒

种植在法国南部的白葡萄，其多样性令人难以置信，其中最适应地中海温暖气候的品种包括玛珊、瑚珊、白歌海娜、匹格普勒、白麝香与维蒙蒂诺（还有罕见的克莱雷特与布布兰克！）。这里出产的葡萄酒通常属于多个品种的混酿酒，因此要对酿酒商进行一番考察，以决定选择哪种口味。

 LW　风味各异

利穆克雷芒酒

法国的第一瓶起泡型葡萄酒可以追溯至 1531 年，产自利穆（而非香槟）的圣伊莱尔修道院。利穆起泡酒使用霞多丽与白诗南酿造而成。可以尝试一下更加稀有的古法布朗克特酒，它使用当地的莫扎克葡萄酿造，是回顾利穆过往的一扇窗户。

 SP　烤苹果、柠檬、青柠皮、马斯卡彭奶酪、桃皮

皮内匹格普勒酒

匹格普勒意为"刺痛嘴唇"，很有可能意指这种葡萄天然的高酸度。皮内匹格普勒酒口感清爽，酒体轻盈，拥有令人垂涎的酸度，是灰皮诺与长相思酒的完美替代品。

 LW　蜜瓜、柠檬脯、青柠、苹果花、碎岩石

餐后甜酒

鲁西永地区的歌海娜与白麝香能够酿造出多种出色的餐后甜酒。这些葡萄会在熟成时被摘下，然后部分发酵，届时加入被称为"生命之水"的中性葡萄蒸馏酒（白兰地），创造出结构丰富、带有葡萄甜味的强化酒。法国人称这种酿酒方法酿造的是"天然甜葡萄酒"（Vin Doux Naturel 或 VDN）。

· 莫里酒
· 里韦萨特酒
· 巴纽尔斯酒

朗格多克产区

- 利穆起泡酒
- GSM/罗讷河谷混酿酒
- 佳丽酿
- 神索
- 玛珊/瑚珊
- 白诗南
- 霞多丽
- 白歌海娜
- 莫扎克

米约

拉扎克-特拉斯

圣卢峰

圣西尼昂

福热尔

卡布里

吕内勒

蒙彼利埃

贝尔卢

罗克布兰

弗热尔

佩兹纳斯

米内瓦-拉利维涅尔

卡巴代斯

米内瓦

圣西尼昂

佩兹纳斯

吕内勒麝香

拉利维涅尔

贝济耶

皮内

弗龙蒂尼昂

弗龙蒂尼昂麝香

马勒佩尔

卡尔卡松

皮内匹格普勒

朗格多克丘产区

- GSM/罗讷河谷混酿酒
- 佳丽酿
- 神索
- 匹格普勒
- 白歌海娜
- 克莱雷特
- 麝香葡萄

利穆

布特纳克

纳博讷

克拉普

科比耶尔-布特纳克

科比耶尔

莫里

菲图

鲁西永丘村

里韦萨特

鲁西永产区

- 莫里酒与巴纽尔斯酒
- 里韦萨特麝香葡萄酒
- GSM/罗讷河谷混酿酒
- 歌海娜
- 佳丽酿

佩皮尼昂

鲁西永丘

科利乌尔

科利乌尔与巴纽尔斯

地 中 海

| 0 | 10 | 20 | 30 | 40 千米 |

| 0 | 10 | 20 | 30 英里 |

北

*地图上并未显示所有产区

卢瓦尔河谷

卢瓦尔河谷是法国最长河流及其支流沿岸的一大片区域。作为气候较为凉爽的种植区，卢瓦尔是酿造清新淡雅原味白葡萄酒的优异产区，比如白诗南酒、长相思酒与密斯卡岱酒。这里的红葡萄品种包括品丽珠、佳美与高特（马尔贝克），它们能酿造出充满朴实草本植物气息的红葡萄酒和果香四溢的干型桃红葡萄酒。

长相思酒

图赖讷与中央产区热切地专注于长相思酒。在长相思酒的众多产区中，最知名的要数桑塞尔与普伊－富美附近的葡萄庄园。产自这一区域的长相思酒成熟度更高，并带有燧石与烟的风味。

 LW 熟醋栗、椴椿、葡萄柚、燧石、烟

白诗南酒

从干型到甜型，从起泡型到不起泡型，白诗南葡萄已被酿成无数种风味酒。这种葡萄主要生长在图赖讷与安茹－索米尔产区，在卢瓦尔起泡酒中也能找到。著名的产区包括武夫赖、卢瓦尔河畔蒙路易、萨维涅尔（氧化风味）及卡特休姆（餐后甜酒）。

 LW 梨、金银花、椴椿、苹果、蜂蜡

密斯卡岱酒（香瓜酒）

距离海岸最近的南特产区以出产由香瓜葡萄酿造的清爽矿物味白葡萄酒而闻名。其产品中 70%~80% 都被标注为"塞夫尔－曼思－密斯卡岱"（Muscadet de Sèvre et Maine）。不少酿酒商会使用酒泥陈酿法，以赋予葡萄酒更为圆润的口感及酵母的香气。

 LW 青柠皮、海贝、青苹果、梨、储藏啤酒

品丽珠酒

品丽珠葡萄（又称"布莱顿葡萄"）遍布卢瓦尔，最引人注目的是希农与布尔格伊周围的卢瓦尔中部地区。那里气候凉爽，因此所酿的红葡萄酒口感辛辣、充满草本香味，还带有明显的灯笼椒味。令人吃惊的是，适当陈化的葡萄酒会透露出柔和的烤李子与烟草风味。

 MR 烤辣椒、覆盆子酱、酸樱桃、铁、干草本植物

高特酒（马尔贝克酒）

这可不是司空见惯的阿根廷马尔贝克酒！在卢瓦尔河谷，马尔贝克葡萄被称为"高特"葡萄，生长在图赖讷产区。用它酿造的葡萄酒以带有果香与草本气味的淳朴口感而著称。可以试着用高特酒来搭配豆焖肉！

 MR 绿橄榄、黑加仑、烟草、野生黑莓、干草本植物

卢瓦尔起泡型葡萄酒

卢瓦尔河谷拥有众多起泡型葡萄酒，包括卢瓦尔起泡酒、武弗雷起泡酒与索米尔起泡酒。生产这种葡萄酒的地区大多位于卢瓦尔中部，主要栽培白诗南、霞多丽和品丽珠（用于桃红葡萄酒）。这些葡萄酒往往会散发出新鲜的酸水果气息。那些被标记为"自然起泡酒"（Pétillant-natural）的酒都为古法酿制，看上去十分混浊，散发着酵母味道，还带有微小的气泡。

图赖讷产区
（卢瓦尔中部）
- 白诗南
- 品丽珠
- 长相思
- 霞多丽
- 高特（马尔贝克）
- 佳美

安茹－索米尔产区
（卢瓦尔中部）
- 卢瓦尔起泡酒
- 白诗南
- 品丽珠
- 佳美

中央产区
（上卢瓦尔）
- 长相思
- 黑皮诺
- 佳美
- 霞多丽

南特产区
- 密斯卡岱（香瓜）
- 大普隆（白福儿）

塞夫尔-曼思-
密斯卡岱
密斯卡岱

萨维涅尔
昂斯尼丘

安茹

勒芒

旺多姆

奥尔良

舍韦尼与
库尔舍韦尼

布卢瓦

日安

卢瓦河

武夫赖

布尔格伊

昂热

卢瓦尔河

图尔

吉恩瓦尔

桑塞尔

南特

索米尔

昂布瓦斯

谢尔河

默讷图萨隆

普伊-富美

卡特休姆

希农

卢瓦尔河畔
蒙路易

瓦朗赛

坎西

郑尼舒

勒伊

莱永丘

索米尔

上普瓦图

维埃纳河

滨海奥洛讷

旺代产区
- 品丽珠
- 霞多丽

科尼亚克

沙托梅洋

圣普尔桑

奥弗涅产区
- 黑皮诺
- 佳美
- 霞多丽

库尔农-多韦尔涅
多韦尔涅丘

大西洋

塞纳河

巴黎

利布尔讷

波尔多

多尔多涅河

0　　25　　50　　75　　100 千米

0　　　25　　　50　　　75 英里

北

*地图上并未显示所有产区

罗讷河谷

歌海娜、西拉与慕合怀特是罗讷河谷的主要葡萄品种。南部的罗讷丘混酿酒（红酒与桃红葡萄酒）中最多含有 18 种不同的葡萄！罗讷河谷北部专注于单一品种西拉酒，并零散种植着少量维欧尼葡萄。

西拉酒

许多人都会留意罗讷河谷北部产区的罗蒂丘、埃米塔日和科尔纳斯，寻求西拉酒的极致表现。这些地方出产的葡萄酒口感浓郁，单宁含量高，带有美味的橄榄、梅子酱与培根油味道。上好年份的圣约瑟夫酒与克罗兹－埃米塔日酒颇有价值，可以收藏。

 橄榄酱、梅子酱、黑胡椒、培根油、干草本植物

罗讷河谷 /GSM 混酿酒

歌海娜葡萄在南罗讷河谷 GSM 混酿酒中担任着重要的角色，不过该产区还是其他许多罕见葡萄的故乡，其中就包括神索、古诺瓦兹、黑德瑞、蜜思卡丹与马瑟兰。它们时常被用于带有果香而又朴实的混酿红酒中，但比例很少。

 烤李子、烟草、覆盆子酱、干草本植物、香草

玛珊混酿酒

罗讷河谷各处生长着各式各样的白葡萄，但罗讷丘所酿的白葡萄酒中使用最普遍的还是玛珊与瑚珊。玛珊混酿酒往往带有浓郁的果味，并伴有较为强烈的桃子风味，口感顺滑，回味近似橡木桶陈化的霞多丽酒。

 苹果、蜜橘、白桃、蜜蜡、刺槐

维欧尼酒

孔德里约与格里叶堡这两片极小的产区出产的全都是维欧尼葡萄。维欧尼酒往往带有明显的甜味，令许多人相信这正是这种酒的经典风味。由于维欧尼葡萄的国际声誉与日俱增，我们在未来几年中很有可能会越来越多地见到这种酒。

 桃、橘子、金银花、玫瑰、生杏仁

等级分类

酒庄级 17座酒庄成就了最高品质的罗讷葡萄酒	**罗讷河谷北部 （Northern Rhône）**	8座酒庄出产的主要是西拉酒，其他两座（位于孔德里约与格里叶堡）则专注于维欧尼酒。圣佩雷酿造起泡型葡萄酒。
	罗讷河谷南部 （Southern Rhône）	蒙特利马尔南部的9座酒庄出产红葡萄酒、白葡萄酒、桃红葡萄酒及甜酒，并且都会加贴酒庄标识（参见地图）。
罗讷河谷村庄级 高品质罗讷河谷南部混酿酒。	**罗讷河谷南部 （Southern Rhône）**	罗讷河谷村庄中种植的葡萄中至少50%是歌海娜。生产这种葡萄酒的地区共有95个，其中21个会在标签上附加自己村庄的名字（比如"罗讷河谷许斯克朗村"）。有时一座村庄还会升级为酒庄！
法定产区级 基础款地区餐酒。	**罗讷河谷 及其他地区 （Côtes du Rhône and others）**	生产基础款罗讷河谷葡萄酒的地区共有171个。此外，旺图、吕贝宏、格里昂－阿黛玛尔、尼姆丘、贝勒加德－克莱雷特及维瓦赖丘也属于这类法定产区。

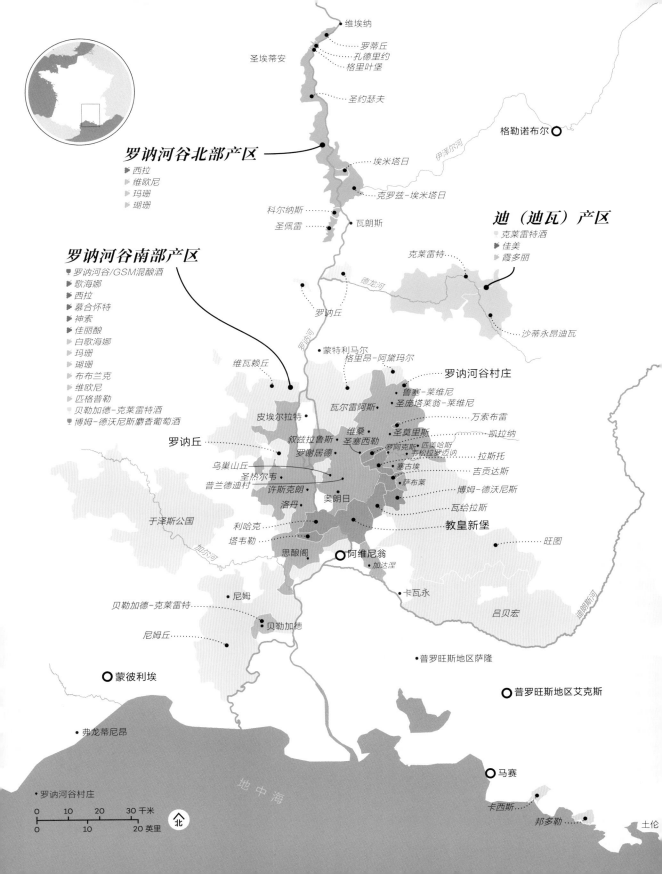

维埃纳

罗蒂丘

圣埃蒂安　孔德里约

格里叶堡

圣约瑟夫

格勒诺布尔

罗讷河谷北部产区
▶ 西拉
▶ 维欧尼
▶ 玛珊
▶ 瑚珊

埃米塔日

伊泽尔河

克罗兹-埃米塔日

科尔纳斯

圣佩雷　瓦朗斯

迪（迪瓦）产区
■ 克莱雷特酒
▶ 佳美
▶ 霞多丽

克莱雷特

罗讷河谷南部产区
🍷 罗讷河谷/GSM混酿酒
▶ 歌海娜
▶ 西拉
▶ 慕合怀特
▶ 神索
▶ 佳丽酿
▷ 白歌海娜
▶ 玛珊
▶ 瑚珊
▷ 布布兰克
▷ 维欧尼
▷ 匹格普勒
■ 贝勒加德-克莱雷特酒
🍷 博姆-德沃尼斯麝香葡萄酒

德龙河

沙蒂永昂迪瓦

罗讷丘

蒙特利马尔

格里昂-阿黛玛尔

罗讷河谷村庄

维瓦赖丘

罗讷河

瓦尔雷阿斯

鲁塞-莱维尼

圣庞塔莱翁-莱维尼

万索布雷

凯拉纳

皮埃尔拉特

维桑
圣塞西勒

圣莫里斯

罗讷丘

叙兹拉鲁斯
罗谢居德

罗阿克斯　匹美哈斯
韦松拉罗迈讷

拉斯托

乌巢山丘
圣热尔韦
普兰德迪村　许斯克朗
洛丹　奥朗日

塞古埃

吉贡达斯

萨布莱

博姆-德沃尼斯

于泽斯公国

加尔河

利哈克
塔韦勒
思酿阁

瓦给拉斯

教皇新堡

旺图

阿维尼翁

加达涅

卡瓦永

吕贝宏

迪朗斯河

贝勒加德-克莱雷特

尼姆

尼姆丘

贝勒加德

普罗旺斯地区萨隆

蒙彼利埃

普罗旺斯地区艾克斯

弗龙蒂尼昂

地中海

马赛

• 罗讷河谷村庄

0　10　20　30 千米
0　10　20 英里

↑北

卡西斯

邦多勒　土伦

德国

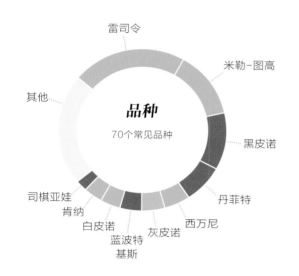

品种

70个常见品种

雷司令
米勒-图高
黑皮诺
丹菲特
西万尼
灰皮诺
蓝波特基斯
白皮诺
肯纳
司棋亚娃
其他

雷司令酒之乡

自 1720 年雷司令葡萄首次在（莱茵高）约翰山酒庄大规模种植以来，德国人便一直在单一品种葡萄酒方面一马当先。从那以后，德国成为全世界顶级的雷司令酒出产国，并发展出了从清爽干型到多汁甜型的各式风味。除了雷司令酒，该国凉爽的气候也十分适合酿造轻盈酒体红葡萄酒与芳香型白葡萄酒。近些年来，德国人专注于有机与生物动力葡萄酒的生产，在欧洲起到了带头作用。

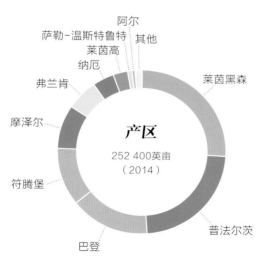

产区

252 400英亩
（2014）

阿尔
萨勒-温斯特鲁特
莱茵高
纳厄
其他
弗兰肯
莱茵黑森
摩泽尔
符腾堡
普法尔茨
巴登

葡萄酒产区

德国共有 13 个葡萄酒产区，"产区"在德语中被称为"Anbaugebiete"。德国的大部分葡萄酒产地都位于西南部。

· 在极南的巴登产区、符腾堡产区与普法尔茨部分产区，你会发现人们将大多数注意力都集中在红酒方面，特别是黑皮诺酒与蓝佛朗克酒。

· 莱茵高、莱茵黑森、纳厄与摩泽尔河谷是雷司令酒的主要产区。世界上某些顶级的雷司令酒就出自莱茵高和摩泽尔河谷。

· 阿尔是一片极小的产区，以出产优异的黑皮诺酒而格外闻名。

· 最后，萨克森与萨勒 – 温斯特鲁特的卫星产区出产的是不同寻常的白皮诺酒。

不来梅

柏林
波茨坦

萨克森产区
米勒-图高
雷司令

汉诺威

萨勒－温斯特鲁特产区
米勒-图高
白皮诺

莱比锡

德累斯顿

中部莱茵产区
雷司令

科隆

阿尔产区
黑皮诺

波恩

莱茵高产区
雷司令
黑皮诺

莱茵黑森产区
米勒-图高
雷司令
丹菲特
西万尼
蓝波特基斯

弗兰肯产区
米勒-图高
西万尼
巴克斯

摩泽尔产区
雷司令
米勒-图高
艾伯灵

威斯巴登
法兰克福
美因茨

维尔茨堡

纳厄产区
雷司令
米勒-图高
丹菲特
西万尼

曼海姆
海德堡

黑森山道产区
雷司令
黑皮诺

卡尔斯鲁厄
斯图加特

普法尔茨产区
雷司令
丹菲特
米勒-图高
蓝波特基斯
黑皮诺

斯特拉斯堡

符腾堡产区
特罗灵格（司棋亚娃）
雷司令
莫尼耶皮诺
蓝佛朗克
黑皮诺
丹菲特

慕尼黑

巴登产区
黑皮诺
米勒-图高
灰皮诺
白皮诺
莎斯拉

弗赖堡

巴塞尔

0 25 50 75 100 千米
0 25 50 75 英里
↑北

推荐葡萄酒

除了雷司令酒，德国较为凉爽的气候还适合酿造另外几种优质葡萄酒，包括蓝佛朗克酒、黑皮诺酒之类的优质红酒。有趣之处在于，该国出产的所有葡萄酒都带有明显的香料风味，这使它们紧紧联系在一起。

甜型优质雷司令酒

晚收型的迟摘葡萄、精选葡萄、逐粒精选葡萄（BA）及逐粒精选枯萄（TBA，参见第239页）能够酿造出全世界追捧的甜型雷司令酒。这些酒层次惊艳，带有对比鲜明的酸甜口感，还能散发出令人陶醉的杏、青柠与蜂蜜芳香。

 杏、蜂蜜、青柠、椰青、龙蒿叶

干型雷司令酒

干型雷司令酒在德国的受欢迎程度正与日俱增。你可以通过标签上的"Trocken"一词或仔细研究酒精度水平来辨别优质的干型雷司令酒。ABV水平越高，往往意味着雷司令酒的风味越干。

 蜜瓜、白桃、青柠、茉莉花、烟

VDP 雷司令

VDP是一个只能通过邀请加入的种植者协会，因囊括了德国最好的几座酒庄而闻名。VDP也能将葡萄庄园分门别类。顶级水平的被称为"Grosses Gewächs"（特级葡萄庄园），一级葡萄庄园则被称为"Erstes Gewächs"。

 风格与口味各异。

西万尼酒

西万尼酒价值超群，主要产区包括莱茵黑森与弗兰肯（在那里，这款酒会被装进矮粗的绿色大肚瓶中）。上好的西万尼酒能够散发出迷人的甜香核果芬芳，与燧石般的矿物气息对比鲜明。

 桃、百香果、橙花、百里香、燧石

灰皮诺酒

在德国，灰皮诺酒通常酒体轻盈，伴有怡人的花香，白桃、梨与矿物的气味尤为突出。高酸度赋予了葡萄酒会引起刺痛感的品质，能给舌中带来丰富的、有些顺滑的口感。

 白桃、油、亚洲梨、青柠、白花

白皮诺酒

灰皮诺酒与白皮诺酒之间有许多共同的口感，但总体而言，白皮诺酒的风味更加雅致。若是有一款酒能与下午茶和黄瓜三明治相配，非白皮诺酒莫属。

 白桃、白花、青苹果、青柠、燧石

不可不知

🍾 高级优质餐酒（Pradikätswein，即QmP）在发酵之前或过程中不允许为葡萄汁加甜（例如加糖）。

🍾 德国葡萄酒的品质等级包括优质餐酒（Qualitätswein，即QbA）水平及以上。

米勒-图高酒

米勒-图高葡萄是玛德琳安吉维葡萄与雷司令葡萄的杂交品种，成熟期略早，因此能在德国较为凉爽的葡萄庄园中蓬勃生长。用它酿造的葡萄酒热带水果气息更重，酸度略低于雷司令酒，口感与之相似，但物美价廉。

 熟桃、橙花、油、柠檬、杏干

塞克特酒

尽管德国仍有一些低品质的塞克特酒，大部分却不用于出口。拥有惊人潜力的塞克特酒会被标记为"Traditionelle Flaschengärung"（古法酿制），使用皮诺品种的葡萄与霞多丽葡萄酿成。要想寻找品质优良的塞克特酒，可以搜寻普法尔茨与莱茵高产区的产品。

 烤苹果、白樱桃、蘑菇、石蜡糖果、青柠

斯贝博贡德酒

较为温暖的德国南部及阿尔产区主要酿造这款酒，即黑皮诺酒。这种酒散发着香甜的水果气息，辅以一丝微妙的泥土与树叶味道。从背景上来说，这些黑皮诺酒同时具有新世界与旧世界[1]的一些特色。

 蓝莓干、覆盆子、肉桂、干树枝、红糖

莱姆贝格酒

（亦称"蓝佛朗克酒"）主要产自巴登与符腾堡，因为那里的葡萄生长季更长，气候更温暖。上好的莱姆贝格酒拥有挥散不去的浓郁巧克力与莓果风味，并伴有强有力的单宁与辛辣酸味。蓝佛朗克酒最适合秋季饮用。

 加仑果酱、石榴、红糖、黑巧克力、白胡椒

丹菲特酒

这款颇受欢迎的德国日常饮用酒品质参差不齐，所以一定要好好挑选！品质较好的丹菲特酒能够散发出香甜浓烈的烤莓果与香草香气。适度的单宁、辛辣的酸度及草本般的淳朴回味能够互相平衡。

 覆盆子馅饼、牛至、香草、酸蓝莓、辣椒、盆栽土

葡萄牙人酒

这种轻盈的红酒可见于德国及不少多瑙河沿岸国家，包括奥地利、匈牙利、克罗地亚与塞尔维亚。在德国，它所使用的葡萄主要生长在普法尔茨与莱茵黑森，常用于酿造桃红葡萄酒及普通的红酒。

 红色莓果干、辛辣香料、烤牛至

1 新世界与旧世界：被称为"新世界"的国家以美国、澳大利亚为代表，还包括南非、智利、阿根廷、新西兰等，基本属于欧洲扩张时期的殖民地国家。与之相反，所谓"旧世界"，包括西班牙、意大利、法国等。——译者注

读懂葡萄酒标签

一旦了解了标签上分辨质量与成熟水平的系统，你就能磨炼技巧，并探索德国 13 个官方指定葡萄酒产区的异同了。

- 名庄联盟
- 产区
- 酒庄
- 年份
- 葡萄庄园所在村落。"ER"为所有格词缀。
- 葡萄庄园名称
- 品种
- 成熟水平
- 酒庄装瓶
- 德国等级分类

甜度水平

干型 / 精选 (Trocken/Selection)：残糖量 9 克 / 升及以下的干型葡萄酒。"精选"一词专门用于莱茵高产区手工摘取的葡萄所酿的葡萄酒。

半干型 / 经典 (Halbtrocken/Classic)：半干或微甜葡萄酒，残糖量至多 18 克 / 升（残糖量至多 15 克 / 升的为"经典"酒）。

微甜型 (Feinherb)：形容近似于半干型葡萄酒的非正式术语。

半甜型 (Liebliche)：残糖量至多 45 克 / 升的甜葡萄酒。

甜型 (Süß / Süss)：残糖量超过 45 克 / 升的甜葡萄酒。

其他术语

产区 (Anbaugebiete)：德国 13 个受保护的葡萄酒指定原产地。

子产区 (Bereich)：产区内的亚区。举例而言，摩泽尔河谷拥有 6 个子产区：摩泽尔入口、上摩泽尔、萨尔、鲁尔、贝伦坎斯特尔与科赫姆伯格。

特级葡萄庄园 (Grosselage)：一批葡萄庄园，与 VDP 特级葡萄庄园不同。

单一品种葡萄庄园 (Einzellage)

酒庄 (Weingut)

酒堡 (Schloss)

酒庄装瓶 (Erzeugerabfüllung)

红葡萄酒 (Rotwein)

白葡萄酒 (Weißwein)

圣母之乳 (Liebfraumilch)：一款廉价的甜型葡萄酒（通常为白葡萄酒）。

优质塞克特酒 (Sekt b.A.)：源自 13 个产区之一的起泡型葡萄酒。

酒庄塞克特酒 (Winzersekt)：由庄园种植的葡萄酿造的高品质单一品种起泡型葡萄酒，使用传统方法酿造。

珍珠酒 (Perlwein)：低泡碳酸葡萄酒。

洛特灵酒 (Rotling)：使用红白葡萄混酿的桃红葡萄酒。

蓝皮诺 (Fruhburgunder)：德国黑皮诺葡萄的变种，尤见于阿尔。

特罗灵格 (Trollinger)：大司棋亚娃。

艾伯灵 (Elbling)：一种发现于摩泽尔、十分古老且罕见的白葡萄。

香料园 (Würzgarten)：常见的葡萄庄园名称。

日晷园 (Sonnenuhr)：常见的葡萄庄园名称。

罗森伯格 (Rosenberg)："玫瑰山"，常见的葡萄庄园名称。

霍尼伯格 (Honigberg)："蜂蜜山"，常见的葡萄庄园名称。

老藤 (Alte Reben)

葡萄酒等级分类

逐粒枯萄精选酒（TBA）/冰酒
逐粒精选酒（BA）
精选酒
迟摘酒
小房酒

高级优质餐酒（Prädikatswein）
这种酒所使用的葡萄需达到成熟水平，有最
低酒精度要求。不允许加糖。

优质餐酒（Qualitätswein / SEKT B.A.）
使用德国13个产区之一的葡萄酿造的
葡萄酒。可以合法加糖。

地区餐酒（Landwein）
产自26个面积较大的葡萄酒产区之一。必须
为干型或半干型葡萄酒。

日常餐酒（Deutscher Wein / D. Sekt）
不具备产区地理名称的葡萄酒。100%产自德国。

塞克特酒（Sekt）
拥有最低欧盟品质标准的非德国起泡型葡萄酒。

名庄联盟（VDP）
VDP特级葡萄庄园

VDP一级葡萄庄园

VDP村庄级

VDP入门级

*VDP指高级优质餐酒或优质餐酒

高级优质餐酒

小房酒 (Kabinett)：雷司令酒中风味最为清淡的酒，使用甜度水平 67~82 奥斯勒度，即含糖量 148~188 克 / 升的葡萄酿成。奥斯勒度指天然糖分含量，用以衡量葡萄酒的品质。小房酒既有干型也有半干型。

迟摘酒 (Spätlese)：葡萄甜度水平 76~90 奥斯勒度（含糖量 172~209 克 / 升）。迟摘酒比小房酒更浓郁，甜度往往也更高。不过，如果你在瓶身上看到"Trocken"字样，就说明这款酒属于提高了酒精度的干型酒。

精选酒 (Auslese)：葡萄更加成熟、甜度水平在 83~110 奥斯勒度时（含糖量 191~260 克/升）手工摘取，含贵腐菌。贴有"Trocken"标签的精选酒更甜，或属于高酒精度的干型酒。

逐粒精选酒 (Beerenauslese, 即 BA)：这种酒更为罕见，使用的葡萄基本上是甜度水平在 110~128 奥勒度（含糖量 260+ 克/升）时摘取的风干贵腐葡萄，通常以半瓶的含量进行出售，是珍贵的餐后甜酒。

逐粒枯萄精选酒 (Trockenbeerenauslese, 即 TBA)：这种酒最为罕见，使用甜度水平 150~154 奥斯勒度、已经在藤上风干的葡萄酿制，口感极甜。

冰酒 (Eiswein)：表明这款酒所使用的葡萄是在藤上结冻后再压榨的，其甜度水平在摘取时介于 110~128 奥斯勒度之间（含糖量 260+ 克 / 升），口感极甜。

VDP

名庄联盟是一个拥有约 200 家酒庄、为葡萄庄园进行分类的独立协会。

VDP 大区级 (VDP.Gutswein)：标注了酒庄拥有者、村庄或产区名称的葡萄酒，贴有"VDP"标签。

VDP 村庄级 (VDP.Ortswein)：产自村庄产区内高品质葡萄庄园的葡萄酒，贴有葡萄庄园名称。

VDP 一级葡萄庄园 (VDP.Erste Lage)：符合较严格栽培标准的一级指定葡萄庄园生产的葡萄酒。所有酒都要经过品鉴小组认证。

VDP 特级葡萄庄园 (VDP.Grosses Gewächs / VDP.Grosse Lage)：栽培标准更高且为指定最佳葡萄庄园生产的葡萄。所有酒都要经过品鉴小组认证。贴有"Grosses Gewächs"标志的，必须为干型葡萄酒。

希腊

品种
100+常见品种

洒瓦滴诺
荣迪思
荣迪思
（红葡萄）
阿吉提可
卡茨法里
其他
白麝香
莫斯科乌
赤霞珠
罗梅科
黑喜诺

产区
134 400英亩
（2011）

马其顿
爱琴群岛
希腊南部地区
中部地区

各式各样的配餐葡萄酒

了解希腊葡萄酒的秘诀在于欣赏希腊美食浓烈的风味——浓烈也是希腊葡萄酒的主题！

葡萄酒产区

希腊北部地区：以优雅、美味的红葡萄酒及清新、带有果香的白葡萄酒著称。产自纳乌萨的黑喜诺酒凭借高单宁含量与酸度时常被称为"希腊的巴罗洛酒"。阿斯提可酒、玛拉格西亚酒、德碧娜酒（产自济察），甚至是长相思酒也值得一探。

希腊中部地区：在气候较为温暖的地区，包括奥林波斯山山坡的拉普萨尼产区在内，出产的以黑喜诺为主的混酿酒，其口感比较柔和。洒瓦滴诺葡萄能够酿造出较为浓烈的白葡萄酒，口感近似霞多丽酒，而一种名为"松香"的传统白葡萄酒则由阿勒颇的松木树脂参与酿造。

希腊南部地区：炎热气候条件下酿造出的是果香四溢的红葡萄酒、芳香扑鼻的白葡萄酒及浓郁的餐后甜酒。尼米亚的阿吉提可酒可以被比作果味的卡本内酒；曼提尼亚的玫瑰妃酒就像是酒杯中的饮用香水；凯法利尼亚的黑月桂酒是典型的浓郁甜型红酒；克里特岛以希腊版本的 GSM 混酿酒而著称。

爱琴群岛：最著名的葡萄酒岛屿是圣托里尼，它也是希腊最重要的白葡萄酒阿斯提可的故乡。其他岛屿上也有不少罕见的发现，有人认为利姆诺斯岛上散发着草本植物气息的琳慕诗红酒就曾被亚里士多德的作品提及。

北马其顿产区
（伊庇鲁斯、马其顿、色雷斯）
▶ 黑喜诺
▶ 玛拉格西亚
▶ 琳慕诗
▶ 赤霞珠
▶ 长相思

黑 海

马里查河

斯特鲁马河

色雷斯

塞雷
克桑西　科马蒂尼
卡瓦拉
亚历山德鲁波利

马其顿
塞萨洛尼基
阿姆迪奥　纳乌萨
波利伊罗斯
卡泰里尼

伊庇鲁斯
济察
科孚岛　爱奥尼纳
拉普萨尼
拉里萨
色萨利
沃洛斯
利姆诺斯

希腊中部产区
（阿提卡、色萨利）
▶ 洒瓦滴诺
▶ 玛拉格西亚
▶ 松香酒
▶ 阿吉提可

米蒂利尼

拉米亚
阿格里尼翁
卡尔息斯
希俄斯岛

凯法利尼亚产区
▶ 罗柏拉
▶ 荣迪思
▶ 黑月桂

帕特雷
奈迈阿

雅典

大门德雷斯河

皮尔戈斯
曼提尼亚
的黎波里
萨摩斯岛

伯罗奔尼撒产区
▶ 阿吉提可
▶ 玫瑰妃
▶ 黑月桂

斯巴达
卡拉马塔

埃尔橙波利

科斯

罗得

圣托里尼岛

爱琴群岛产区
（萨摩斯岛、圣托里尼岛、利姆诺斯岛等）
▶ 阿斯提可
▶ 白鹦香
▶ 琳慕诗

希腊南部产区
（克里特岛、伯罗奔尼撒半岛、凯法利尼亚）

干尼亚
伊拉克利翁
锡蒂亚

克里特岛产区
▶ 维迪亚诺
▶ 卡茨法里
▶ 罗梅科
▶ 里亚提克

地 中 海

0   60   120   180 千米
0   60   120 英里

北

*地图上并未显示所有产区

推荐葡萄酒

除了在列的这几款酒，希腊还有许多葡萄酒宝藏可供发现。换句话说，如果你初次涉足这个热情的葡萄酒国家，以下就是如今最激动人心的几款葡萄酒。

阿斯提可酒

希腊一流的白葡萄酒，原产自圣托里尼的火山岛，属于极干型葡萄酒，清淡中带有隐约的咸味。被标注为"Nykteri"的阿斯提可酒往往经过了橡木桶陈化，能够散发出更多的柠檬布丁、菠萝、茴香、奶油与烤派皮气息。

 LW 青柠、百香果、蜂蜡、燧石、盐水

洒瓦滴诺酒

长久以来，洒瓦滴诺葡萄都被用于酿造桶装葡萄酒，最近才有几家酿酒厂精心处理这种葡萄，创造出了浓郁的橡木桶陈化白葡萄酒，使之拥有类似法国霞多丽酒绵密的口感与质地。

 FW 柠檬酱、羊毛脂、青苹果、酸奶油、柠檬蛋糕

玛拉格西亚酒

玛拉格西亚酒是一款风味较为浓郁的白葡萄酒，带有更多果味与顺滑口感，近似法国的维欧尼酒。它所使用的葡萄是希腊北部杰罗瓦西利奥酒厂从濒临灭绝的状态下一手拯救下来的。这种葡萄如今生长在希腊的北部与中部。

 FW 桃、青柠、橙花、柠檬油、橙皮

松香酒

松香酒是一款古老的希腊特色白葡萄酒，注入了阿勒颇的松木树脂。精酿的松香酒能够散发独特的松树香气，回味带有树汁与蜂蜜的气息。用洒瓦滴诺葡萄酿制的松香酒更加浓烈，而荣迪思葡萄与阿斯提可葡萄酿造出的风味则更加清淡。

FW 柠檬、松尘、黄苹果、蜂蜡、青苹果皮

玫瑰妃酒

这款怡人且浓烈的芳香型玫瑰妃白葡萄酒源自伯罗奔尼撒中部的曼提尼亚，风味多样，从不起泡型到起泡型，从清淡花香型到陈酿十年以上、风味更加浓郁、坚果味更重的橡木桶陈化葡萄酒，应有尽有。

 AW 香味干花包、蜜瓜、粉红葡萄柚、柠檬、杏仁

阿吉提可酒

阿吉提可葡萄通常被酿成近似美乐酒的浓厚果味红酒与桃红葡萄酒，是希腊种植最广泛的红葡萄之一，尤以产自伯罗奔尼撒的奈迈阿产区的而著名。据说那里最佳的酿酒葡萄生长在库茨公社附近的山中。

 MR 覆盆子、黑加仑、梅子酱、肉豆蔻、牛至

不可不知

▮▮受欢迎的品牌包括 Boutari、D. Kourtakis、Domaine Sigalas、Tselepos、Alpha Estate、Hatzidakis 及 Kir Yianni。

▮▮"Ktima"一词经常出现在葡萄酒的标签上，意为"酒庄"。

黑喜诺酒

黑喜诺葡萄被称赞为"希腊的巴罗洛葡萄"，生长在纳乌萨与阿姆迪奥产区。黑喜诺酒的花香、高酸与单宁口感与内比奥罗酒相似度惊人，是新葡萄酒藏家的明智之选。

 MR 覆盆子、梅子酱、大茴香、甜胡椒、烟草

拉普萨尼混酿酒

在奥林波斯山的山坡上，拉普萨尼产区以片岩为主的土壤上栽种着包括黑喜诺、卡拉萨托与萨沃图在内的几种红葡萄。这里出产的葡萄酒氤氲着浓郁的红色水果、番茄与香料风味，以及会在味蕾上缓缓释放出单宁。

 MR 覆盆子、辣椒粉、大茴香、晒干番茄、茴香

克里特岛 GSM 混酿酒

作为希腊最南端的岛屿，克里特岛的栽种环境最为温暖。当地的卡茨法里与曼迪拉里亚，经常与西拉混酿在一起，酿制出口感强烈、以果香为主、回味柔和的红葡萄酒。

 MR 黑莓、覆盆子酱、肉桂、甜胡椒、酱油

黑月桂酒

黑月桂葡萄经常被用于酿造帕特雷的黑月桂酒。这是一款晚收甜型红酒，含有黑葡萄干与好时巧克力的口感。不过，一些酿酒商近来会用它酿造浓烈的饱满酒体干红葡萄酒，其味道会令人不禁联想起西拉酒。

 FR 蓝莓、黑樱桃、可可粉、黏土灰、黑色甘草

圣酒

这款来自圣托里尼的晒干型甜酒看似红酒，却是用白葡萄（阿斯提可、阿斯瑞可及艾达尼）酿制而成的。它拥有高挥发性的酸，要是太过用力地嗅闻，会灼伤你的鼻子！圣酒能够平衡甜味与苦味，令人难以忘怀。

DS 覆盆子、葡萄干、杏干、马拉斯金樱桃、指甲油

萨摩斯麝香葡萄酒

萨摩斯岛被认为是白麝香葡萄的原产地！这座岛屿拥有从干型到甜型的多种风味葡萄酒，其中广受欢迎的传统风味酒之一便是被称为"甜酒"的蜜甜尔（由新鲜麝香葡萄汁与格拉巴麝香烈酒混合而成）。

 DS 土耳其软糖、荔枝、橘子酱、蜜橘、干草

匈牙利

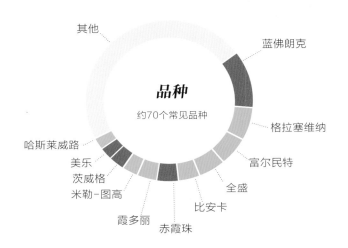

品种

约70个常见品种

- 其他
- 蓝佛朗克
- 格拉塞维纳
- 富尔民特
- 全盛
- 比安卡
- 赤霞珠
- 霞多丽
- 米勒-图高
- 茨威格
- 美乐
- 哈斯莱威路

产区

173 000英亩
（2010）

- 马特劳
- 托卡伊
- 埃格尔
- 巴拉顿博格拉尔
- 维拉尼
- 塞克萨德
- 巴拉顿菲赖德-乔保克
- 肖普朗
- 埃杰克-布达
- 帕农哈尔马
- 纳吉-索姆罗
- 其他

甜酒酿造史

18世纪，匈牙利葡萄酒曾被全世界视为优质葡萄酒的基准。甜白葡萄酒是最受欢迎的风味，而托卡伊奥苏酒则是全球最受追捧的餐后甜酒。时至今日，你仍可找到这些令人抿起嘴唇、颇具陈化潜力的白葡萄酒，不过它们已经无法代表匈牙利葡萄酒的全貌了。

匈牙利正处于葡萄酒复兴的过程之中——将传统酿酒方法与现代的鉴赏力结合在一起。该国共有22个产区，数百个品种，需要了解的很多，其中4个顶级产区都是不错的着手点。

葡萄酒产区

埃格尔： 以被称为"公牛血"的混酿红葡萄酒而闻名。这种酒带有强有力的单宁口感及莓果酱风味。

托卡伊： 托卡伊是全世界最古老的等级葡萄酒产区，已被纳入联合国教科文组织世界遗产名录中，是金色托卡伊奥苏葡萄酒的故乡。富尔民特是托卡伊最重要的葡萄，在干型风味葡萄酒中越来越常见，这使得托卡伊酒的口感近似于干型雷司令酒！

维拉尼： 南部的维拉尼是红葡萄酒的胜地，尤其是卡法兰克斯酒（蓝佛朗克酒）、品丽珠酒及美乐酒。这里的品丽珠酒尤为出色。

索姆罗： 这片狭小的葡萄酒产区拥有火山土壤，能用玉法克葡萄酿造出优雅至极、伴有烟熏味道的白葡萄酒。

○克拉科

托卡伊产区
- 富尔民特
- 哈斯莱威路
- 萨格穆斯克塔伊（白麝香）
- 托卡伊奥苏酒
- 萨摩洛迪酒

埃格尔产区
- 公牛血
- 卡达卡
- 卡法兰克斯（蓝佛朗克）
- 埃格尔之星
- 琳尼卡
- 小公主

•布尔诺

摩拉瓦河

肖普朗产区
- 卡法兰克斯（蓝佛朗克）
- 赤霞珠
- 茨威格

埃杰克 - 布达产区
- 长相思
- 霞多丽
- 绿维特利纳

○乌日哥罗德

○维也纳
布拉迪斯拉发

帕农哈尔马产区
- 霞多丽
- 威尔士雷司令（格拉塞维纳）

多瑙河

•杰尔

瓦茨

蒂萨河

•埃格尔

○米什科尔茨

○德布勒森

•布达佩斯

松博特海伊

纳吉 - 索姆罗产区
- 玉法克

•塞克什白堡

•维斯普雷姆

马特劳产区
- 雷司令-西万尼（米勒-图高）
- 卡法兰克斯（蓝佛朗克）
- 斯泽克（灰皮诺）

巴道乔尼产区
- 蓝茎
- 威尔士雷司令
（格拉塞维纳）
- 斯泽克（灰皮诺）

巴拉顿菲赖德 - 乔保克产区
- 霞多丽
- 威尔士雷司令（格拉塞维纳）
- 斯泽克（灰皮诺）
- 赤霞珠

•考波什堡

•塞克萨德

○塞格德

穆列什河

巴拉顿博格拉尔产区
- 卡法兰克斯（蓝佛朗克）

塞克萨德产区
- 卡法兰克斯（蓝佛朗克）
- 卡达卡
- 赤霞珠
- 美乐
- 塞克萨迪公牛血

萨格勒布•

多瑙河

维拉尼产区
- 维拉尼品丽珠（品丽珠）
- 赤霞珠
- 卡法兰克斯（蓝佛朗克）
- 美乐

○贝尔格莱德

多瑙河

| 0 | 60 | 120 千米 |
| 0 | 60 英里 | |

北

*地图上并未显示所有产区

推荐葡萄酒

匈牙利北部专注于酿造白葡萄酒与带有明显单宁口感的优雅红酒。一路向南，你能找到饱满的、以果味为主的红酒，其中品丽珠酒与卡法兰克斯酒就是出色的范例。以下是你必须知晓的几款酒：

富尔民特酒

富尔民特是托卡伊酒最重要的葡萄之一，正被越来越多地酿制成干型葡萄酒。凉爽的气候与黏土赋予了富尔民特酒浓郁的风味和几分蜡状的质地。该酒的酸度极高，以至于尽管每升含有 9 克的残糖量，尝起来却是极干的口味！

 LW 菠萝、金银花、青柠皮、蜂蜡、盐水

纳吉索姆罗酒

罕见的玉法克白葡萄又被称为"绵羊的尾巴"，生长在巴拉顿湖旁的一座死火山上。很长一段时间，人们都相信，只要女子饮用了这种烟味白酒，就能怀上男孩。纳吉索姆罗能够同时散发出浓郁的烟味与果香，回味中还伴有隐约的苦涩味道。

 LW 阳桃、青菠萝、柠檬、火山岩、烟

埃格尔之星

这是一款超级芳香型混酿白葡萄酒，含有包括富尔民特、哈斯莱威路、琳尼卡、小公主在内的至少 4 种本土葡萄。价值不菲。

 AW 热带水果、荔枝、柑橘皮、金银花、杏仁

托卡伊奥苏酒

这款格外甜蜜的白葡萄酒，使用托卡伊产区多达 6 种贵腐葡萄酿造，其中包括富尔民特、哈斯莱威路、卡巴拉、科维斯泽罗、泽达、萨格穆斯克塔伊。该葡萄酒产区的历史格外特殊，值得拥有自己的专属页面（参见右页）。

 DS 蜂蜜、菠萝、蜂蜡、姜、蜜橘、丁香

埃格尔公牛血

产自埃格尔的公牛血混酿酒拥有明显的火山岩味道，高单宁的口感伴随着香甜的加洛子香气。这款混酿酒以卡达卡（李子味、果酱味）、卡法兰克斯与品丽珠为主要酿酒葡萄。

 MR 李子、覆盆子、红茶、亚洲五香、腌肉

维拉尼混酿红酒

维拉尼产区气候更加温暖，出产使用品丽珠、美乐、赤霞珠及当地的卡法兰克斯酿造的波尔多风味混酿酒。这款混酿酒更具李子与浆果味道，在匈牙利橡木桶中长时间陈化还会散发出水果蛋糕的气息。

MR 糖渍加仑子、黑莓水果蛋糕、梅子酱、火山岩

托卡伊

18 世纪，托卡伊曾是世界上最重要的葡萄酒产区之一，托卡伊生产的甜酒依靠被称为"灰葡萄孢菌"的一种死体营养型果实真菌。在潮湿环境下，这种真菌会在葡萄上生长蔓延；而当太阳出来时，它就会促进葡萄水分的蒸发。这一腐烂、干枯的过程会导致葡萄的皱缩，并使其变甜。匈牙利人将带有贵腐菌的葡萄称为"奥苏"。

葡萄
- ▶ 富尔民特
- ▶ 哈斯莱威路
- ▶ 萨格穆斯克塔伊（白麝香）
- ▶ 科维斯泽罗
- ▶ 泽达
- ▶ 卡巴尔

风味

♢ 奥苏酒（Aszú）

奥苏酒使用奥苏（贵腐）葡萄与普通葡萄汁混酿而成，必须经过橡木桶陈化（至少）18 个月，使其潜在酒精含量达到 19%（实际约 9%ABV——其余为甜度）。
- · Aszú：残糖量至少 120 克 / 升
- · 6 篓（Puttonyos，用以描述甜度）：残糖量至少 150 克 / 升

♢ 萨摩洛迪酒（Szamorodni）

这款酒在制作过程中是不会将贵腐菌葡萄与普通葡萄区分开来的。"萨摩洛迪"意为"自制"。
- · Édes：甜型，残糖量 ≥ 45 克 / 升
- · Száraz：干型，残糖量 ≤ 9 克 / 升——通常酿造成充满坚果气息的氧化风味。

♢ 爱真霞酒（Eszencia）

爱真霞酒是一款仅使用奥苏葡萄酿造的罕见葡萄酒，ABV 极少超过 3%，因为实在太甜（残糖量 ≥ 450 克 / 升），所以习惯上用餐匙来侍酒！

♢ 富迪达斯酒（Forditás）

富迪达斯酒也十分罕见，使用奥苏葡萄发酵后的果渣与非奥苏葡萄混酿而成。

♢ 马斯拉斯酒（Máslás）

罕见的马斯拉斯酒由葡萄汁、果渣与奥苏酒酒泥（非活性酵母与余留酒）混合发酵制成。

意大利

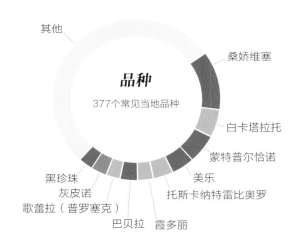

其他
桑娇维塞
品种
377个常见当地品种
白卡塔拉托
蒙特普尔恰诺
美乐
托斯卡纳特雷比奥罗
黑珍珠
灰皮诺
霞多丽
歌蕾拉（普罗塞克）
巴贝拉

葡萄藤上，果实累累

意大利拥有超过 500 种的本地葡萄酒，其中至少有 175 款属于日常饮用酒。因此，意大利是最难掌握的国家之一！尽管复杂，若是你品尝过来自意大利西北、东北、中部与南部较大产区的主要葡萄酒，就会明白该作何期待——更重要的是明白自己想要更多地探索哪个葡萄酒产区！

葡萄酒产区

西北：伦巴第、皮埃蒙特、利古里亚与奥斯塔山谷大部分产区气候温和偏凉爽，意味着葡萄的生长季稍短一些，因而红酒往往更加优雅、芳香，风味淳朴，而白葡萄酒酸度充足。

东北：威尼托、艾米利亚－罗马涅、特伦蒂诺－上阿迪杰与弗留利－威尼斯朱利亚的气候比较凉爽，其中较为温暖的区域则会受到亚得里亚海的影响。红酒的果香更浓（虽然仍旧优雅）；最好的白葡萄酒则产自山区，比如用卡尔卡耐卡葡萄酿造的索阿韦。

中部：托斯卡纳、翁布里亚、马尔凯、拉齐奥与阿布鲁佐的地中海气候使得桑娇维塞与蒙特普尔恰诺这类红葡萄大放异彩。

南部与群岛：莫利塞、坎帕尼亚、巴西利卡塔、普利亚、卡拉布里亚、西西里岛、撒丁岛是意大利最温暖的地区。这些地区出产的红酒拥有更加成熟的水果风味，白酒则往往酒体更加饱满。

其他
西西里岛
马尔凯
弗留利－威尼斯朱利亚
伦巴第
阿布鲁佐
产区
1 705 000英亩
（2016）
普利亚
皮埃蒙特
威尼托
艾米利亚-罗马涅
托斯卡纳

伦巴第产区
弗朗齐亚柯达酒
▶ 科罗帝纳
▶ 黑皮诺
▶ 巴贝拉
▶ 查万纳斯卡（内比奥罗）

特伦蒂诺 – 上阿迪杰产区
▶ 灰皮诺
▶ 琼瑶浆
特伦托酒
司棋亚娃
勒格瑞
▶ 特洛迪歌

弗留利 – 威尼斯朱利亚产区
▶ 灰皮诺
弗留利（青长相思）
丽波拉
普罗塞克酒
▶ 美乐
▶ 莱弗斯科
司棋派蒂诺

瓦莱达奥斯塔产区
小奥铭
▶ 小胭脂红

奥斯塔

贝加莫
米兰
维罗纳
都灵
阿斯蒂
的里雅斯特
威尼斯

威尼托产区
普罗塞克酒
卡尔卡耐卡（索阿韦）
灰皮诺
瓦坡里切拉混酿酒
▶ 美乐

帕尔马
摩德纳
博洛尼亚

艾米利亚 – 罗马涅产区
▶ 蓝布鲁斯科酒
▶ 桑娇维塞
▶ 巴贝拉
托斯卡纳特雷比奥罗

热那亚

利古里亚产区
▶ 维蒙蒂诺
▶ 萝瑟丝

尼斯

皮埃蒙特产区
▶ 内比奥罗
▶ 巴贝拉
▶ 多姿桃
阿斯蒂莫斯卡托酒
加维酒（柯蒂斯）
▶ 布拉凯多
阿内斯

佛罗伦萨
锡耶纳
佩鲁贾

马尔凯产区
维蒂奇诺
▶ 拉奎马
▶ 蒙特普尔恰诺

托斯卡纳产区
▶ 基安蒂酒/布鲁奈罗酒
▶ 桑娇维塞
波尔多混酿酒
圣酒
托斯卡纳特雷比奥罗
维蒙蒂诺

拉奎拉

阿布鲁佐产区
▶ 蒙特普尔恰诺
▶ 桑娇维塞

莫利塞产区
▶ 蒙特普尔诺
▶ 莫利塞廷提利亚酒

翁布里亚产区
奥维多酒（格莱切多）
▶ 萨格兰蒂诺
▶ 桑娇维塞
▶ 美乐

罗马

坎波巴索

贝内文托

普利亚产区
▶ 普里米蒂沃
▶ 黑曼罗

巴里

拉齐奥产区
玛尔维萨
格莱切多
切萨内赛
波尔多混酿酒

那不勒斯
萨莱诺

奥尔比亚

坎帕尼亚产区
▶ 艾格尼科
玛尔维萨
法兰娜
菲亚诺

卡利亚里

地中海

克罗托内

卡拉布里亚产区
▶ 佳琉璞
黑格雷克
白格霍克

撒丁岛产区
卡诺娜（歌海娜）
维蒙蒂诺
▶ 佳丽酿
纳莱加斯

西西里岛产区
▶ 黑珍珠
▶ 马斯卡奈莱洛
▶ 弗莱帕托
格里洛
尹卓莉亚
白卡塔拉托
马尔萨拉酒

巴勒莫
墨西拿
雷焦卡拉布里亚

马尔萨拉

卡塔尼亚

锡拉库萨

拉古萨

突尼斯

| 0 | 50 | 100 | 150 | 200 千米 |
| 0 | | 50 | 100 | 150 英里 |

北

推荐葡萄酒

许多人因为意大利葡萄酒与众不同的美味与辛辣酸度而认为它们是配餐酒。这些属性赋予了意大利葡萄酒与各式美食搭配的结构。总而言之，意大利酒拥有数百个地方品种，以下 12 种酒是探索该国大量美酒的良好开端。

经典基安蒂酒

"经典"意味着此款葡萄酒来自具有历史意义的基安蒂边界之内。基安蒂酒主要使用的是桑娇维塞葡萄，却也有可能包含卡内奥罗、科罗里洛、赤霞珠与美乐。珍藏酒与顶级精选酒是这一区域最好的葡萄酒，分别陈酿 2 年、2.5 年。

 樱桃脯、陈酿黑醋、浓缩咖啡、蒜味腊肠干

阿布鲁佐蒙特普尔恰诺酒

阿布鲁佐产区种植的居意大利第二的红色酿酒葡萄蒙特普尔恰诺，能酿出上好的红葡萄酒。它会经橡木桶陈化，散发着浓郁的黑色水果风味，时常还伴有黏性的单宁口感，因此一定要寻找陈酿 4 年以上的酒。

 甜李子、博伊森莓、烟草、灰烬、干牛至

黑珍珠酒

西西里岛的冠军红酒黑珍珠酒与赤霞珠酒口感相似度惊人，酒体饱满，散发着浓烈的黑色与红色水果气息，并具备陈化的理想结构性单宁。当然，依据酿酒商的不同，此款红酒的品质参差不齐，因此一定要明智地进行选择。

 烤草本植物、黑加仑、干草本植物

普里米蒂沃酒

虽然普里米蒂沃葡萄在基因上与仙粉黛葡萄一模一样，但你还是会发现，普利亚的葡萄酒无疑更加淳朴，能够中和葡萄极甜的水果口感。这款酒的最佳范例可在普利亚产区曼杜里亚的普里米蒂沃及其周边地区觅得。

 梅子酱、皮革、草莓干、橙皮、丁香

内比奥罗酒

在你亲口品尝到内比奥罗酒浓烈得令人抿嘴的单宁口感之前，这款皮埃蒙特巴罗洛产区的著名红酒闻起来、看起来都像是轻盈酒体红葡萄酒。巴罗洛产区以外的内比奥罗酒单宁口感更淡，是初尝此酒不错的选择。

 樱桃、玫瑰、皮革、大茴香、黏土灰

艾格尼科酒

艾格尼科葡萄十分罕见，生长在坎帕尼亚与巴西利卡塔的火山土壤上。用它酿造的葡萄酒口感浓烈、美味，其黏腻的单宁口感会在 10 多年的时间内缓慢消失，最终展现出柔和的腌肉味与烟草香。

 白胡椒、皮革、加应子、樱桃、灰烬

不可不知

🍷标签上“Classico”（经典）一词最常见的用处是指明某葡萄酒产地的最初边界。

🍷《意大利本土葡萄》（*Native Wine Grapes of Italy*，达加塔著，2014）一书列举了约 500 种本地葡萄，而《酿酒葡萄》一书则列举了 377 种。

瓦坡里切拉里帕索酒

尽管瓦坡里切拉最家喻户晓的是著名的阿玛罗尼酒，但这里的里帕索酒也能带来相似的樱桃与巧克力口味，价格却只是前者的一小部分。上好的里帕索酒一般含有较高比例的科维纳与科维诺尼——它们都是该地区优质的葡萄品种。

MR 酸樱桃果脯、黑巧克力、干草本植物、红糖、白胡椒

维蒙蒂诺酒

生命力顽强的维蒙蒂诺白葡萄遍植法国、意大利的里维埃拉海滨及意大利的撒丁岛。用它酿造的葡萄酒酒体更加浓重，风味介于成熟水果与草本植物之间。要想品尝酒体饱满、充满坚果风味的维蒙蒂诺酒，可以寻找经过橡木桶陈化的类型。

LW 熟梨、粉红葡萄柚、盐水、碎岩石、青杏仁

灰皮诺酒

你可以在意大利北部找到顶级的灰皮诺酒。这里的灰皮诺酒拥有隐约的酸果特征，辅以令人愉悦、能够带来刺痛感的强烈酸度。它的最佳产区包括上阿迪杰、弗留利 - 威尼斯朱利亚的科利奥。

LW 青苹果、生桃、百里香、青柠皮、榅桲

索阿韦酒

索阿韦酒与甘贝拉拉酒主要使用的是卡尔卡耐卡葡萄。这些酒刚刚酿造完成时都很轻盈，散发着矿物味道，却能在 4~6 年的陈化过程中缓缓氤氲出桃子、杏仁膏与蜜橘的香气。

LW 蜜瓜、蜜橘皮、新鲜牛至、青杏仁、盐水

超级普罗塞克酒

意大利最受欢迎的起泡型葡萄酒由歌蕾拉葡萄酿成。尽管大部分普罗塞克酒都是批量生产的，会像啤酒一样嘶嘶作响，你还是能在阿索拉尼山丘与瓦尔多比亚德内的优质产区（包括里韦与卡地泽子产区）找到品质杰出的起泡酒。

SP 白桃、梨、橙花、香草奶油、拉格啤酒

阿斯蒂莫斯卡托酒

在所有葡萄酒中，这款来自皮埃蒙特的微泡浓香型甜白酒属于酒精度最低的品种之一（5.5% ABV），因其突出的香气和能与果味甜点、蛋糕相得益彰的多汁香甜口感而备受钟爱。

DS 糖渍柠檬、蜜橘、亚洲梨、橙花、金银花

读懂葡萄酒标签

意大利葡萄酒的标签是最具挑战性的，因为没有哪条规则能够规范其标注的方法。此外，意大利葡萄酒的分级体系并未跟上如今意大利层出不穷的创意与全新品质风格。幸运的是，我们还是有迹可循的！

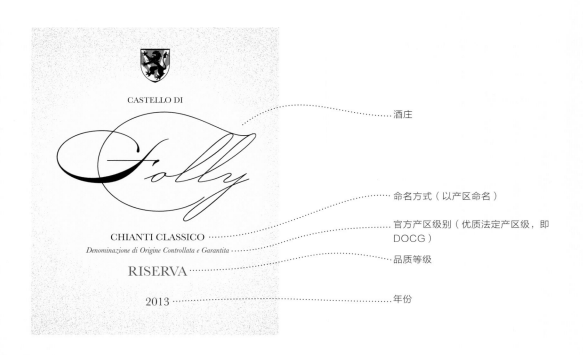

酒庄

命名方式（以产区命名）

官方产区级别（优质法定产区级，即 DOCG）

品质等级

年份

命名方式

意大利葡萄酒拥有 3 种命名方式，能够告诉你瓶中是什么酒：

· **依据葡萄品种命名**：例如撒丁岛的维蒙蒂诺酒，蒙特法尔科的萨格兰蒂诺酒。

· **依据产区命名**：例如基安蒂酒、巴罗洛酒。

· **依据自造名称命名**：例如西施佳雅酒，一款产自托斯卡纳的地区餐酒。

标签术语

Secco：干型。

Abboccato：半干型。

Amabile：半甜型。

Dolce：甜型。

Poggio：山丘或地势高的地方。

Azienda Agricola：庄园酒庄。

Azienda Vinicola：大多使用购买的葡萄来酿酒的酒庄。

Castello：酒堡。

Cascina：酒厂（农场）。

Cantina：酒厂（酒窖）。

Colli：山区。

Fattoria：葡萄酒农场。

Podere：偏远的葡萄酒农场。

Tenuta：酒庄。

Vigneto：葡萄庄园。

Vecchio：陈酿。

Uvaggio：混酿葡萄酒。

Produttori：酿酒商，通常是合作社。

Superiore：通常与某个产区级别联系在一起，品质略有提升，例如瓦尔多比亚德内优质产区的普罗塞克酒。

Classico：某产区内的经典或历史性酿酒区域，例如经典索阿韦与经典基安蒂就是在这两个产区最初的边界内酿制的。

Riserva：陈化时间比标注的标准陈化时间更长的葡萄酒。陈化时间依产区不同而不同，不过一般都在一年或一年以上。

葡萄酒等级分类

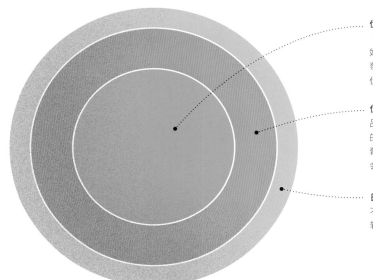

优质法定产区葡萄酒/法定产区葡萄酒
（DOCG/DOC）
始于1963年，旨在支持意大利本土葡
萄。如今，法定产区葡萄酒有329种，
优质法定产区葡萄酒有73种。

优良地区餐酒/地区餐酒（IGP/IGT）
品质较低或不符合DOCG/DOC产区规定
的葡萄酒。举例来说，使用原产自法国的
葡萄（美乐、赤霞珠等）酿造的葡萄酒就
会被归入优良地区餐酒级别。

日常餐酒（VDT）
不具备原产地命名的葡萄酒——通常品质
较低。

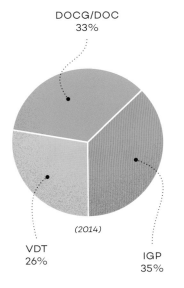

DOCG/DOC
33%

(2014)

VDT
26%

IGP
35%

DOCG（Denominazione di Origine Controllata e Garantita）

意大利的顶级品质产区共有73个。DOCG葡萄酒既符合基本的DOC标准，也符
合每个产区更加严格的栽培、陈化与质量规定。

DOC（Denominazione di Origine Controllata）

329个官方指定葡萄酒产区。出产的葡萄酒必须使用官方葡萄品种，并遵守最低
质量标准。大多数DOC葡萄酒都是不错的日常饮用酒。

IGP/IGT（Indicazione di Geografica Tipica）

大部分IGP葡萄酒都是来自较大地理区域的佐餐酒。不过，你也会发现使用非意
大利葡萄酿造的产区葡萄酒，包括源自法国的美乐、品丽珠与西拉。这一等级分
类的葡萄酒可能品质卓越，通常使用的都是自造名称。产自托斯卡纳博格利产区
的"超级托斯卡纳"就是一个不错的范例。IGP葡萄酒很可能价值不菲。

VDT（Vino da Tavola）

非指定产区的基本佐餐酒。

西北部地区

意大利的西北部地区包括皮埃蒙特、伦巴第、利古里亚与奥斯塔河谷。对于葡萄酒收藏家来说，该区域最著名的是口感强劲、单宁含量高的内比奥罗红葡萄酒，这种酒在达到最佳之前可以陈化数十年。对于日常饮酒者来说，能与意大利美食搭配得天衣无缝的质朴红酒和矿物味浓重的优雅白酒简直数不胜数。

内比奥罗酒

内比奥罗酒为人所知的名称很多。在瓦尔泰利纳，它被称为"查万纳斯卡酒"，酒体更加轻盈，口感更加酸爽。另一款与之风味相似的内比奥罗酒来自皮埃蒙特北部，所用的葡萄被称为"斯帕纳"。在皮埃蒙特南部，你能找到最为强劲的内比奥罗酒，它拥有浓郁的果味与紧致的单宁口感。

 黑樱桃、玫瑰、皮革、大茴香、黏土罐

巴贝拉酒

作为一款日常佐餐红酒，巴贝拉酒与香肠披萨饼堪称天生一对。上好的巴贝拉酒带有辛辣、酸涩的樱桃风味，还能散发出浓郁的甘草香。要想寻求品质上乘的巴贝拉酒，可以探索一下阿尔巴、阿斯蒂的巴贝拉产区及蒙费拉托的优质巴贝拉产区。

 酸樱桃、甘草、干草本植物、黑胡椒、浓缩咖啡

多姿桃酒

多姿桃酒凭借柔和的黑莓与李子风味、近似黑巧克力的强劲单宁回味颇受追捧。这款酒酸度较低，通常最适合在上市后 5 年内饮用。在可供尝试的产区中，多利亚尼是唯一一个不会在标签上标明多姿桃名称的优质葡萄酒法定产区。

 李子、黑莓、黑巧克力、黑胡椒、干草本植物

白麝香葡萄酒

散发着强烈香气的白麝香葡萄被用于酿造各种风味与甜度水平的葡萄酒。阿斯蒂麝香葡萄酒属于雅致的"微泡型"，而阿斯蒂苏打白葡萄酒则充满了气泡。丝缀维地区还能找到一款干型的"帕赛托"风味葡萄酒。要想寻找这种酒，可以去阿斯蒂、洛阿佐洛、丝缀维与托尔托纳山看一看。

 橙花、蜜橘、熟梨、荔枝、金银花

弗朗齐亚柯达酒

作为意大利最好的起泡型葡萄酒之一，弗朗齐亚柯达酒使用传统香槟酿造方法（Metodo Classico）。该产区遍布冰川黏土，酿酒葡萄的品种主要为霞多丽、白皮诺与黑皮诺。弗朗起亚柯达酒有着浓郁的果香，口感如同奶油慕斯。

 柠檬、桃、白樱桃、生杏仁、吐司面包

布拉凯多酒

作为皮埃蒙特最宜人的果味甜香红酒之一，布拉凯多酒能够散发出草莓酱、樱桃酱、牛奶巧克力与糖渍橙皮的芳香。在味觉上，这款酒的多汁口感时常会带来绵密的起泡酒风味，从而提升葡萄酒的甜度，使其成为能够完美搭配巧克力的少数红酒之一。

 乌梅、覆盆子、橄榄、红辣椒粉、可可

库尔

瓦莱达奥斯塔产区
▷ 小奥铭
▶ 小胭脂红
▶ 匹克腾德（内比奥罗）

锡永

贝林佐纳

卢加诺

瓦尔泰利纳

奥斯塔

博卡
布莱马特拉
莱索纳
卡雷玛
盖梅
西扎诺
法拉
加蒂纳拉
诺瓦拉
卡卢索

科莫

贝加莫

米兰

弗朗齐亚柯达

瓦尔苏萨

阿斯蒂

都灵

蒙菲拉托露诗

皮内洛罗

基耶里弗雷伊萨

阿斯蒂

尼扎
阿奎布拉凯多

奥特雷坡帕韦泽

波河

罗埃罗

巴罗洛
迪亚诺达尔巴
巴巴莱斯科
朗格

加维

伦巴第产区
▷ 弗朗齐亚柯达酒
▶ 科罗帝纳
▶ 霞多丽
▶ 巴贝拉
▶ 黑皮诺
▶ 查万纳斯卡（内比奥罗）
▷ 灰皮诺

帕尔马

摩德纳

奥瓦达多姿桃

热那亚

皮埃蒙特产区
▷ 阿斯蒂起泡酒
▷ 阿斯蒂莫斯卡托酒
▷ 白麝香
▶ 巴贝拉
▶ 多姿桃
▶ 内比奥罗
▶ 加维酒（柯蒂斯）
▶ 布拉凯多
▶ 弗雷伊萨
▷ 阿内斯
▶ 格丽尼奥里诺
▷ 黎明
▶ 露诗

利古里亚产区
▷ 五渔村酒
▶ 维蒙蒂诺
▶ 博斯克
▷ 萝瑟丝
▶ 绮丽叶骄罗

比萨

里窝那

尼斯

摩纳哥

地 中 海

| 0 | 30 | 60 | 90 千米 |
| 0 | 30 | | 60 英里 |

北

* 地图上并未显示所有产区

东北部地区

意大利东北部包含威尼托、特伦蒂诺－上阿迪杰、弗留利－威尼斯朱利亚与艾米利亚－罗马涅这些产区。在这里，你将找到普罗塞克酒、蓝布鲁斯科酒、意大利最好的灰皮诺酒及广受好评的瓦坡里切拉酒。除此之外，这里既有不少只有圈内人才能发现的葡萄所酿的酒，也有美乐、长相思之类常见法国葡萄所酿的酒。

瓦坡里切拉酒

在维罗纳附近，你将找到意大利最著名的红酒之一：瓦坡里切拉阿玛罗尼酒。这款混酿酒中含有多种葡萄，但科维纳与科维诺尼是其中最受欢迎的品种。要酿造阿玛罗尼酒，葡萄需干枯并失去 40% 的重量，以增加酒的浓度。

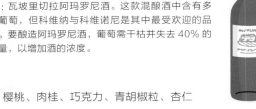 樱桃、肉桂、巧克力、青胡椒粒、杏仁

索阿韦酒

索阿韦与临近的甘贝拉拉专注于采用卡尔卡耐卡葡萄酿造白葡萄酒。经典索阿韦产区的粉状火山凝灰岩土壤赋予了干白葡萄酒矿物味，使其与夏布利酒的风味相似度惊人。陈酿 4 年以上的葡萄酒，结构会有所增加，展露出橘子的气息。

LW 乌梅、覆盆子、橄榄、红辣椒粉、可可

灰皮诺酒

上阿迪杰与弗留利产区以灰皮诺酒闻名。阿尔卑斯山的上阿迪杰，所酿的葡萄酒花香更浓，并带有刺激的酸味。在弗留利，你会发现这里的酒蕴含着桃子与白垩的风味。要寻觅上好品质的葡萄酒，可探索东山与科利奥。

LW 柠檬、白桃、碎岩石、盐水、青柠皮

普罗塞克酒

普罗塞克产区使用罐式发酵法生产的果味起泡型葡萄酒应趁年份较短时饮用。在普罗塞克，你会发现最好的葡萄酒都产自特雷维索与阿索拉尼山周围的瓦尔多比亚德内地区，那里的葡萄藤结出的果子更为浓郁。开始品评普罗塞克酒时，极干风味类型是不错的起点。

SP 梨、蜜瓜、金银花、奶油、酵母

特伦托酒

特伦蒂诺产区曾凭借霞多丽葡萄酿造的起泡型葡萄酒迅速名扬天下。在凉爽的阿尔卑斯河谷地区，酿酒葡萄会被培育在棚架（pergola）上，这种棚架技术有助于葡萄的成熟。特伦托起泡型葡萄酒以其浓郁的奶油质地而闻名。

SP 黄苹果、碎砾石、蜂蜡、奶油、烤杏仁

蓝布鲁斯科酒

作为意大利（及艾米利亚－罗马涅地区）久负盛名的起泡型红葡萄酒，蓝布鲁斯科酒实际上是用 8 种以上的葡萄混酿而成的。因此，其风味也不尽相同，从精致的索巴拉蓝布鲁斯科桃红葡萄酒，到用蓝布鲁斯科格斯帕罗萨葡萄酿制的伴有明显单宁口感、浓郁李子味的红酒，应有尽有。一一品鉴一番吧！

SP 樱桃、黑莓、紫罗兰、大黄、奶油

上阿迪杰产区
- 司棋亚娃
- 灰皮诺
- 琼瑶浆
- 霞多丽
- 勒格瑞

弗留利 - 威尼斯朱利亚产区
- 灰皮诺
- 弗留利（青长相思）
- 长相思
- 丽波拉
- 维多佐
- 美乐
- 莱弗斯科
- 司棋派蒂诺

特伦托产区
- 特伦托酒
- 霞多丽
- 诺西奥拉
- 特洛迪歌
- 黑皮诺
- 司棋亚娃

伊萨尔科河

阿迪杰河

•博尔扎诺

•特伦托

普罗塞克科内利亚诺 -
瓦尔多比亚德内

拉曼多罗

弗留利 -
格拉夫

弗留利东山⋯
•乌迪内

科利奥⋯

巴多利诺⋯
瓦坡里切拉
•甘贝拉拉
阿索拉尼山丘⋯
•特雷维索
利松
利松

•维罗纳
•索阿韦
卢夏纳
尤加尼山

卡索
的里雅斯特

明乔河
巴尼奥利

威尼斯

波河

阿迪杰河

威尼托产区
- 普罗塞克酒
- 索阿韦酒（卡尔卡耐卡）
- 卢夏纳酒（维蒂奇诺）
- 瓦坡里切拉混酿酒
- 巴尼奥利酒（拉波索）
- 美乐

圣克罗切蓝布鲁斯科
萨拉米诺

帕尔马

•摩德纳
索巴拉蓝布鲁斯科
•费拉拉

○博洛尼亚

卡斯泰尔韦特罗 - 蓝布鲁斯科格斯帕罗萨

普拉

•拉韦纳

艾米利亚 - 罗马涅产区
- 桑娇维塞
- 各种蓝布鲁斯科酒
- 巴贝拉
- 科罗帝纳
- 匹诺莱托

○佛罗伦萨

•圣马力诺

亚得里亚海

* 地图上并未显示所有产区

0　　　　25　　　　50　　　　75 千米
0　　　　　　25　　　　　　50 英里

北

中部地区

意大利中部地区包括托斯卡纳、马尔凯、翁布里亚、阿布鲁佐及部分拉齐奥地区。这里是红酒的国度。了解该产区也许是件极具挑战性的事情，因为这里的葡萄酒名称总是令人晕头转向。举例而言，蒙特普尔恰诺贵族酒就是用桑娇维塞葡萄酿造的，而非蒙特普尔恰诺葡萄！

桑娇维塞酒

桑娇维塞是基安蒂与蒙塔尔奇诺的冠军葡萄。桑娇维塞酒既有泥土气息，也有水果香味，但始终散发着标志性的辛辣与隐约的香醋味道。要想寻觅颇具价值的葡萄酒，可以去蒙特库特、卡尔米尼亚诺、斯坎萨诺－莫雷利诺及（翁布里亚的）蒙特法尔科。

 乌梅、覆盆子、橄榄、红辣椒粉、可可

超级托斯卡纳混酿酒

这个自造名称形容的是用源自法国的赤霞珠、美乐、品丽珠与西拉酿成的混酿红酒。此款混酿酒标注的是较低等级的IGT，因为它并不遵循原产地命名保护规则。不过，托斯卡纳许多最为昂贵的葡萄酒都属于这个类别。

 黑樱桃、皮革、石墨、香草、摩卡

蒙特普尔恰诺酒

尽管大部分蒙特普尔恰诺酒都被节俭地酿成了易于饮用的配餐酒，但它仍旧拥有不小的潜力。在阿布鲁佐，精酿的蒙特普尔恰诺酒单宁充盈，游刃于果香与肉香之间。要想寻找有品质的酒，可以看看泰拉莫山坡。

 黑梅干、烟熏培根、紫罗兰、甘草、牛至

维蒙蒂诺酒

这是托斯卡纳与利古里亚海滨地区的一款上好白葡萄酒，风味较为浓郁，在味蕾上更加顺滑，风味介于成熟水果与新鲜绿色草本植物之间，回味苦涩，类似青杏仁。

 葡萄柚、柠檬脯、鲜割青草、生杏仁、水仙花

格莱切多酒

格莱切多白葡萄在于翁布里亚与拉齐奥北部的内陆产区被发现，重量适中，所酿之酒在盲品中可能被误认为干型桃红葡萄酒。该产区最知名的格莱切多酒名叫"奥维多"，不过你也能找到仅用葡萄品种命名的酒。

 白桃、蜜瓜、草莓、野花、海贝

维蒂奇诺酒

维蒂奇诺是一款宜人的精致白葡萄酒，最知名的产区位于马尔凯的卡斯特利维蒂奇诺。维蒂奇诺酒能够散发出沁人心脾的花香，衬托其柑橘与核果口感。另外一个值得研究的产区为威尼托的卢夏纳，那里出产的维蒂奇诺酒更为浓郁。

 桃、柠檬酱、杏仁皮、油、盐水

托斯卡纳产区
- 桑娇维塞
- 基安蒂酒
- 蒙塔尔奇诺布鲁奈罗酒
- 波尔多混酿酒
- 特雷比奥罗
- 维蒙蒂诺
- 维奈西卡
- 圣酒

摩德纳
费拉拉

博洛尼亚

拉文纳

马尔凯产区
- 维蒂奇诺
- 蒙特普尔恰诺
- 拉奎马
- 黑维奈澈
- 绮丽叶骄罗

卢卡
蒙塔尔巴诺
卡尔米尼亚诺

基安蒂比萨纳山
比萨
阿尔诺河
佛罗伦萨

里窝那
基安蒂鲁菲纳

基安蒂蒙特斯佩托利
圣吉米尼亚诺
经典基安蒂
圣马力诺

博格利
基安蒂阿伦蒂尼山

苏韦雷托
锡耶纳
阿雷佐

基安蒂森纳斯山
维蒂奇诺耶西古堡

拉奎马莫罗达尔巴
安科纳

蒙特库科
蒙塔尔奇诺
蒙特普尔恰诺
佩鲁贾
托尔贾诺
科内罗

维奈西卡-马泰利卡

斯坎萨诺-莫雷利诺
奥菲达

迪格拉多利-阿利蒂科
蒙特法尔科

就是它! 就是它!! 就是
它!!!-蒙特菲亚斯科内
奥尔维
耶托
奥尔维耶托

翁布里亚产区
- 桑娇维塞
- 萨格兰蒂诺
- 特雷切奥罗
- 格莱切多

奇维塔韦基亚
拉奎拉

蒙特普尔恰诺-阿布鲁佐泰
拉莫山坡

佩斯卡拉

台伯河

拉齐奥产区
- 玛尔维萨
- 特雷比奥罗
- 格莱切多
- 切萨内赛
- 桑娇维塞
- 美乐

梵蒂冈
罗马
弗拉斯卡蒂

阿布鲁佐产区
- 蒙特普尔恰诺
- 特雷比奥罗

卡斯特利罗马尼

皮廖切萨内赛

*地图上并未显示所有产区

0　　25　　50　　75 千米
0　　　25　　　50 英里

北

坎波巴索

南部地区、群岛

提到托斯卡纳，我们首先想到的也许就是意大利葡萄酒，然而事实上，西西里岛及普利亚才是意大利规模最大的葡萄酒产区。红葡萄在炎热的气候下长势喜人，能够产出酒香强烈、以果味为主、酒精含量高的酒。白葡萄通常会被留着酿造餐后甜酒。有一件事是毋庸置疑的：意大利南部是个极具价值的地方。

普里米蒂沃酒

普里米蒂沃葡萄（仙粉黛葡萄）几乎只生长在普利亚。用它酿造的酒散发着强烈果香，还带有烘焙莓果的风味和与之相称的意大利酒标志性的尘土、皮革式矿物味道。高品质的葡萄酒应该拥有高酒精度（约15%ABV）。可以尝试曼杜里亚普里米蒂沃产区出产的经典范例。

 烘焙蓝莓、无花果、皮革、野生黑莓、黏土罐

黑曼罗酒

黑曼罗意为"黑苦"，但黑曼罗酒却有惊人的果香，没有太重的单宁味道。普利亚的萨利切萨伦托、斯昆扎诺、利扎诺及布林迪西产区以尤为迷人的黑曼罗酒而闻名。你能品尝到烘焙李子与覆盆子的风味，并嗅到隐约的烘焙香料与香草气息。

 梅子酱、烘焙覆盆子、甜胡椒、草本植物、肉桂

卡诺娜酒

严格来说，卡诺娜葡萄就是歌海娜葡萄，却又与大部分歌海娜葡萄不同。用它酿造的酒味道淳朴，带有皮革、烟草、烤草本植物的气息，还有比之更为强烈的烤水果和甜胡椒风味。香料香与果香能提醒你它仍旧是歌海娜葡萄，但其余的一切却独具意大利特色。

 烟草、皮革、覆盆子干、石墨、甜胡椒

艾格尼科酒

颇具陈化价值的艾格尼科酿自在火山土壤中茁壮成长的红葡萄，它并不适合胆小的人。艾格尼科酒口感极其淳朴，肉味与单宁十足，有时要花上数十年才能释放真正的味道。记得寻找产自武尔图雷艾格尼科、图拉斯、塔布尔诺艾格尼科以及伊尔皮纳的葡萄酒，它们全都以出产高品质艾格尼科酒著称。

 白胡椒、黑樱桃、烟、野味、加应子

黑珍珠酒

黑珍珠酒于20世纪90年代复兴，自此便成了西西里岛的冠军红葡萄酒。高品质的黑珍珠酒在风味与浓郁程度上堪比赤霞珠酒，但红色水果气息更重。这种葡萄十分抗旱，可以旱作栽培。

 黑樱桃、乌梅、甘草、烟草、辣椒

马斯卡斯奈莱洛酒

虽然西西里岛的马尔萨拉葡萄产量很高，你却很难不提起前途一片光明的红葡萄马斯卡斯奈莱洛，它与黑皮诺葡萄相似度惊人，最适合生长在埃特纳山的火山土壤之上。

 樱桃干、橙皮、干百里香、甜胡椒、碎砾石

佩斯卡拉

拉奎拉

莫利塞产区
▶ 蒙特普尔恰诺
▓ 莫利塞廷提利亚酒

普利亚产区
▶ 普里米蒂沃（仙粉黛）
▶ 黑曼罗
▶ 桑娇维塞
▶ 蒙特普尔恰诺
▶ 特雷比奥罗
▶ 黑托雅

比费尔诺

圣塞韦罗

坎波巴索

福贾

巴列塔

○ 巴里

法兰娜-桑尼奥

布林迪西

萨利切萨伦托

斯昆扎诺

布林迪西

贝内文托

莱切

塔布尔诺艾格尼科

图拉斯

塔兰托

阿韦利诺菲亚诺

图福格雷克

利扎诺

曼杜里亚普里米蒂沃

○ 那不勒斯   ○ 萨莱诺

波坦察

武尔图雷艾格尼科

坎帕尼亚产区
▶ 艾格尼科
▷ 法兰娜
▷ 菲亚诺
▷ 白格雷克
▷ 玛尔维萨

巴西利卡塔产区
▶ 艾格尼科

奇罗

克罗托内

卡拉布里亚产区
▶ 佳琉璞
▶ 黑格雷克
▶ 麦格罗科
▷ 白格雷克

卡坦扎罗

西西里岛产区
▓ 马尔萨拉酒
▷ 白卡塔拉托
▷ 格里洛
▷ 尹卓莉亚
▷ 霞多丽
▶ 黑珍珠
▶ 马斯卡斯奈莱洛
▶ 弗莱帕托
▶ 西拉

维博瓦伦蒂亚

比安科格雷科

第勒尼安海

撒丁岛产区

维蒙蒂诺加卢拉

奥尔比亚

萨萨里

○ 巴勒莫

埃特纳

撒丁岛产区
▷ 维蒙蒂诺
▷ 卡诺娜（歌海娜）
▶ 黑莫妮卡
▷ 努拉古斯

马尔萨拉

卡塔尼亚

维多利亚瑟拉索罗

锡拉库萨

墨西拿

雷焦卡拉布里亚

拉古萨

* 地图上并未显示所有产区

0   50   100   150 千米
0   50   100 英里

⊕ 北

○ 卡利亚里

新西兰

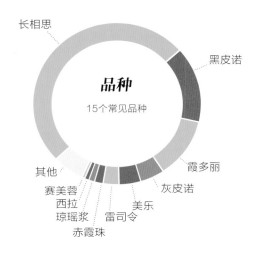

长相思

品种
15个常见品种

黑皮诺

霞多丽

灰皮诺

美乐

雷司令

赤霞珠

琼瑶浆

西拉

赛美蓉

其他

最青翠的葡萄酒出产国

新西兰被奉为"全球长相思之都"，长相思葡萄的栽培面积近5万英亩。整体而言，新西兰的优秀葡萄品种包括适合在凉爽气候下生长的长相思、霞多丽、雷司令、黑皮诺与灰皮诺。有趣之处在于新西兰对于持续性发展的空前承诺。迄今为止，98%的葡萄庄园处在ISO14001可持续发展标准之上，7%采取有机运营方式。考虑到在凉爽气候下实现有机生产难度较大，这可是个不小的成就。

葡萄酒产区

气候较为凉爽的马尔堡、纳尔逊及怀拉拉帕湖出产的长相思酒不仅散发着百香果的香气，还拥有百香果般的高酸度，即便不品尝，也常能看到一些残糖。马尔堡的黑皮诺酒口感内敛、充满草本气息，雷司令酒与灰皮诺酒则比较容易找到。

中奥塔戈尽管纬度较高，却阳光灿烂、气候干燥，出产上好的黑皮诺酒。你会发现这些酒往往拥有甘甜的深色莓果风味，辅以碎石般的矿物味和丁香般的香料气息。好喝！

在北岛之上，霍克湾北部出产令人意外的红酒，包括优雅的、充满李子味的西拉酒与美乐酒。吉斯伯恩以浓郁绵密的霞多丽酒而闻名，其中品质上好的霞多丽酒，其酸度足以使其陈化5~10年。你还能在这里找到包括琼瑶浆与白诗南在内的惊喜。

马尔堡

产区
89 400英亩
（2016）

霍克湾

吉斯伯恩

坎特伯雷/怀帕拉

中奥塔戈

怀拉拉帕湖

奥克兰

纳尔逊

其他

北地产区
霞多丽
灰皮诺

旺阿雷

马塔卡纳

奥克兰产区
波尔多混酿酒
霞多丽

库姆

怀希基岛

马努考

奥克兰

克利夫登

怀卡托/普伦蒂湾
赤霞珠
霞多丽

哈密尔顿

罗托鲁阿

霍克湾产区
波尔多混酿酒
霞多丽
长相思
灰皮诺
西拉

内皮尔

奥蒙德
帕图塔希
吉斯伯恩
玛努图克

吉斯伯恩产区
霞多丽
灰皮诺

纳尔逊产区
长相思
黑皮诺
灰皮诺
霞多丽

莫图伊卡

塔卡卡
蒙特雷丘陵
威美亚平原

纳尔逊

布莱尼姆

怀劳瓦利

阿瓦蒂里谷

南部山谷

马斯特顿
格拉德斯通
马斯特顿

惠灵顿

马丁伯勒

怀拉拉帕湖产区
黑皮诺
长相思
灰皮诺

中奥塔戈产区
黑皮诺
灰皮诺
霞多丽
雷司令

怀帕拉山谷

坎特伯雷平原

克赖斯特彻奇

马尔堡产区
长相思
黑皮诺
霞多丽
灰皮诺
雷司令

瓦纳卡

吉布斯敦
本迪戈
昆斯敦
克伦威尔盆地
班诺克本
亚历山德拉盆地

奥马鲁

达尼丁

坎特伯雷与怀帕拉产区
黑皮诺
长相思
雷司令
灰皮诺

塔斯曼海

南太平洋

0   75   150   225   300   375 千米

0   75   150   225 英里

北

葡萄牙

罗丽红（丹魄）

其他

多瑞加弗兰卡

品种

77个常见本地品种

卡斯特劳

国家杜丽佳

费尔诺皮埃斯

巴加

特林加岱拉

阿瑞图

西利亚（胡佩里奥）

红罗巴卡

其他

百拉达

塞图巴尔

特茹

杜罗河谷

杜奥

产区

470 000英亩
（2016）

阿连特茹

里斯本

绿酒产区

内贝拉

本地葡萄的"丰饶角"

葡萄牙是一些独特葡萄酒与不曾名扬海外的葡萄品种的宝藏湾。然而，很久以前，这个国家曾处于酿酒技术的尖端地位，是全球划分的第一批葡萄酒产区之一（波特酒的官方产区于1757年划分）。因此，当你将这个国家悠久的酿酒传统与本土品种的"丰饶角"结合在一起时，葡萄牙便成为搜寻高品质、高价值葡萄酒旅程中最令人兴奋的地方之一。

葡萄酒产区

葡萄牙各地气候差异巨大，使得葡萄酒的风味多种多样。

在西北地区，绿酒产区的气候凉爽得多，是充满活力、酒精度低的白葡萄酒的理想产地。然而在内陆地区，你却能找到使用世界知名产区杜罗河谷国家杜丽佳葡萄酿造的味道浓郁且酒体饱满的红葡萄酒与波特酒。

葡萄牙中部与南部的葡萄酒种类繁多。白葡萄酒包括颇具陈酿价值的阿瑞图酒及芳香扑鼻的费尔诺皮埃斯酒。红酒方面，特林加岱拉酒与阿弗莱格酒往往更加优雅，而巴加酒、紫北塞酒与珍拿酒（门西亚酒）则十分浓烈。

最后，马德拉岛与亚速尔群岛出产的则是强劲的咸味餐后甜酒，其中就包括工艺独特的马德拉酒，它是世界上最具陈化价值的酒类之一。

山后产区
- 🍷 特兰斯莫塔诺DOC
- 🍷 山后IGP

- 奥伦塞
- 米尼奥河

- 布拉干萨

绿酒产区
- 🍇 绿酒DOC
- 🍇 米尼奥IGP
- ▶ 阿洛巴利诺
- ▶ 洛雷罗
- ▶ 阿瑞图

- 卡瓦杜河
- 布拉加
- 下科尔戈
- 上科尔戈

杜罗河谷产区
- 🍷 波特酒
- 🍇 杜罗DOC
- ▶ 国家杜丽佳
- ▶ 多瑞加弗兰卡

- 波尔图
- 塔梅加河
- 杜罗河
- 上杜罗
- 萨拉曼卡

杜奥产区
- 🍇 杜奥DOC
- 🍇 拉福斯DOC
- 🍇 特拉斯德杜奥IGP
- ▶ 国家杜丽佳
- ▶ 珍拿（门西亚）
- ▶ 阿弗莱格
- ▶ 依克加多

塔华拿-华罗沙产区
- 塔华拿-华罗沙DOC
- 特拉斯德西斯特IGT

- 乌戈河
- 阿威罗
- 瓜达

百拉达产区
- 🍇🍷 百拉达DOC
- 🍇 上贝拉IGP
- ▶ 巴加
- ▶ 阿瑞图

- 蒙德古河
- 科英布拉

内贝拉产区
- 🍷 内贝拉DOC
- 🍇 贝拉之地 IGP
- ▶ 阿拉哥斯（丹魄）
- ▶ 多瑞加弗兰卡

- 泽泽里河
- 布朗库堡

里斯本产区
- ▶ 阿瑞图
- ▶ 费尔诺皮埃斯
- ▶ 特林加岱拉
- ▶ 紫北塞

- 莱里亚
- 特茹河

特茹产区
- ▶ 卡斯特劳
- ▶ 费尔诺皮埃斯
- ▶ 阿瑞图
- ▶ 长相思
- ▶ 霞多丽

- 巴达霍斯
- 索拉亚河

- 布塞拉什
- 科拉里什

- 里斯本
- 塞图巴尔
- 埃武拉

阿连特茹产区
- 🍷 波特酒
- 🍇 杜罗DOC
- ▶ 国家杜丽佳
- ▶ 多瑞加弗兰卡

- 萨多河
- 瓜迪亚纳河
- 塞维利亚

马德拉岛产区
- 🍷 马德拉酒

- 丰沙尔

塞图巴尔产区
- 🍇 塞图巴尔麝香葡萄酒
- ▶ 卡斯特劳

阿尔加维产区
- ▶ 卡斯特劳
- ▶ 特林加岱拉
- ▶ 西拉

- 波尔蒂芒
- 韦尔瓦

大西洋

| 0 | 50 | 100 | 150 千米 |
| 0 | 50 | | 100 英里 |

北

推荐葡萄酒

气候多样的葡萄牙既能产出清淡的矿物味白葡萄酒，又能造就强劲的高单宁红葡萄酒。在可供钻研的数百个本土品种中，国家杜丽佳是个不错的起点，它已经从波特酒中的混酿葡萄晋级为酿造单一品种干红的葡萄。

杜罗红葡萄酒

杜罗是数十种葡萄牙本土葡萄的故乡——包括多瑞加弗兰卡、国家杜丽佳、红巴罗卡、罗丽红与猎狗。如今，干型"廷托"混酿酒正处于上升趋势。此款酒拥有浓烈的水果与巧克力风味，以及强劲的单宁口感。

 蓝莓、覆盆子、火龙果干、黑巧克力、碎岩石

杜奥红葡萄酒

杜奥地区多山，因此葡萄酒更为辛辣，单宁口感更重。令人感兴趣的葡萄品种包括珍拿、国家杜丽佳、罗丽红、阿弗莱格与特林加岱拉。混酿酒十分普遍，但获得最高赞誉的往往是单一品种葡萄酒。

 樱桃酱、野生黑莓、姜饼、可可粉、干草本植物

国家杜丽佳酒

国家杜丽佳被认为是葡萄牙的冠军葡萄之一，它源自杜罗河谷，如今遍布全葡萄牙。国家杜丽佳酒拥有浓烈的强度，并带有独特的紫罗兰花香。你能喝出强烈的果味与高单宁口感，感受其悠长的回味。

 蓝莓、红李子、紫罗兰、石墨、香草

紫北塞酒

在阿连特茹与里斯本周围，你能找到一种被称为紫北塞的"泰图里"葡萄。它既有红色的果皮，也有红色的果肉。尽管该品种源自法国，葡萄牙却是它十分理想的生长地，它能够酿出近似西拉酒的强劲烟味红酒。

 话梅、野生黑莓、红糖、丁香、石墨

阿瑞图酒

阿瑞图是葡萄牙的顶级白葡萄，遍植全国，但在特茹与阿连特茹地区展现出了异常的潜力。阿瑞图酒在开瓶时可能极其清淡，充满矿物味，陈化 5~10 年后能够发展出与雷司令酒同等水平的复杂性与丰富性。

 榲桲、柠檬、蜂蜡、金银花、石油

安桃娃酒

一款极其罕见的白葡萄酒，源自阿连特茹的维迪盖拉地区，在法国酿酒技术被引入之前并不太被看重，但很快展现出了与霞多丽酒相似度惊人的明星气质。

黄苹果、白花、柠檬油、蜂蜡、榛子

不可不知

🍶 根据要求，波特酒的生产商必须标明酿酒年份，而且必须得到波特酒协会的认可。

🍶 茶色波特酒是一种特殊的波特酒，要在酒桶中氧化陈化多年，年份越老越好！

华帝露酒

华帝露是一种在亚速尔群岛与马德拉岛均能生长的白葡萄，被用于酿造浓郁的咸香餐后甜酒，但也有一类钢铁一般的白葡萄酒流行于伊比利亚半岛（甚至是美国加利福尼亚与澳大利亚）。对于那些非常喜爱长相思酒的人来说，华帝露酒不容错过。

LW 醋栗、菠萝、白桃、姜、青柠

阿尔巴利诺酒

绿酒产区与西班牙的下海湾地区拥有许多同种葡萄。阿尔巴利诺葡萄通常会被酿造成低酒精含量的微起泡绿酒，但认真酿造出来的阿尔巴利诺酒却能凭借其复杂性与层次感给舌中带来浓烈、顺滑的体验。

LW 葡萄柚、青柠花、金银花、青柠、黄瓜皮

费尔诺皮埃斯酒

葡萄牙有一半地区将这款芳香型白葡萄酒称为"费尔诺皮埃斯"，另一半则称其为"玛利亚果莫斯"（Maria Gomez）。无论你做何选择，费尔诺皮埃斯酒的特别之处在于香甜的花香与轻盈酒体干型口感之间的对比。

AW 亚洲梨、新鲜葡萄、荔枝、柠檬-青柠、香味干花包

马德拉酒

包括舍西亚尔酒、华帝露酒、马姆齐酒和布尔酒在内的单一品种葡萄是马德拉风味（从干型到甜型）最佳的选择。布尔酒是最甜的经典之选——其口感能同时在甜、酸、咸、坚果味与鲜味之间游走。

DS 黑胡桃、熟桃、胡桃油、焦糖、酱油

波特酒

波特酒拥有多种风味，任君选择，但其中不可错过的就是年份波特酒或晚装瓶年份波特酒。这种酒能够迸发出甜甜的红色莓果味，辅以细腻的、石墨般的单宁口感。可以试试波特酒与蓝纹奶酪这一完美组合。

DS 糖渍覆盆子、黑莓酱、肉桂、焦糖、牛奶巧克力

塞图巴尔麝香葡萄酒

两种麝香葡萄（亚历山大玫瑰与罗索麝香）构成了这款金色的甜味加强型葡萄酒的基础。这款酒通过氧化成就了其强烈的焦糖与坚果风味。陈化超过10年的塞图巴尔麝香葡萄酒十分值得品尝。

DS 蔓越莓干、无花果、焦糖、肉桂、香草

南非

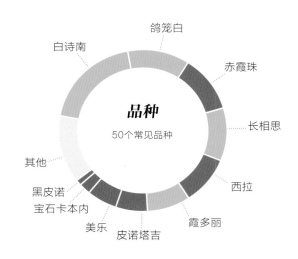

品种

50个常见品种

- 鸽笼白
- 白诗南
- 赤霞珠
- 长相思
- 西拉
- 霞多丽
- 皮诺塔吉
- 美乐
- 宝石卡本内
- 黑皮诺
- 其他

产区

237 000英亩
（2016）

- 其他
- 奥兰治河
- 伍斯特
- 象河
- 斯泰伦博斯
- 帕尔
- 布里厄克鲁夫
- 黑地
- 罗伯逊

旧世界遇上新世界

酿酒葡萄最初是通过荷兰东印度公司到达南非的。在 18 世纪中叶，南非以白诗南为主要酿酒葡萄的餐后甜酒康斯坦蒂亚已经名扬欧洲。南非独特之处在于温暖的气候与（超过 6 亿年）古老的花岗岩质土壤，两者共同造就了香气浓郁的强劲葡萄酒。

葡萄酒产区

除了奥兰治河下河区与北开普省的道格拉斯以外，所有的南非葡萄酒几乎都来自西开普省。

滨海区气候炎热，适宜酿造包括卡本内、皮诺塔吉与西拉在内的浓郁红葡萄酒。这里也有几处较为凉爽的微气候区，能够出产风味奢华的霞多丽酒与赛美蓉酒。该地区的亮点也包括产自斯泰伦博斯、帕尔与黑地的葡萄酒。

布里德与象河谷仍被视为该国优质葡萄酒的出产地。在这里，包括白诗南在内的数千英亩白葡萄会被用于酿造白兰地。

开普南海岸面积不大，却展现出了生产高品质并适应凉爽气候的葡萄酒的最高潜力，其产品包括黑皮诺酒、霞多丽酒，甚至是起泡型葡萄酒（产自埃尔金）。该地区产地分散，酒庄都颇具特色，独一无二。

象河产区
▷ 鸽笼白
▷ 白诗南
▷ 亚历山大玫瑰

• 凡勒伊斯多勒普

奥兰治河
道格拉斯

北开普省产区
▷ 白诗南
▷ 鸽笼白
▷ 霞多丽
▶ 赤霞珠

萨瑟兰卡鲁

兰贝茨湾

西特鲁斯戴尔山
和河谷

希德堡

滨海产区
▶ 赤霞珠
▷ 白诗南
▶ 西拉
▶ 长相思
▶ 美乐
▶ 皮诺塔吉
▫ 开普经典酒

黑地产区
🍇 罗讷河谷/GSM混酿酒
维欧尼
白诗南

• 萨尔达尼亚

锡里斯平原

布里德河谷产区
▷ 白诗南
▷ 鸽笼白
▷ 霞多丽
▶ 赤霞珠

伍斯特

达令

小卡鲁产区
▷ 鸽笼白
▷ 白诗南
▷ 亚历山大玫瑰

布里厄克鲁夫 • 伍斯特

帕尔
泰格堡 • 帕尔

弗朗斯胡克

罗伯逊

斯泰伦博斯

开普敦 ⭕ • 斯泰伦博斯

康斯坦蒂亚

• 斯韦伦丹

奥弗贝格

埃尔金

开普半岛

赫曼努斯

沃克湾

布雷达斯多普

开普南岸产区
▷ 白诗南
▷ 鸽笼白
▷ 霞多丽
▶ 赤霞珠

厄加勒斯角

南 大 西 洋

0   25   50   75 千米
0   25   50 英里

⊕北

*地图上并未显示所有产区

推荐葡萄酒

南非出产的葡萄酒似乎既有新世界风味，又有旧世界风味。西开普省花岗岩质土壤出产的酒蕴含了令人震惊的矿物味道与芳香气息，充足的阳光又造就了其以果味为主的浓郁风味。南非赤霞珠酒、白诗南酒及西拉酒的品质与价值都堪称出类拔萃。

赤霞珠酒

栽培最为广泛的赤霞珠红葡萄能够酿造出各种风味与品质水平的葡萄酒。凭借其结构性单宁与扑鼻的多变香气，顶级质量的赤霞珠酒轻易便能与世界最佳葡萄酒一争高下，就连低端的南非赤霞珠酒也以物超所值著称。

 黑加仑、黑莓、灯笼椒、黑巧克力、紫罗兰

皮诺塔吉酒

作为南非本地的葡萄品种，皮诺塔吉的种植与酿造难度很高，因此口碑不佳。幸运的是，几家酒庄额外关照这种葡萄，生产出了醇浓奢华的烟熏味葡萄酒，价格也实惠得惊人。

 蓝莓、加应子、南非博士茶、糖醋味、烟草烟

波尔多混酿酒

有上好赤霞珠葡萄的地方，就能找到出色的波尔多风味混酿酒。南非混酿酒优雅而美味，更接近旧世界风格，也许你会以为它产自意大利或法国。

 黑加仑、可可粉、青胡椒粒、烟草、雪茄盒

罗讷河谷/GSM 混酿酒

黑地是一片崎岖不平的干燥区域，拥有众多歌海娜、西拉与慕合怀特的老藤。这里出产多汁、口感厚实的红葡萄酒，它带有甜甜的黑色水果、橄榄与辣椒风味以及强有力的单宁口感。黑地可谓是一片颇具潜力的地区。

 蓝莓、黑莓、黑巧克力、黑橄榄、甜烟草

西拉酒

作为产自南非的惊人发现，西拉酒近来才名扬海外。该产区以花岗岩为基础的土壤促进了南非西拉酒辛辣的香气，而产自黑地、弗朗斯胡克与约克斯胡克的西拉酒则以具有陈化价值的高浓度单宁而著称。

 樱桃糖浆、薄荷醇、野生黑莓、黏土灰、甜烟草

霞多丽酒

通常来说，霞多丽葡萄在较为凉爽的气候下表现最佳，但南非就有好几片微气候区适合该品种的生长。专注于生产霞多丽酒的产区包括开普南岸的埃尔金与斯泰伦博斯的班胡克小产区。

 菠萝、黄苹果、全麦饼干、派皮、烤杏仁

不可不知

🍷 在南非，"酒庄葡萄酒"（Estate Wines）都产自单独运作的注册葡萄庄园（共207座）。

🍷 南非的葡萄生长季始于9月，绝大多数于次年2月收获。

清爽型白诗南酒

当所有人的目光都集中在法国与武夫赖时，南非却默默无闻地出产了一些全世界最好且物美价廉的白诗南酒。这种干型风味葡萄酒拥有宜人的酸味，能让你神清气爽，是长相思酒不错的替代品。

LW 青柠、椴栳、苹果花、百香果、芹菜

浓郁型白诗南酒

南非的浓郁型白诗南酒生产过程更加严谨，橡木桶陈化过程超长，从而能在味蕾上产生甜甜的糖渍苹果味与蛋白酥般的奶油口感。每年的白诗南酒挑战赛都会对顶级的白诗南酒进行表彰。

AW 百香果、烤苹果、蜂巢、油桃、柠檬蛋白酥

长相思酒

有上好白诗南酒的地方就一定有上好的长相思酒。这种美酒酒体适中，却能令你的味蕾一阵紧缩。一些酿酒商还会陈化出属于自己的长相思酒，使酒体更为饱满。

LW 白桃、醋栗、蜜瓜、独活草、花岗岩

维欧尼酒

就产量而言，维欧尼并不算高，但在南非各地的分布却很均匀。你会发现它时常与其他白葡萄进行混酿，为葡萄酒增加令人陶醉的花香，提高味觉上中度酒体的顺滑感。在南非的气候条件下，维欧尼葡萄的长势十分喜人。

FW 柠檬、苹果、香草、紫罗兰、熏衣草

赛美蓉混酿酒

赛美蓉混酿酒是南非独有的产品，其中不少都会经过橡木桶陈化，以酿造出酒体饱满、口感绵密的美味白葡萄酒。最专注于出产这款混酿酒的产区为弗朗斯胡克，那里气候较为凉爽，出产的酒酒香馥郁。

FW 柠檬、羊毛脂、黄苹果、腌酸黄瓜、榛子

开普经典酒

1992年，一个致力于使用传统香槟制法生产高品质起泡型葡萄酒的联盟创立了。霞多丽、黑皮诺、莫尼耶皮诺与特别添加的白诗南赋予了开普经典酒甜蜜的柑橘气息。

SP 橙花、柠檬、黄苹果、奶油、杏仁

西班牙

通往旧世界的大门

西班牙葡萄酒的风味以两极化为特征，既有强劲的果味型，也有尘土般的矿物味型，使其介于旧世界与新世界的风格之间。该国号称其葡萄庄园英亩数居全球首位，但考虑到其藤间距与有限的用水量，葡萄产量却相对较低。西班牙是丹魄、歌海娜与莫纳斯特雷尔等几个顶级葡萄品种的故乡。小味儿多等其他葡萄品种在这里的长势似乎也比在原产国更佳。

葡萄酒产区

依据气候条件，西班牙的葡萄酒产区可以被归为7个大类。

"绿色"西班牙：最为凉爽的区域，包括巴斯克地区与加利西亚，出产阿尔巴利诺酒之类的清爽白葡萄酒、门西亚酒之类的优雅红葡萄酒与爽口的桃红葡萄酒。

加泰罗尼亚：加泰罗尼亚拥有两大著名特产：卡瓦酒与西班牙 GSM/ 罗讷河谷混酿酒。你一生中必须至少尝试一次产自普里奥拉托的红酒。

西班牙中北部：埃布罗与杜罗河谷以出产丹魄酒而闻名，但你也能找到令人惊艳的歌海娜酒、维奥娜酒与弗德乔酒。

中部平原：该区域主要以批量生产著称，但也有令人惊艳的发现，包括老藤歌海娜与小味儿多，亟待人们重新发掘。

巴伦西亚海岸：你一定不能错过产自耶克拉、阿利坎特与胡米利亚带有烟熏味的强劲慕合怀特酒。

西班牙南部：雪莉酒的国度。

加那利群岛：这片面积不大的区域拥有黑丽诗丹酒（一种果香型干红）与麝香葡萄酒（一种芳香型餐后甜酒）之类令人好奇的酒。

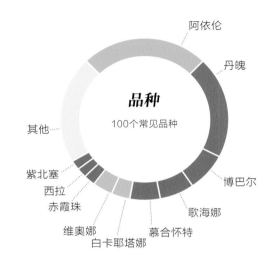

品种
100个常见品种

阿依伦
丹魄
博巴尔
歌海娜
慕合怀特
白卡耶塔娜
维奥娜
赤霞珠
西拉
紫北塞
其他

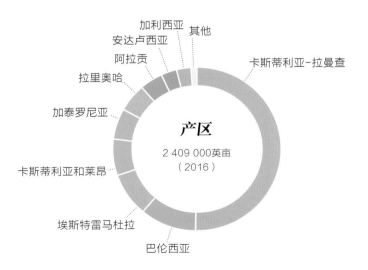

产区
2 409 000英亩
（2016）

加利西亚　其他
安达卢西亚
阿拉贡
拉里奥哈
加泰罗尼亚
卡斯蒂利亚-拉曼查
卡斯蒂利亚和莱昂
埃斯特雷马杜拉
巴伦西亚

大西洋

加利西亚产区
　阿尔巴利诺
　门西亚
　格德约

巴斯克产区
　查科丽酒

拉里奥哈产区
　丹魄
　歌海娜
　维奥娜

纳瓦拉产区
　丹魄
　歌海娜

阿拉贡产区
　歌海娜
　丹魄
　马家婆（维奥娜）

蒙彼利埃

波尔多

拉科鲁尼亚

桑坦德

毕尔巴鄂

莱昂

阿罗

潘普洛纳

维哥

萨拉戈萨

巴塞罗那

卡斯蒂利亚和莱昂产区
　丹魄
　弗德乔
　门西亚　巴利亚多利德

米尼奥河

塞戈维河

埃布罗河

杜罗河

塞格雷河

加泰罗尼亚产区
　卡瓦酒
　歌海娜
　丹魄
　美乐
　普拉耶旺特
　比尼萨莱姆　帕尔马

波尔图

马德里

塔霍河

埃斯特雷马杜拉产区
　丹魄

卡斯蒂利亚 - 拉曼查产区
　阿依伦
　丹魄
　博巴尔

巴伦西亚

马略卡岛产区
　黑曼托
　卡耶特

里斯本

阿利坎特

巴伦西亚产区
　慕合怀特
　博巴尔

穆尔西亚

瓜达尔基维尔河

科尔多瓦

卡塔赫纳

塞维利亚

格拉纳达

地中海

马拉加

瓜迪亚纳河

安达卢西亚产区
　雪莉酒
　菲诺帕洛米诺
　佩德罗-希梅内斯
　亚历山大玫瑰

丹吉尔

加那利群岛产区
　黑丽诗丹
　白丽诗丹（菲诺帕洛米诺）
　普列托丽诗丹（派斯）

伊科登-多迪-伊苏拉
奥罗塔巴峡谷
塔科隆特-阿森台霍

拉帕尔马

兰萨罗特岛

卡萨布兰卡

戈梅拉岛
耶罗岛
阿尔博纳
特内里费岛

古马尔谷

大加那利岛

| 0 | 75 | 150 | 225 千米 |
| 0 | 75 | | 150 英里 |

北

推荐葡萄酒

说起西班牙，就不可能不提到里奥哈与杜罗河岸产区——这里出产优质的丹魄红葡萄。西班牙也是歌海娜与慕合怀特葡萄的原产地。可以说，这两种葡萄在这里找到了它们最淋漓尽致的表达。西班牙南部的雪莉酒属于世间无可比拟的干型开胃葡萄酒。最后，卡瓦酒、阿尔巴利诺酒与弗德乔酒展示了这个国家对于白葡萄酒与起泡型葡萄酒的诠释方式。

里奥哈珍藏酒

以丹魄葡萄为基础的里奥哈酒，随着陈化时间的推移会变得柔和且愈发复杂。里奥哈的珍藏酒（橡木桶陈化 1 年，瓶中陈化 2 年）与特级珍藏酒（橡木桶陈化 2 年，瓶中陈化 3 年）是品尝里奥哈酒极佳风味的上好选择。

 土味樱桃、莳萝、无花果干、石墨、甜烟草

杜罗河岸与托罗酒

杜罗河谷的两大种植区能够抵挡闷热的夏天，产出单宁口感浓郁的丹魄酒（当地称为"Tinto Fino"或"Tinta del Toro"）。此酒会散发出香甜的黑色水果风味，配以烧焦的泥土气息。几家世界顶尖的丹魄酒庄均坐落于此。

 覆盆子、甘草、石墨、异域香料、烤肉

加泰罗尼亚 GSM 混酿酒

加泰罗尼亚产区靠近巴塞罗那，包含普里奥拉托、蒙桑特、特拉阿尔塔及其他能够出产 GSM/ 罗讷河谷混酿酒的地区。加泰罗尼亚 GSM 混酿酒能够激发人们兴趣的地方在于赤霞珠葡萄与美乐葡萄的加入为其增添了丰富的口感。

 烤加仑子、摩卡、皮革、鼠尾草、片岩

歌海娜酒

歌海娜葡萄的真正原产地在西班牙，暗示我们应该直接将它的西班牙名称"Garnacha"（加尔纳恰）作为这种葡萄的正式名称！阿拉贡与纳瓦拉地区出产的葡萄酒充盈着果香，而马德里老藤红葡萄酒单宁更高，也更优雅。

 覆盆子、糖渍葡萄柚皮、烤李子、干草本植物

博巴尔酒

博巴尔是一种遍植卡斯蒂利亚 - 拉曼查地区的葡萄，时常被用于酿造桶装"廷托"混酿酒。换句话说，只有少数酿酒商会酿造单一品种的博巴尔酒，以证明这款日常餐酒的果味与芳香有多令人心旷神怡。

 黑莓、石榴、甘草、大吉岭茶、可可粉

莫纳斯特雷尔酒

莫纳斯特雷尔是另一种源自西班牙的葡萄，世界上其他地区则用法语名称"Mourvèdre"（慕合怀特）。这款酒浓稠到几乎不透明的葡萄酒产于巴伦西亚南部、阿利坎特、耶克拉、胡米利亚与布利亚斯，是绝对不能错过的西班牙美酒！

 烤李子、皮革、樟脑、黑胡椒、黏土罐

不可不知

🍷 在特级珍藏级别的里奥哈酒（丹魄酒）中，西班牙使用的美国橡木桶数量高居榜首。

🍷 我们也许会认为歌海娜与慕合怀特属于法国葡萄，但其原产国是西班牙。

门西亚酒

这是一款酒体轻盈、颇具陈化潜力的红葡萄酒，所用的葡萄生长在气候较为凉爽的西班牙西北部山区。果味最浓的门西亚葡萄酒发现于别尔索。从那里向西，到巴尔德奥拉斯与萨克拉河岸，门西亚酒的风味也会愈发优雅，草本植物味更重。

MR 干草本植物、乌梅、辣红加仑、咖啡、石墨

歌海娜桃红葡萄酒

这款引人注目的红宝石色桃红葡萄酒比著名的普罗旺斯洋葱皮色桃红葡萄酒更浓郁，口感更加顺滑。在阿拉贡与纳瓦拉产区内，主要种植歌海娜葡萄的地方都擅长酿造歌海娜桃红葡萄酒，总是能够提供极具价值的葡萄酒。

RS 樱桃、糖渍葡萄柚、橙油、葡萄柚衬皮、柑橘

弗德乔酒

清淡柔和的弗德乔白葡萄生长在鲁埃达。那里的沙质土壤赋予了葡萄酒刺激的柑橘芳香与浓郁的矿物、盐水口感。你往往会发现，鲁埃达的葡萄酒中有一种长相思与弗德乔的混酿酒，是墨西哥卷饼的完美搭配。

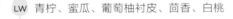

LW 青柠、蜜瓜、葡萄柚衬皮、茴香、白桃

阿尔巴利诺酒

作为西班牙白葡萄中的佼佼者，阿尔巴利诺的最佳生长地位于气候较为凉爽的下海湾地区。你会注意到，内陆地区的葡萄酒味道更加浓郁，多以葡萄柚味道为主（相较于柑橘及盐水味道），因为内陆的土壤更多以黏土为基础。

LW 柠檬皮、蜜瓜、葡萄柚、蜂蜡、盐水

卡瓦酒

卡瓦酒是西班牙对香槟酒的回应，它使用的是传统制法，其中包含了西班牙的本土葡萄马家婆（维奥娜）、沙雷洛及帕雷亚达。严格来讲，虽然这类酒的价格比香槟更加低廉，但其品质却十分相近。

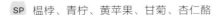

SP 榅桲、青柠、黄苹果、甘菊、杏仁酪

雪莉酒

为了培育出一种被称为"酒花"（Flor）的表层酵母，雪莉酒会被放置在酒桶中，只填充酒桶的一半，进而氤氲出好几种特殊的风味。表层酵母会分解葡萄酒中的甘油，从而酿成更加清淡、精致、咸香的风味葡萄酒。曼萨尼亚与菲诺两种雪莉酒在酿造过程中都会产生表层酵母，值得一试。

DS 菠萝蜜、盐水、柠檬脯、巴西胡桃、杏仁

读懂葡萄酒标签

如今的西班牙葡萄酒酒瓶上很容易就能找到葡萄品种的标注。当然也有例外，这其中就包括里奥哈与杜罗河谷经典产区——这些地区出产的葡萄酒也许可以通过佳酿、珍藏或特级珍藏的陈化级别来进行更好的区分。

- 年份
- 酒庄
- 自造名称
- 地区名称或级别
- 陈化级别

命名方式

西班牙共有4种方法表明瓶内是什么酒：

· **依照葡萄品种**，例如"莫纳斯特雷尔"或"阿尔巴利诺"。

· **依照产区**，例如"里奥哈 DOCa"或"普里奥拉托 DOQ"。

· **依据自造名称**，例如"尤尼科"（Unico）或"克里欧"（Clio）。

· **依据风味**（通常用于雪莉酒），例如"菲诺"或"欧罗索"。

地区餐酒

里奥哈酒：以丹魄葡萄为主的红葡萄酒和以维奥娜葡萄为主的白葡萄酒。

杜罗河岸与托罗酒：以丹魄葡萄为主的红葡萄酒。

普里奥拉托酒：混酿红葡萄酒，其中有可能包括歌海娜、佳丽酿、西拉、赤霞珠、美乐与其他葡萄。

陈化级别

陈化术语能够帮助你找到自己喜欢的风味。总的来说，葡萄酒的陈化时间越长，陈化风味越重，也越浓郁。某些产区的最短陈化时间会稍长。

新酒(Joven)：未经橡木桶陈化或陈化时间很短的葡萄酒。仅适用于原产地命名保护（DOP）酒，也包含未标明陈化水平的酒，比如基础款里奥哈酒。

佳酿(Crianza)：红葡萄酒陈化 24个月，在酒桶中陈化至少 6个月（里奥哈与杜罗河岸产区陈化 1年）。白葡萄酒/桃红葡萄酒陈化18个月，其中在酒桶中陈化至少6个月。

珍藏(Reserva)：红葡萄酒陈化 36个月，其中至少在酒桶中陈化 12个月。白葡萄酒和桃红葡萄酒陈化 24个月，其中至少在酒桶中陈化 6个月。

特级珍藏(Gran Reserva)：红葡萄酒陈化60个月，其中至少在酒桶中陈化18个月（里奥哈与杜罗河岸产区为2年）。白葡萄酒和桃红葡萄酒陈化48个月，其中至少在酒桶中陈化 6个月。

橡木桶陈化(Roble)：这个术语有一些误导性，因为它指的通常是在橡木桶中仅仅陈化过一小段时间的新酒。

贵腐(Noble)：（稀有）酒桶陈化 18个月。

超陈(Añejo)：（稀有）酒桶陈化 24个月。

特级超陈(Viejo)：（稀有）陈化 36个月，且必须有氧化特性（三类风味）。

葡萄酒等级分类

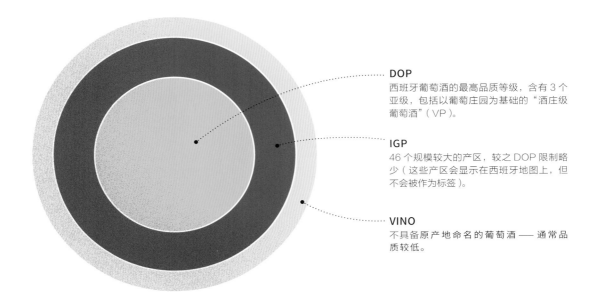

DOP
西班牙葡萄酒的最高品质等级，含有 3 个亚级，包括以葡萄庄园为基础的"酒庄级葡萄酒"（VP）。

IGP
46 个规模较大的产区，较之 DOP 限制略少（这些产区会显示在西班牙地图上，但不会被作为标签）。

VINO
不具备原产地命名的葡萄酒 —— 通常品质较低。

酒庄

· Arínzano（纳瓦拉）

· Aylés（卡里涅纳）

· Calzadilla（卡斯蒂利亚 – 拉曼查）

· Campo de la Guardia（卡斯蒂利亚 – 拉曼查）

· Casa del Blanco（卡斯蒂利亚 – 拉曼查）

· Chozas Carrascall（乌铁尔 – 雷克纳）

· Dehesa del Carrizal（卡斯蒂利亚 – 拉曼查）

· Dominio de Valdepusa（卡斯蒂利亚 – 拉曼查）

· El Terrerazo（巴伦西亚）

· Finca Élez（卡斯蒂利亚 – 拉曼查）

· Florentino（卡斯蒂利亚 – 拉曼查）

· Guijoso（卡斯蒂利亚 – 拉曼查）

· Los Balagueses（巴伦西亚）

· Otazu（纳瓦拉）

· Prado de Irache（纳瓦拉）

原产地命名保护
（Denominación de Origen Protegida，即 DOP）

西班牙葡萄酒的最高品质等级，其主要亚级有 3 种：

酒庄（Vino de Pago，即 VP）： 指单一葡萄园葡萄酒。目前，VP 酒庄共有 15 座，主要位于卡斯蒂利亚 – 拉曼查与纳瓦拉。注意，有些酿酒商会在标签中使用"Pago"（DO Pago）这个词，但瓶中的酒并非出自正式的酒庄。

优质原产地命名（Denominación de Origen Calificada，即 DOCa 或 DOQ）： 质量标准更加严格，要求酒庄必须位于标签产区内。目前符合 DOCa 标准的只有里奥哈与普里奥拉托。

原产地命名（Denominación de Origen，即 DO）： 产自 79 个官方葡萄酒产区之一的高品质葡萄酒。

地区餐酒（IGP）

优质的日常饮用葡萄酒，即来自较大产区的葡萄酒，要求比 DOP 略低。这些酒的酒标会被标注上"Indicación Geográfica Protegida"（地理标识保护葡萄酒）或 IGP，有时则会被标注上"Vino de la Tierra"或"VdiT"（地区餐酒）。西班牙共有 46 个地区餐酒产地，包括生产力很高的卡斯蒂利亚 – 拉曼查产区。

餐酒（Vino）

或标注为"Vino de Mesa"（日常餐酒）、"Table Wine"（配餐酒）。基础款西班牙配餐酒，不属于某个特殊产区。许多酒仅会被标注为"Tinto"（红色）或"Blanco"（白色），为提升口感，可能为半干型。

西北部地区

和西班牙其他地区相比，西北部较为凉爽。下河湾地区与巴斯克地区最冷，适合酿造激爽的白葡萄酒与清淡、优雅的红葡萄酒。向南移步，坎塔布连山阻挡住了来自大西洋的寒流，使得杜罗河谷既会经历酷暑，又会经历寒冬。这样的气候组合造就了一些口感最为强劲的西班牙丹魄酒。

阿尔巴利诺酒

阿尔巴利诺酒是下河湾地区的特产。靠近海岸的葡萄庄园土壤多为沙质，能够酿造出风味清淡得多、明显带有盐水口感的葡萄酒。内陆区域的黏土与阳光更充足，出产的葡萄酒更加浓郁，含有较多的葡萄柚与桃子风味。

 LW 柠檬皮、葡萄柚、蜜瓜、油桃、盐水

门西亚酒

这款风头正劲的伊比利亚酒凭借其深切而纯净的红色水果风味、石墨式的矿物风味与颇具陈化价值的单宁结构备受青睐。门西亚酒是别尔索、巴尔德奥拉斯和萨克拉河岸的特产，产自别尔索的更加浓郁，越往西口感越优雅。

MR 酸樱桃、石榴、黑莓、甘草、碎砾石

杜罗河岸与托罗酒

杜罗河谷巨大的天气变化造就了高单宁、高成熟度、高浓稠度的丹魄酒。其最著名的产区包括杜罗河岸与托罗。那里的丹魄酒被分别称为"Tinto Fino"（丹魄红）与"Tinta del Toro"（托罗红）。

 FR 黑莓、无花果、莳萝、甜烟草、黏土灰

弗德乔酒

鲁埃达地区专注于出产一种新奇的白葡萄，既可以被酿成橡木桶陈化的风味酒，也可以酿成不经橡木桶陈化的类型。后者拥有青柠与青草的风味，时常被装在高肩瓶中。前者则会散发出柠檬酱与杏仁的风味。

LW 青柠、蜜瓜、葡萄柚衬皮、茴香、白桃

查科丽酒

在巴斯克地区，你能找到西班牙版本的绿酒——查科丽酒。这种酒大部分由白苏黎青葡萄酿制，酸度高、酒精度低、微起泡。查科丽红酒使用的是红贝尔萨葡萄——一种赤霞珠葡萄罕见的近亲品种。

 LW 青柠、榅桲、面包坯、香草、柑橘皮

格德约酒

一种罕见的白葡萄酒，品质惊人，大多见于巴尔德奥拉斯、河岸地区与别尔索。上好的格德约酒时常被比作勃艮第白酒，带有苹果与桃子的风味，伴着橡木桶陈化所带来的隐约香料气息，回味刺嘴却悠长。

LW 黄苹果、柑橘皮、柠檬酱、肉豆蔻、盐水

大西洋

加利西亚产区
▶ 阿尔巴利诺
▶ 门西亚
▶ 格德约

巴斯克产区
▶ 白苏黎
▶ 红贝尔萨
▶ 查科丽酒

赫塔尼亚查科丽

比斯卡亚查科丽

桑坦德

毕尔巴鄂

阿拉瓦查科丽

维多利亚

埃布罗河

拉科鲁尼亚

米尼奥河

萨克拉河岸

萨雷斯谷

别尔索

莱昂

阿尔兰萨

下海湾

河岸地区

莱昂领地

维哥

蒙特雷伊

巴尔德奥拉斯

贝纳文特

锡加莱斯

特亚伯爵领地

奥罗萨尔

埃斯拉河

杜罗河

托罗产区
▶ 丹魄

巴利亚多利德

杜罗河岸产区
▶ 丹魄

波尔图

鲁埃达产区
▶ 弗德乔

萨莫拉领地

阿里维斯

马德里

卡斯蒂利亚和莱昂产区
▶ 丹魄
▶ 弗德乔
▶ 歌海娜
▶ 普利艾多皮库杜
▶ 菲诺帕洛米诺

0 25 50 75 100 千米

0 25 50 75 英里

北

东北部地区

西班牙东北部地区可以被分成两个主要区域：埃布罗河流域与从塔拉戈纳向西班牙边境延伸的海滨山区。埃布罗河河谷以其强劲的果味红酒与丹魄、歌海娜、佳丽酿酿造的桃红葡萄酒而著称。滨海山区则出产卡瓦酒与点缀着矿物口感的优雅混酿红酒，它通常由赤霞珠、西拉以及美乐混酿而成。

珍藏级里奥哈酒

名扬天下的里奥哈葡萄酒产区以颇具陈化价值的丹魄酒著称。产自上里奥哈与里奥哈阿拉维萨石灰岩与黏土土壤上的葡萄酒更加优雅，产自下里奥哈的葡萄酒则更为浓郁、肉味更重，因为那里的黏土土壤铁含量更高。

 樱桃、烤番茄、李子干、莳萝、皮革、香草

普里奥拉托混酿酒

普里奥拉托曾在 20 世纪 90 年代名噪一时，因为几家酿酒厂使用歌海娜、佳丽酿、西拉、美乐与赤霞珠酿造出了独一无二的西班牙波尔多风味混酿酒——"普里奥拉托混酿酒"。这种酒也可见于蒙桑特、塞格雷河岸及特拉阿尔塔。

 烤覆盆子、可可、丁香、胡椒、碎砾石

歌海娜酒

虽然歌海娜葡萄遍植阿拉贡、纳瓦拉、里奥哈及卡拉塔尤大部分地区，你还是会发现，长于酿造单一品种歌海娜酒的却是博尔哈产区与卡拉塔尤产区。这种酒单宁口感较淡，蕴含鲜明的粉红葡萄柚味道。

 覆盆子、木槿花、糖渍葡萄柚、黏土灰、干草本植物

佳丽酿酒

佳丽酿（又称"马士罗"、"萨姆索"或"卡里涅纳"）时常与歌海娜葡萄进行混酿，偶尔还可以与西拉、美乐及赤霞珠混酿，创造出令人不可思议的层次感。要想寻找有品质的佳丽酿酒，可以关注恩波达、蒙桑特、普里奥拉托、佩内德斯及卡里涅纳这些地区。

 乌梅、覆盆子、橄榄、红辣椒粉、可可

里奥哈白葡萄酒

维奥娜葡萄也被称为"马家婆"，通常被用来酿造卡瓦酒。但在里奥哈，维奥娜葡萄却因为一种颇具陈化价值的白葡萄酒而著称。里奥哈白葡萄酒按照陈化年份分为佳酿（1 年）、珍藏（2 年）与特级珍藏（4 年）3 种级别，每种级别的葡萄酒都必须在橡木桶中陈化 6 个月。

 烤菠萝、青柠脯、苦薄荷糖、榛子、糖渍龙蒿

卡瓦酒

作为制法与香槟一致的起泡型葡萄酒，卡瓦酒拥有异乎寻常的价值。到目前为止，马家婆是卡瓦酒酿酒葡萄中最重要的品种，但你也会在卡瓦白葡萄酒中发现沙雷洛与帕雷亚达。查帕、歌海娜通常会用于酿造卡瓦桃红葡萄酒。

黄苹果、青柠、椴梾、面包坯、杏仁膏

拉里奥哈产区
- 丹魄
- 歌海娜
- 维奥娜
- 佳丽酿
- 格拉西亚诺

纳瓦拉产区
- 丹魄
- 歌海娜
- 美乐
- 赤霞珠

阿拉贡产区
- 丹魄
- 歌海娜
- 维奥娜
- 赤霞珠
- 美乐
- 西拉

毕尔巴鄂

维多利亚
里奥哈阿拉维萨
阿罗
洛格罗尼奥
上里奥哈
下里奥哈

潘普洛纳

索蒙塔诺

佩皮尼昂

安多拉

恩波达

巴赫斯平原

阿雷亚

塞格雷河岸
巴尔贝拉
河谷

玛塔罗

博尔哈

萨拉戈萨

巴塞罗那

卡里涅纳

塔拉戈纳

佩内德斯

卡拉塔尤

埃布罗河

塔拉戈纳
普里奥拉托
蒙桑特

加泰罗尼亚产区
- 卡瓦酒
- 马家婆（维奥娜）
- 沙雷洛
- 帕雷亚达
- 歌海娜
- 西拉

特拉阿尔塔

巴利阿里海

卡斯特略

巴伦西亚

巴伦西亚产区
- 莫纳斯特雷尔
- 博巴尔
- 莫塞格拉
- 丹魄
- 歌海娜
- 赤霞珠

帕尔马

乌铁尔雷克纳

巴伦西亚

巴伦西亚

阿尔瓦塞特

阿利坎特

耶克拉
阿利坎特
胡米利亚
阿利坎特

布利亚斯
穆尔西亚

穆尔西亚产区
- 莫纳斯特雷尔
- 西拉

洛尔卡

卡塔赫纳

| 0 | 25 | 50 | 75 | 100 千米 |
| 0 | | 25 | 50 | 75 英里 |

北

南部地区

西班牙许多有价值的葡萄酒都来自中部地区，尤其是卡斯蒂利亚－拉曼查与巴伦西亚部分地区（包括卡斯蒂利亚餐酒产区）。但是，你也能在南部地区找到品质杰出的红葡萄酒，通常还物美价廉。进一步往南，你会进入菲诺帕洛米诺与佩德罗－希梅内斯的主要种植区，这两种葡萄会被用来酿造从干型到甜型的各种雪莉酒。

莫纳斯特雷尔酒

莫纳斯特雷尔葡萄被认为原产自穆尔西亚，能够酿造浓郁的烟味葡萄酒。在馥郁的蓝莓果香之上，高端的莫纳斯特雷尔会散发出隐约的紫罗兰与黑胡椒香气。可以探索阿利坎特、胡米利亚、耶克拉与布利亚斯产区。

 黑莓、黑胡椒、紫罗兰、烟

博巴尔酒

这款价值超群的红葡萄酒在西班牙却出人意料地鲜为人知。它能够传递出柔滑的李子与巧克力风味，偶尔还氤氲着淳朴的肉味。博巴尔酒的高品质产地为乌铁尔－雷克纳产区（包括特雷拉佐庄园）内的巴伦西亚与曼确拉。

 黑樱桃、蓝莓、干草本植物、紫罗兰、可可

歌海娜酒

虽然马德里与门特里达的产区面积很小，但要是不提及这里的歌海娜葡萄，我们就太疏忽了。这里的高地势花岗岩质土壤中栽种着许多老藤，酿造的歌海娜酒口感丰富、单宁含量高，十分具备陈化价值。

 黑樱桃、黑胡椒、石墨、肉桂、白色鼠尾草

卡本内混酿酒

拉曼查与巴伦西亚遍植法国品种葡萄，其中包括赤霞珠、西拉与小味儿多。这些葡萄时常与当地的歌海娜或莫纳斯特雷尔进行混酿，产出浓郁得不可思议的巧克力香葡萄酒。留意胡米利亚与巴伦西亚产区。

 黑莓、黑樱桃、黑巧克力、石墨、黏土灰

雪莉酒

不管你怎么想，雪莉酒并非都是甜的，也有咸味与坚果味道。加强型雪莉酒多数是用生长在赫雷斯周边白垩质白土中的菲诺帕洛米诺葡萄酿成的。制作甜型酒（例如奶油雪莉酒）时，这种葡萄会与佩德罗－希梅内斯葡萄进行混酿。

 菠萝蜜、柠檬脯、巴西胡桃、羊毛脂、盐水

蒙蒂利亚莫里莱斯 PX 酒

蒙蒂利亚莫里莱斯是安达卢西亚的一片葡萄酒产区，专门栽培被称为"佩德罗希梅内斯"（PX）的白葡萄。PX 酒也是世界上最甜的餐后甜酒之一！陈化会使葡萄酒氧化成深棕色，甜度则会赋予它热枫糖浆般的黏度。

葡萄干、无花果、胡桃、焦糖、能多益巧克力酱

马德里餐酒产区
▶ 莫纳斯特雷尔
▶ 歌海娜
▶ 西拉

**卡斯蒂利亚 -
拉曼查产区**
▶ 阿依伦
▶ 博巴尔
▶ 莫纳斯特雷尔
▶ 丹魄

埃斯特雷马杜拉产区
▶ 丹魄
▶ 赤霞珠
▶ 西拉

瓜达拉哈拉

蒙德哈尔

乌克莱斯

卡斯特略

马德里

门特里达

胡加尔河岸

巴伦西亚

托莱多

拉曼查

曼确拉

塔古斯河 / 塔雷河

瓜迪亚纳河

阿尔瓦塞特
阿尔曼萨

梅里达

阿利坎特

瓜迪亚纳河岸

瓦尔德佩涅斯

利纳雷斯

穆尔西亚

瓜达基维尔河

科尔多瓦

哈恩

洛尔卡

卡塔赫纳

韦尔瓦郡

蒙蒂利亚 -
莫里莱斯

格拉纳达

塞维利亚

马拉加与
马拉加山脉

阿尔梅里亚

曼萨尼亚

桑卢卡尔 - 德巴拉梅达

马拉加

赫雷斯

安达卢西亚产区
▶ 菲诺帕洛米诺
▶ 佩德罗 - 希梅内斯
▶ 亚历山大玫瑰
▶ 雪莉酒

阿尔沃兰海

加的斯

马尔韦利亚

雪莉

阿尔赫西拉斯   直布罗陀

休达

丹吉尔

梅利利亚

0 25 50 75 100 千米
0   25   50   75 英里

北

美国

霞多丽
赤霞珠
其他
品种
90个
常见品种
美乐
仙粉黛
黑皮诺
灰皮诺
长相思
康科德
西拉
鸽笼白

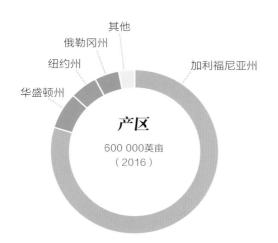

其他
俄勒冈州
纽约州
加利福尼亚州
华盛顿州
产区
600 000英亩
（2016）

果味为主的宝石

考虑到美国东西海岸之间幅员辽阔，我们很难描绘该国葡萄酒的特征。换句话说，美国 80% 的葡萄酒都产自加利福尼亚州。那里以上好的果味葡萄酒著称，专注于赤霞珠、美乐、霞多丽与黑皮诺之类的法国葡萄品种。

除了加利福尼亚州，华盛顿州、俄勒冈州与纽约州占据了美国葡萄酒产量的 17%，是规模最大的"后起之秀"代表。最后剩下的一小部分代表了其余 46 个州，其中又以（举例来说）亚利桑那州、新墨西哥州、弗吉尼亚州、得克萨斯州、科罗拉多州、爱达荷州与密歇根州尤为显著——它们代表了美国葡萄酒的前沿。

葡萄酒产区

加利福尼亚州的特点在于气候条件近似地中海，使其成为出产饱满酒体红葡萄酒的理想国度。换句话说，靠近太平洋的地区飘荡着层层雾气，使得包括白葡萄与黑皮诺葡萄在内的、适应较为凉爽气候条件的品种能够茁壮成长。

华盛顿州的酿酒葡萄主要生长在东部，那里气候干燥、阳光灿烂。该地区出产的红葡萄酒果香四溢，酸中带甜。

俄勒冈州的威拉米特谷是黑皮诺、灰皮诺及霞多丽的理想种植地。

纽约州种植的大部分为康科德葡萄（多数用于制作果汁而非葡萄酒），但该州很快便凭借雷司令酒、以美乐为主的混酿酒和桃红葡萄酒名扬天下。

哈得孙湾

西北部产区
波尔多混酿酒
霞多丽
黑皮诺
灰皮诺
雷司令

东北部产区
康科德
雷司令
冰酒
美乐

温哥华

西雅图

波特兰

蒙特利尔

渥太华

多伦多

底特律

芝加哥

纽约

加利福尼亚州产区
霞多丽
赤霞珠
黑皮诺
美乐
西拉

中西部产区
诺顿
香宝馨
白威代尔

华盛顿特区

旧金山
圣何塞

丹佛

西南部产区
赤霞珠
美乐
霞多丽

夏洛特

东南部产区
玛斯克汀/斯古佩农

洛杉矶

圣迭戈

恩塞纳达

菲尼克斯

达拉斯

杰克逊维尔

奥斯汀

迈阿密

墨西哥湾

蒙特雷
萨尔蒂约

墨西哥城

太平洋

阿卡普尔科

0 200 400 600 800 千米
0   200   400   600 英里

北

弗雷泽河谷

西密卡米恩山谷
奥卡诺根山谷（加拿大）

温哥华

不列颠哥伦比亚省产区

雷司令
起泡型葡萄酒

西雅图

华盛顿州产区

威拉米特谷

波特兰

哥伦比亚山谷

沃拉沃拉

波尔多混酿酒
霞多丽
长相思
西拉
雷司令

俄勒冈州产区

黑皮诺
灰皮诺
霞多丽
雷司令

博伊西

爱达荷州产区

波尔多混酿酒
雷司令

斯内克河谷

加利福尼亚州产区

霞多丽
赤霞珠
黑皮诺
美乐
西拉
仙粉黛

北海岸

纳帕谷

索诺马

旧金山

谢拉丘陵

马德拉

中央海岸

帕索罗布尔斯

大章克申

格兰德瓦利

丹佛

西埃尔克斯

科罗拉多州产区

品丽珠

马利布海岸

洛杉矶

蒂梅丘拉

圣迭戈

亚利桑那州产区

赤霞珠

新墨西哥州产区

赤霞珠
起泡型葡萄酒

弗德谷

中里奥格兰德瓦利

恩塞纳达

瓜达卢佩山谷
（墨西哥）

索诺伊塔

菲尼克斯

得克萨斯高原

得克萨斯州产区

赤霞珠
霞多丽

华雷斯

埃斯孔迪多

得克萨斯丘陵地

奥斯

圣安东尼奥

奇瓦瓦

大平洋

帕拉斯山谷
（墨西哥）

萨尔蒂约

加拿大安大略省产区
- 品丽珠
- 冰酒
- 雷司令
- 霞多丽
- 黑巴科

蒙特利尔

爱德华王子县

尼亚加拉半岛　多伦多
密歇根湖岸　尼亚加拉陆崖
伊利湖北岸　芬格湖群

威斯康星湖　哈得孙山谷

底特律　　伊利湖

芝加哥

北福克
汉普顿斯
纽约

纽约州产区
- 康科德
- 雷司令
- 波尔多混酿酒

费城

新泽西州产区
- 波尔多混酿酒
- 外海岸平原

中西部产区
- 诺顿
- 香宝馨
- 白威代尔
- 沙多内尔

匹兹堡

哥伦布

俄亥俄河谷

巴尔的摩
米德尔堡
谢南多厄河谷
蒙蒂塞洛

奥古斯塔

弗吉尼亚州产区
- 波尔多混酿酒
- 霞多丽
- 维奥尼

密西西比河上游河谷

亚德金山谷

夏洛特

欧扎克山

东南部产区
- 玛斯克汀/斯古佩农

杰克逊维尔

大西洋

斯敦

墨西哥湾

北

0　　150　　300　　450　　600 千米

0　　150　　300　　450 英里

推荐葡萄酒

加利福尼亚州最初是因为出产强劲的赤霞珠酒、橡木桶陈化霞多丽酒与黑皮诺酒而闻名的。后起之秀西拉酒、小西拉酒与仙粉黛酒使得加利福尼亚州以果味为主的风味葡萄酒更为突出。以下这些产自俄勒冈州、华盛顿州和纽约州的葡萄酒都属该州的顶级酒。

加利福尼亚州赤霞珠酒

加利福尼亚州最著名的赤霞珠酒产自北海岸地区，包括索诺马与纳帕谷地区。这里最佳的赤霞珠酒带有丰富的黑色水果风味，并能分解为层层的雪松、粉尘矿物味道与点缀着烟草味的单宁口感。

FR 黑莓、黑樱桃、雪松、烘焙香料、青胡椒粒

加利福尼亚州仙粉黛酒

1994 年，加利福尼亚州的仙粉黛葡萄被证明与意大利的普里米蒂沃葡萄、克罗地亚的特里彼得拉格葡萄（Tribidrag）拥有同样的基因。仙粉黛酒散发着阵阵糖渍水果与烟草香气，却通常干涩得惊人，并带有矿物味般的单宁，酒精含量高。索诺马与洛代的仙粉黛酒是不错的对比。

FR 黑莓、梅子酱、亚洲五香、甜烟草、花岗岩

加利福尼亚州小西拉酒

加利福尼亚州是法国葡萄的世界顶级出产国。在该州较为温暖的气候条件下，包括内陆河谷在内，小西拉葡萄的长势格外喜人。这里的小西拉酒有着浓郁的黑色水果风味和坚实的可可式单宁口感。

FR 话梅、蓝莓、黑巧克力、黑胡椒、草本植物

加利福尼亚州霞多丽酒

最好的霞多丽葡萄大多生长在沿海地区及海岸边起起伏伏的山谷里，这些地区沐浴在太平洋的凉爽微风与晨雾之中，酿制的葡萄酒酒体较为饱满，夹杂着菠萝与热带水果的风味，时常还有烤橡木的味道。

FW 黄苹果、菠萝、焦糖布丁、香草、焦糖

加利福尼亚州黑皮诺酒

北海岸及中央海岸较为凉爽的滨海地区出产一部分全世界最强劲、以果味为主的黑皮诺酒。换言之，越来越多的酿酒商已经打起了退堂鼓，转为酿造近似勃艮第优雅风味的葡萄酒。不管怎样，这里的黑皮诺酒都不容错过。

MR 黑莓、蓝莓干、丁香、玫瑰、可乐

加利福尼亚州西拉和 GSM 混酿酒

在美国各地，你都能找到上好的西拉葡萄。但目前为止，中央海岸是最倾心于这种罗讷河谷葡萄的地方。顶级的西拉和 GSM 混酿酒带有深黑色水果与辣椒的味道，还伴有灰尘般的矿物味道。圣巴巴拉与帕索罗布尔斯是探索的好起点。

FR 黑莓、蓝莓派、胡椒碎、摩卡、月桂叶

不可不知

▎单一品种葡萄酒所标明的葡萄品种含量必须为75%。俄勒冈州对黑皮诺酒和灰皮诺酒的要求为90%。

▎被标注为酒庄酒的葡萄酒必须使用生长在酒庄土地上的葡萄。

华盛顿州西拉和 GSM 混酿酒

即便西拉与歌海娜之类的罗讷河谷品种并非是华盛顿最受欢迎的葡萄，它们也在这里展示出了极大的潜力。此款酒醇厚而强劲，伴有红色酸甜水果的香味及浓香的肉味，还有辛辣的酒精口感。

FR 黑加仑、酒酿樱桃、培根油、黑巧克力、石墨

华盛顿州波尔多混酿酒

虽然华盛顿州极其专注于赤霞珠酒，这款含有美乐与其他波尔多葡萄的混酿酒还是极具陈化潜力的。它能散发出纯净的黑樱桃果味，并伴有宜人的花香、薄荷香与类似紫罗兰的暗香。

FR 覆盆子、甘草、石墨、异国香料、烤肉

俄勒冈州黑皮诺酒

俄勒冈州超过 50% 的葡萄庄园栽种黑皮诺葡萄。在威拉米特谷，黑皮诺葡萄长得格外好。这里的黑皮诺酒口感浓郁，红色莓果的香气辅以轻盈的酒体、多汁的酸度，还伴有由橡木桶陈化带来的香料风味。

LR 石榴、红李子、甜胡椒、香草、红茶

俄勒冈州灰皮诺酒

灰皮诺酒是俄勒冈州最重要的白葡萄酒，其酿酒葡萄在威拉米特谷长势良好。你会发现这里的灰皮诺酒拥有浓郁的桃子与梨的风味，并带给舌中段顺滑的口感，在柑橘香的回味中又有一些刺痛感。

LW 油桃、熟梨、柑橘花、柠檬油、杏仁奶油

纽约州雷司令酒

纽约州在雷司令酒与矿物风味白葡萄酒方面潜力巨大，但大部分地区寒冷刺骨的冬天为葡萄的栽培带来了难度，只有靠近水体（河流、湖泊与海洋）的地方例外——在这些地方，你能找到纽约州最好的葡萄酒。

LW 熟桃、黄苹果、青柠、青柠皮、碎岩石

起泡型葡萄酒

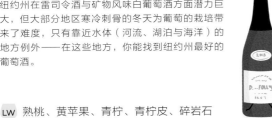

美国的起泡型葡萄酒酿酒商并不多，但出产的都是上好品质的酒。你能在加利福尼亚州北海岸及俄勒冈州找到一些出类拔萃的酿酒商，而新墨西哥州、华盛顿州也能带来令人惊喜的葡萄酒。

SP 柠檬、白樱桃、橙花、奶油、生杏仁

加利福尼亚州

240 年前，加利福尼亚州默默无闻地在圣迭戈大教堂开启了酿酒征程。后来，1849 年的淘金热之后，酿酒商们开始入驻索诺马与纳帕谷，于是葡萄酒产业开始腾飞。如今，加利福尼亚州的葡萄酒产量已占美国的 80%，其中最大的份额都奉献给了 7 种葡萄：赤霞珠、霞多丽、美乐、仙粉黛、黑皮诺、灰皮诺与长相思。

北海岸地区

北海岸地区也许不是产量最高的产区，却是久负盛名的。内陆产区的纳帕谷与克利尔莱克出产包括赤霞珠酒在内的上好饱满酒体葡萄酒。沿海地区的索诺马与门多西诺对于霞多丽、黑皮诺之类适宜凉爽气候的葡萄来说是极好的，也十分有利于起泡型葡萄酒的酿造。

中央海岸地区

中央海岸地区出产加利福尼亚州许多拥有不菲价值的葡萄酒。海岸飘来的层层雾气使得相邻地区成为霞多丽酒与黑皮诺酒的理想产地。越靠近内陆地区，气候就越炎热，例如帕索罗布尔斯，气温高的地区出产上好的西拉酒与罗讷河谷 /GSM 混酿酒。

谢拉丘陵地区

谢拉丘陵最初是淘金者的驻地，后来让渡给乡野农夫种植各式各样的葡萄。这里出产的葡萄酒通常口感强劲，带有夸张的果味。这里主要出产仙粉黛，但巴贝拉与西拉之类的品种也展示出了重要的潜力。

内陆河谷地区

加利福尼亚州最大的中央河谷出产大量食物，在这里，你能够找到大型的葡萄酒酿造商，包括全球规模最大的嘉露酒庄。葡萄酒的整体品质不算高，但也有包括洛代老藤葡萄酒在内的某些例外。

南海岸地区

由于地价昂贵，南海岸的种植园分布稀疏。尽管如此，你还是能在洛杉矶东部找到一些罕见而古老的仙粉黛葡萄酒庄。另外，蒂梅丘拉也拥有蓬勃发展的葡萄酒旅游产业。这里的霞多丽酒与赤霞珠酒颇受欢迎，但由于气候炎热，酸度很低。

雷德伍德地区

雷德伍德是一片极其小的酿酒葡萄种植区，只有几十英亩的面积，现存的商业酒庄也不多。这里的气候较为凉爽，因此拥有包括雷司令与琼瑶浆在内的好几英亩芳香型白葡萄园地。

梅德福

克雷森特城
威路克里克
特里尼蒂湖　沙斯塔山
赛德瓦利

尤里卡

雷德伍德产区

雷丁

长相思
琼瑶浆

多斯里奥斯
科韦洛

北海岸产区

门多西诺

克利尔莱克

赤霞珠
霞多丽
黑皮诺
美乐
仙粉黛

尤凯亚
卡培谷

北尤巴

温尼马卡

里诺

尤巴城
邓尼根丘陵

门多西诺

索诺马谷

纳帕谷

纳帕

克拉克斯堡

萨克拉门托

洛代

埃尔多拉多
费尔普莱
加利福尼亚州谢南多厄河谷
菲德尔敦

谢拉丘陵产区

仙粉黛
巴贝拉
西拉
小西拉

旧金山

奥克兰

圣克鲁斯山

圣克鲁斯

利弗莫尔谷

莫德斯托

内陆河谷产区

仙粉黛
小西拉
赤霞珠
亚历山大玫瑰

萨利纳斯
蒙特雷

蒙特雷

马德拉

弗雷斯诺

帕索罗布尔斯

拉斯维加斯

中央海岸产区

帕索罗布尔斯

霞多丽
赤霞珠
黑皮诺
仙粉黛
西拉

圣路易斯－奥比斯波

埃德纳山谷
阿罗约塞科

圣玛丽亚

圣玛丽亚山谷

圣伊内斯山谷

圣巴巴拉

马利布海岸

利昂纳谷
谢拉佩罗那山谷

库卡蒙加谷

洛杉矶

长滩

南海岸产区

赤霞珠
霞多丽

棕榈泉

蒂梅丘拉谷

欧申赛德

圣帕斯夸尔
拉莫纳谷

圣迭戈

尤马

太平洋

蒂华纳

墨西加利

0　60　120　180 千米

0　60　120 英里

北

加利福尼亚州北海岸产区

1976 年，一位英国葡萄酒进口商与几位法国品酒师举办了一场盲品会，品尝包括顶级波尔多酒与纳帕谷酒在内的葡萄酒。最终得分最高的是两款纳帕谷葡萄酒，于是"巴黎评判"的传统就在加利福尼亚州的葡萄酒历史中流传了下来。从此之后，索诺马与纳帕谷成了上好的法国品种葡萄酒的标志性产区。

赤霞珠酒

作为北海岸最重要的葡萄酒品种，赤霞珠酒展示出了在火山－黏土土壤中生长的葡萄所带来的浓郁果味与尘土般的矿物味道。纳帕谷、克利尔莱克与索诺马大部分产区（靠近梅亚卡玛斯的地区）出产的一些赤霞珠酒在全球排名最高。

FR 黑加仑、黑樱桃、石墨、雪茄盒、薄荷

美乐酒

美乐酒与赤霞珠酒相似，但樱桃风味更浓，单宁口感更佳顺滑、细腻。美乐葡萄在整个北海岸产区十分出色（比赤霞珠葡萄的品质更佳）。较之滨海地区及门多西诺，北海岸产区的美乐酒更为优雅，草本味更加明显。

FR 樱桃、香草、雪松、铅笔芯、烤肉豆蔻

黑皮诺酒

包括卡内罗斯、俄罗斯河谷、索诺马海岸及门多西诺在内，能够聚集晨雾的地区都是黑皮诺与霞多丽之类适应凉爽气候的葡萄的理想产地。这里的黑皮诺酒带有香甜的红色水果风味，回味中伴有隐约的红茶与甜胡椒气息。

 MR 樱桃、李子、香草、蘑菇、甜胡椒

仙粉黛酒

北海岸地区的几个"热点"产区（从字面上讲，就是较为温暖的产区）能够酿出口感最为浓郁、矿物味道最重的葡萄酒。留意索诺马的石堆法定产区与纳帕的豪厄尔山法定产区，这里出产全美最梦寐以求的仙粉黛酒。

 FR 野生黑莓、可可、覆盆子酱、碎岩石、甜烟草

霞多丽酒

作为美国种植普及度第二的葡萄品种，霞多丽喜爱更加凉爽的种植区域，在索诺马、门多西诺与纳帕南部地区表现得格外出色。这种葡萄也是北海岸起泡型葡萄酒受欢迎的选择，能够释放出苹果与杏仁奶油的风味。

FW 烤梨、菠萝、黄油、榛子、焦糖

长相思酒

长相思葡萄在北海岸地区的种植不那么普遍，却能酿造出充满白桃、橙花与浓郁粉红葡萄柚果味的高品质葡萄酒——与其他长相思酒产区截然不同。留意索诺马与门多西诺产区，那里较为凉爽的气候能够维持葡萄酒的酸度。

LW 白桃、粉红葡萄柚、橙花、蜜瓜、柠檬

门多西诺

门多西诺产区

- 霞多丽
- 黑皮诺
- 长相思
- 起泡酒

雷德伍德山谷

波特瓦利

安德森山谷

尤凯亚

门多西诺

克利尔莱克产区

- 赤霞珠
- 小西拉
- 仙粉黛
- 艾格尼科
- 克利尔莱克

莱克波特

比格瓦利区

高山谷

霍普兰

门多西诺山脉

凯尔西班奇

约克维尔高原

红山湖县

派恩山 / 克洛弗
代尔峰

格维诺谷

石堆

纳帕谷产区

- 赤霞珠
- 美乐
- 黑皮诺
- 霞多丽

罗斯堡 /
海景

德赖克里克谷

亚历山大谷

卡利斯托加

钻石山区

豪厄尔谷

卡利斯托加

斯普林山区

智利谷区

圣海伦娜

拉瑟福德

奥克维尔

阳特拉维尔

阿特拉斯峰

鹿跃区

维德山

奥克诺尔区

库斯维尔

怀尔德霍斯山谷

休森山谷

希尔兹堡

白垩山

索诺马海岸

格林瓦利

俄罗斯
河谷

圣罗莎

索诺马
山谷

索诺马县产区

- 霞多丽
- 黑皮诺
- 赤霞珠
- 仙粉黛
- 长相思

本尼特山谷

索诺马山

月亮山

索诺马

纳帕

佩特卢马

卡内罗斯（索诺马）

卡内罗斯（纳帕）

索诺马山谷

太平洋

圣巴勃罗湾

瓦列霍

| 0 | 10 | 20 | 30 | 40 千米 |

| 0 | 10 | 20 英里 |

北

旧金山

加利福尼亚州中央海岸产区

中央海岸产区包括蒙特雷、帕索罗布尔斯与圣巴巴拉。这里的葡萄园坐落在面朝大海的山谷里，被笼罩在晨雾之中，最适合种植适应凉爽气候的葡萄。越靠近内陆，气候就越炎热，更适宜西拉这类喜阳的葡萄品种。中央海岸产区拥有不少酿造优质葡萄酒的商业化葡萄种植者，但规模较小的生产商也能酿造杰出品质的葡萄酒。

霞多丽酒

霞多丽葡萄占据了中央海岸产区葡萄庄园最大的面积，其中大多数都是中等品质。即便如此，这里也有上好的霞多丽酒，尤其是产自圣巴巴拉与蒙特雷产区更靠近海岸地区的葡萄酒。这里的霞多丽酒通常都有浓郁的橡木桶陈化风味。

 杧果、柠檬酱、白花、烤杏仁、焦糖布丁

黑皮诺酒

中央海岸产区是黑皮诺酒的圣地，特别是圣克鲁斯山、圣卢西亚高地、圣里塔山、哈伦山及圣玛丽亚山谷这些子产区。这些地方出产的黑皮诺酒口感强劲，带有多汁的红色水果风味和香料、香草气息。

 红樱桃、覆盆子、甜胡椒、大吉岭茶、香草

赤霞珠酒

作为中央海岸地区栽种面积第二的品种，赤霞珠葡萄在内陆地区的长势最佳，因为那里的雾气消散得早，阳光明媚，可以适当软化酒中的单宁。帕索罗布尔斯地区出产的赤霞珠酒格外顺滑浓郁，值得探索。

 黑覆盆子、黑樱桃、摩卡、香草、青胡椒粒

仙粉黛酒

在中央海岸地区，仙粉黛酒的最佳产区要数帕索罗布尔斯，因为那里炎热的气候足以使仙粉黛葡萄成熟。产自这里的仙粉黛葡萄酒更加多汁，风味通常比北海岸产区的更为清淡（单宁更少）。

 覆盆子、桃脯、肉桂、甜烟草、香草

西拉酒

在帕索罗布尔斯、圣巴巴拉与蒙特雷东部以石灰岩为主的黏质土壤中，后起之秀西拉葡萄表现出了出色的品质潜力。用它酿造的葡萄酒通常肉香浓郁，口感辛辣，还伴有博伊森莓与橄榄的风味。

 博伊森莓、黑橄榄、胡椒牛排、培根油、烟

罗讷河谷 /GSM 混酿酒

20 世纪 90 年代，一家被称为"塔湾酒庄"的酒厂开始在帕索罗布尔斯进口罗讷河谷的葡萄品种。歌海娜、西拉与慕合怀特的混酿酒引发了美国人对自产罗讷河谷风味葡萄酒强烈的兴趣。塔湾酒庄如今拥有一座苗圃，能为整个美国提供葡萄苗。

 覆盆子、李子、皮革、可可粉、鼠尾草花

斯托克顿

斯塔尼斯劳斯河

旧金山

圣马特奥

利弗莫尔谷

莫德斯托

旧金山湾产区

▶ 黑皮诺
▶ 赤霞珠
▷ 霞多丽
▶ 美乐
旧金山湾

圣何塞

圣克鲁斯山

摩根山

本洛蒙德山

圣伊西德罗区

圣克鲁斯
吉尔罗伊

帕切科山口

沃森维尔

圣贝尼托产区

霍利斯特

蒙特雷

西黑尼哥谷

▶ 黑皮诺
▷ 霞多丽

萨利纳斯

哈伦山

石灰窑谷

蒙特雷

佩赛恩斯

蒙特雷产区

卡梅尔山谷

夏珑娜

▷ 霞多丽
▶ 黑皮诺
▶ 美乐
▶ 赤霞珠
▷ 雷司令

圣卢西亚高地

阿罗约塞科

圣伯纳约贝

圣卢卡斯

圣安东尼奥山谷

哈梅斯谷

圣米格尔区

弗雷斯诺

帕索罗布尔斯产区

▶ 赤霞珠
▶ 美乐
▶ 西拉
▶ 仙粉黛
● 罗讷河谷/GSM混酿酒

阿德莱德区

威路克里克区

约克山

坦普尔顿裂谷区

圣玛格丽塔牧场

埃斯特雷亚区

圣胡安溪

帕索罗布尔斯

杰纳西奥区

高地区

科雷斯顿区

埃尔波玛区

圣路易斯-奥比斯波

圣路易斯 - 奥比斯波产区

▷ 霞多丽
▶ 黑皮诺
▶ 西拉
▷ 维欧尼

埃德纳山谷

大阿罗约山谷

圣玛丽亚山谷

圣巴巴拉产区

圣玛丽亚

▷ 霞多丽
▶ 黑皮诺
▶ 西拉
▷ 长相思
▶ 歌海娜

哈皮峡谷

巴拉德峡谷

隆波克

圣里塔山

圣伊内斯

圣伊内斯

大平洋

0 25 50 75 千米
0 25 50 英里

北

圣巴巴拉

俄勒冈州

俄勒冈州的大部分葡萄庄园都坐落在威拉米特谷北部。20 世纪 60 年代，这里开始栽种勃艮第葡萄（皮诺葡萄、霞多丽葡萄）。该产区发展缓慢，拥有的多为小型酿酒厂，生产标准严格（俄勒冈州要求单一品种葡萄酒的主要葡萄含量必须达到 90%）。总而言之，俄勒冈州葡萄酒的特点就是酸涩的果味与微妙、优雅的风味。

黑皮诺酒

作为俄勒冈州最重要的葡萄酒，这里的黑皮诺酒与相邻的加利福尼亚州出产的黑皮诺酒截然不同，往往酒体更加轻盈，红色水果的酸味更加浓郁，并伴有甜胡椒及森林地被物般的泥土气息。邓迪山脉周围的子产区是出产黑皮诺酒的中心。

 樱桃、石榴、盆栽土、香草、甜胡椒

灰皮诺酒

虽然灰皮诺葡萄在俄勒冈州的栽种面积位居第二，但可能是最受低估的品种。俄勒冈灰皮诺酒浓郁得惊人，还带有一些烟熏口感与白桃、柠檬风味，它可以和德国与新西兰的灰皮诺酒相媲美。

 白桃、柠檬、金银花、青柠皮、丁香

霞多丽酒

霞多丽酒在俄勒冈州以外的地方实属罕见，却仍凭借其与勃艮第白葡萄酒的相似度赢得了国际上的关注。较为凉爽的气候赋予了俄勒冈霞多丽酒轻盈得多的酒体与较为清淡的果味，以及更多的矿物气息和更高的酸度。

 黄苹果、柠檬、柠檬脯、黄油吐司、酸奶油

雷司令酒

俄勒冈州的雷司令葡萄并不多，实在是令人遗憾，因为若是酿造得当，俄勒冈雷司令酒在口感与风味上都与德国普法尔茨的雷司令酒颇为相似。几家酿酒厂正在试验酿造风味更干的雷司令，以期获得巨大的成功。

杏干、青苹果、青柠皮、蜂巢、石油

赤霞珠酒

俄勒冈州东部、南部与威拉米特谷大相径庭，气候更加温暖、干燥，阳光也更加充足。因此，赤霞珠、品丽珠与西拉之类的品种变得越来越受欢迎。

 黑加仑、黑樱桃、青胡椒粒、香草、烟叶

丹魄酒

虽然丹魄葡萄在俄勒冈州罕有栽培，但它却在该州南部展现出了一定的种植潜力。那里的气候似乎与上里奥哈惊人相似，能够出产带有樱桃、皮革与莳萝风味的优雅葡萄酒。

黑樱桃、黑莓、皮革、莳萝、甜烟草、石墨

西雅图

奥林匹亚

亚基马

斯内克河

里奇兰

沃拉沃拉

石头区

沃拉沃拉

彭德尔顿

阿斯托里亚

切哈姆山

里本岭

温哥华

波特兰

哥伦比亚峡谷

哥伦比亚河

拉格兰德

蒂拉穆克

邓迪

邓迪山

亚姆希尔-卡尔顿

麦克明维尔

厄拉-阿米蒂山

塞勒姆

哥伦比亚山谷产区

▶ 赤霞珠
▷ 灰皮诺
▶ 西拉

约翰迪河

科瓦利斯

奥尔巴尼

约翰迪

尤金

安大略

威拉米特谷产区

▶ 黑皮诺
▷ 灰皮诺
▷ 霞多丽
▷ 雷司令

威拉米特河

埃尔克顿

库斯贝

雷德丘陵道格拉斯县

乌姆普夸山谷

罗斯堡

斯内克河谷产区

▶ 赤霞珠
▶ 美乐

俄勒冈南部产区

▶ 黑皮诺
▷ 灰皮诺
▶ 赤霞珠
▶ 西拉
▶ 丹魄

罗格河

罗格山谷

克拉马斯河

格兰茨帕斯

梅德福

阿什兰

阿普尔盖特谷

克雷森特城

特里尼蒂河

萨克拉门托河

皮特河

尤里卡

0   60   120 千米

0   60 英里

北

华盛顿州

许多人认为华盛顿州是个多雨的地方。然而，喀斯喀特山挡住了云的东移，使得华盛顿州其他地方阳光充足、气候干燥（某些地方干燥得如同戈壁沙漠！）。许多葡萄庄园都坐落在哥伦比亚山谷的法定产区之内，出产的粗犷红葡萄酒以质量上乘却物美价廉而著称。

赤霞珠酒

作为华盛顿州种植最广泛的品种，赤霞珠葡萄在较为炎热的地方长势最佳，其中产自霍斯黑文山、雷德山与沃拉沃拉的葡萄就是很好的范例。这些地方的赤霞珠酒以浓郁的覆盆子、黑樱桃与雪松风味著称，还带有酸奶般的乳脂口感。

 黑樱桃、覆盆子、雪茄盒、奶油、薄荷

美乐酒

令华盛顿于 20 世纪 90 年代首次出现在葡萄酒地图上的正是美乐酒。当地极端的日夜气温变换（日间热，夜间冷）被证明格外适合美乐葡萄的生长，使之能够酿造出浓郁的饱满酒体葡萄酒，并赋予其莓果的风味与微妙的薄荷回味。

 黑樱桃、加应子、烘焙香料、紫罗兰、薄荷

波尔多混酿酒

虽然单一品种葡萄酒总是供不应求，但华盛顿最佳的红葡萄酒却还是混酿酒。赤霞珠、美乐、小味儿多、马尔贝克，甚至是西拉之类的葡萄品种都会加入当地的混酿，以增加葡萄酒的酒体、层次与复杂口感。

 黑樱桃、李子、摩卡、烘焙香料、紫罗兰

西拉酒

他们说："西拉就像一道风景。"于是，这种葡萄很快成了华盛顿几大山坡产区的焦点。你会发现它在亚基马、霍斯黑文山及沃拉沃拉产区生长得格外喜人。其中最高品质的西拉酒既带有烟熏味道，又带有浓郁、酸涩的风味。

 李子、黑橄榄、培根油、可可粉、白胡椒

雷司令酒

雷司令酒是在华盛顿州以外流行起来的第一批葡萄酒之一。雷司令葡萄在较为凉爽的区域长势良好，包括纳奇斯高地、古代湖泊和亚基马山谷。越来越多的酿酒商会把这里的雷司令葡萄酿造成近似于阿尔萨斯雷司令酒的干型风味酒。

 柠檬、菜瓜、嘎啦苹果、蜂巢、青柠

长相思酒

哪里有上好的赤霞珠与美乐，哪里就可以期待上好的长相思。酿酒商偶尔会将长相思与赛美蓉进行混酿，并放入橡木桶中陈化，酿造出浓郁顺滑的白葡萄酒，使之更能散发出香蜂叶与龙蒿叶的怡人气息。

 白桃、菜瓜、香蜂叶、龙蒿叶、青草

奥卡诺根山谷
（不列颠哥伦比亚省）　　·····基洛纳

西密卡米恩山谷
（不列颠哥伦比亚省）　　·····彭蒂克顿

温哥华

弗雷泽山谷（不列颠哥伦比亚省）
阿伯茨福德

萨利希海

胡安德富卡海峡

维多利亚

皮吉特湾产区
🍷 玛德琳安吉维
🍷 米勒–图高
🍷 香瓜

埃弗里特

布雷默顿　　西雅图

塔科马

奥林匹亚

森特勒利亚

哥伦比亚山谷产区
🍷 波尔多混酿酒
🍷 霞多丽
🍷 雷司令
🍷 西拉
🍷 长相思
🍷 品丽珠

奇兰湖

斯波坎

韦纳奇

古代湖泊

瓦鲁克坡

纳奇斯高地
亚基马山谷
拉特尔斯内克山
斯奈珀斯山
雷德山
霍斯黑文山

亚基马

里奇兰
肯纳威克
沃拉沃拉
沃拉沃拉

哥伦比亚峡谷

温哥华
波特兰

塞勒姆

大平洋

威拉米特河

约翰迪河

斯内克河

亚基马河

哥伦比亚河

阿斯诺山

0　　50　　100　　150 千米
0　　50　　100 英里
⬆ 北

REFERENCES & SOURCES

参考文献与来源

本部分囊括了一些实用的参考信息，
包括葡萄酒术语、附加资源、补充书目、来源与索引。

葡萄酒术语

♟ 酒精度（ABV）

酒精体积分数的缩写，在葡萄酒标签上以百分比的形式进行标注（例如，13.5% ABV）。

♟ 乙醛（Acetaldehyde）

我们体内产生的一种有毒的有机化合物，是乙醇的代谢产物。酒精中毒的原因所在。

▤ 酸化（Acidification）

在温暖、炎热气候条件下的产区常见的一种葡萄酒添加处理过程，通过添加酒石酸与柠檬酸来增加酸度。加酸在凉爽气候条件下的产区不太常见，而是多见于气候炎热的美国、澳大利亚和阿根廷。

♟ 氨基酸（Amino Acids）

一种有机化合物，是组成蛋白质的基本单位。红葡萄酒的氨基酸含量为 300~1300 毫克 / 升，其中脯氨酸可多达 85%。

↘ 原产地（Appellation）

用于定义葡萄栽培与酿造地点（及方法）的法定地理区位。

♟ 芳香化合物（Aroma Compounds）

芳香化合物的分子量极低，使其能被带入鼻腔上部。该化合物源自葡萄及发酵过程，通过酒精蒸发的过程进行挥发。

♟ 收敛感（Astringent）

一种干涩的口感。单宁与唾液蛋白结合后引发后者与舌头或嘴部分离，从而导致口中产生砂纸般的粗糙感觉。

↘ 美国葡萄酒产地制度（AVA）

即 American Viticultural Area，美国的法定葡萄种植区。

↘ 生物动力法（Biodynamics）

生物动力法的核心是能量管理系统，由奥地利哲学家鲁道夫·斯坦纳于 20 世纪 20 年代普及开来。这是一种整体的顺势耕作方式，使用自然堆肥，并利用天体（月亮与太阳）的运行周期来为包括收获在内的耕种工作计时。生物动力葡萄酒的认证机构有两家：德米特国际公司（Demeter International）与生物动力葡萄酒组织（Biodyvin）。得到认证的生物动力葡萄酒可能含有至多 100ppm 的亚硫酸盐，但除了严格的种植规则，这种酒的口感与标准葡萄酒没有明显差别。

▤ 白利糖度（Brix，标志为° Bx）

葡萄汁中溶解的蔗糖相对密度比例，用于判断一款酒的潜在酒精度。ABV 数值约为白利糖度数值的 55%~64%。举例而言，27°Bx 的干型葡萄酒精度为 14.9%~17.3%ABV。

▤ 二氧化碳浸渍法（Carbonic Maceration）

在这种酿酒方法中，未经压榨的葡萄会被放置在一只密封大桶中，从上面灌入二氧化碳。无氧环境下酿造出的葡萄酒单宁含量低、颜色浅，伴有多汁水果的风味与强烈的酵母香气。该方法在入门级的博若莱葡萄酒的酿造过程中十分常见。

▤ 加糖（Chaptalization）

常见于气候凉爽产区的一种葡萄酒添加处理方式，在葡萄甜度不够高，酿的酒达不到最低酒精度时，便会加糖。加糖在美国属于不合法手段，但在气候条件凉爽的法国、德国等产区却十分常见。

▤ 澄清 / 下胶（Clarification/Fining）

发酵过程结束后移除蛋白质与死去的酵母细胞的过程。进行下胶时，可以加入两种蛋白质中的一种，例如加入（牛奶）酪蛋白、蛋白或是膨润土、高岭土之类的矿质黏土下胶剂。这些下胶剂会与颗粒结合，将它们从葡萄酒中剥离下来，使酒水变得清澈。

↘ 优系 / 品系（Clone）

和其他农作物很像，酿酒葡萄也有优系 / 品系。例如，登记在册的皮诺葡萄的优系 / 品系就有 1000 多种。

♟ 二乙酰（Diacetyl）

葡萄酒中的一种化合物，口感近似黄油。二乙酰源自橡木桶陈化与乳酸发酵的过程。

♟ 酯类（Esters）

酯类是葡萄酒中的一种芳香化合物，是由酒精与葡萄酒中的酸反应而产生的。

♟ 加强型葡萄酒（Fortified Wine）

通过添加烈酒而获得稳定的葡萄酒，烈酒通常用中性的、清澈的葡萄白兰地。举例而言，波特酒中约含 30% 的烈酒，使得酒精度被提升至 20%ABV。

♟ 甘油（Glycerol）

一种无色无臭、口感发甜的黏性液体，是发酵过程中的副产品。红葡萄酒中的甘油含量为 4~10 克 / 升，贵腐酒为 20+ 克 / 升。人们认为甘油会为葡萄酒增加积极而浓郁的顺滑口感。然而研究显示，酒精与残糖之类的其他性状对口感的影响更大。

♟ 葡萄醪（Grape Must）

新鲜压榨出来的葡萄果汁，其中仍旧含有种子、茎与果皮。

▤ 酒泥（Lees）

发酵后的葡萄酒中残留的非活性酵母颗粒沉淀物。

▤ 苹果酸－乳酸发酵（Malolactic Fermentation）

严格来讲，乳酸发酵并非一种发酵过程，而是被称为"酒类酒球菌"的细菌将一类酸（苹果酸）转化成了另一类酸（乳酸）。苹果酸－乳酸发酵能使葡萄酒的口感更加顺滑绵密。几乎所有的红葡萄酒及一些白葡萄酒，比如霞多丽酒，都会经历苹果酸－乳酸发酵，该过程能够制造出闻起来如同黄油的化合物二乙酰。

♟ 矿物味道（Minerality）

非科学名词，用于形容气味或口感类似岩石或有机物（土壤）的味道。有人认为葡萄酒中的矿物味道源自微量矿物质。近来的研究表明，葡萄酒中大部分的矿物香气都源自发酵过程中产生的含硫化合物。

♟ 自然酒 （Natural Wine）

一个广义术语，用于形容由可持续有机与／或生物动力栽培法生产的葡萄酿造的葡萄酒。这种酒在加工中不使用或少量使用包括二氧化硫（亚硫酸盐）在内的添加剂。因为缺少澄清与下胶，自然发酵葡萄酒通常是混浊的，有些还有可能含有酵母沉淀物。总而言之，自然发酵的葡萄酒易坏、敏感，应该谨慎储藏。

♟ 贵腐 （Noble Rot）

贵腐是灰葡萄孢菌引发的一种真菌感染，常见于湿度高的地区。贵腐出现在红色葡萄与红葡萄酒中会被视为瑕疵，在白葡萄身上却会使其增值，因为贵腐能使葡萄酒带有蜂蜜、姜、橘子酱与甘菊风味。

♟ 美国橡木 （Oak: American）

美国白橡木（白栎）生长在美国东部，主要用于波本威士忌产业。美国橡木因其能为葡萄酒增添椰子、香草、雪松和莳萝的风味著称。由于美国橡木往往木纹较为稀疏，因此也以散发强劲风味而闻名。

♟ 欧洲橡木 （Oak: European）

欧洲橡木（夏栎）主要源自法国与匈牙利。依据生长地的不同，欧洲橡木的木纹密度从中等到细密不等，因其能为葡萄酒增添香草、丁香、甜胡椒与雪松味道而闻名。

♟ 半干型 （Off-Dry）

用于形容微甜型葡萄酒的术语。

♟ 橙酒 （Orange Wine）

该术语形容的是使用葡萄皮、葡萄籽与葡萄汁一同发酵的白葡萄酒，风味与红葡萄酒十分相似。葡萄籽中的木质素会将葡萄酒产自意大利的弗留利 - 威尼斯朱利亚与斯洛文尼亚的波尔达。

♟ 有机酒 （Organics）

有机葡萄酒必须使用有机培育的葡萄酿造，处理过程中使用少量可接受的添加剂。欧盟允许有机葡萄酒使用二氧化硫，美国则不允

许使用。

♟ 氧化／氧化的 （Oxidation/Oxidized）

葡萄酒暴露在氧气中会产生一连串改变化合物的化学反应。其中一个明显变化就是乙醛的增加，这种化合物在白葡萄中的味道近似磕碰后的苹果的味道，在红葡萄酒中则会散发指甲油的气味。氧化反应与还原反应正好相反。

♟ 酸碱度 （pH）

酸碱度使用数字 1~14 来表明物质中的酸度或碱度。1 为酸性，14 为碱性，7 为中性。葡萄酒的平均酸碱范围是 2.5~4.5。酸碱度为 3 的葡萄酒比酸碱度为 4 的酸 10 倍。

♟ 酚类化合物 （Phenols）

葡萄酒中发现的一组化合物，共有上百种，能够影响葡萄酒的味道、颜色及口感。单宁就是一种被称为"多酚"的酚类化合物。

♟ 葡萄根瘤蚜 （Phylloxera）

一种显微镜可见、能够啃噬酿酒葡萄根部、杀死葡萄藤的寄生虫。它于 19 世纪 80 年代首次在欧洲广泛传播，毁坏了全球绝大多数的葡萄庄园，仅有几个沙质土壤的庄园例外（这种寄生虫无法在沙土中快速繁殖）。唯一的解决办法是将酿酒葡萄的藤嫁接到其他葡萄的根上，这些葡萄包括夏葡萄、河岸葡萄、沙地葡萄与冬葡萄（全都属于美洲种群）。迄今为止，仍没有解决葡萄根瘤蚜的方法。

♟ 还原 （Reduction）

当葡萄酒在发酵过程中得不到足够的氧气时，酵母就会将其对氮的需求替换为对氨基酸（在葡萄中可以找到）的需求。这就制造出了闻起来类似臭鸡蛋、大蒜、燃烧过的火柴、腐烂卷心菜的硫化物气味，或者有时会有类似百香果或潮湿燧石的正向特质。还原反应并不是在葡萄酒中加入亚硫酸盐引发的。

♟ 残糖 （Residual Sugar）

葡萄中的糖分在发酵结束后的残留。有些葡萄酒是在全干的情况下完成发酵的，有些在所有糖分转化成酒精、酿造出甜酒之前便停止了发酵。残糖范围从零到 400 克／升，后

者为极甜葡萄酒的残糖量。

♟ 侍酒师 （Sommelier）

法语名词，意指葡萄酒专员。美国高级侍酒师理事会有一个商标术语，将通过四级水平资质考试的侍酒师称为"侍酒大师"。

♟ 亚硫酸盐 （Sulfites）

亚硫酸盐、二氧化硫是防腐剂，要么被添加在葡萄酒中，要么就会在发酵之前被撒在葡萄上。葡萄酒的亚硫酸盐含量范围从 10ppm 到 350ppm——这是美国的法定限度。如果葡萄酒的亚硫酸盐含量超过 10ppm，必须进行标注。

♟ 硫化物 （Sulfur Compounds）

硫化物会影响葡萄酒的香气与口感。含量水平低时，它们能够带来香气，包括矿物般的味道和葡萄柚或热带水果香。含量水平高时，硫化物会被认为是种瑕疵，它们会让葡萄酒散发着熟鸡蛋、大蒜或开水煮白菜的味道。

♟ 风土 （Terroir）

这个术语原本是法语词，用于描述某个特定产区影响葡萄酒口感的气候条件、土壤、朝向（地形）及酿酒方法。

♟ 典型性／特征 （Typicity/Typicality）

一种品尝起来具有某一产区特征或某一风格的葡萄酒。

♟ 香草醛 （Vanillin）

香草豆荚的主要提取物，也能在橡木中找到。

♟ 葡萄酒酿造法 （Vinification）

通过发酵葡萄汁来酿造葡萄酒。

♟ 酒香 （Vinous）

品鉴术语，用于描述一款葡萄酒拥有的刚刚发酵出来的味道。

♟ 挥发性酸 （Volatile Acidity）

含量水平低时，醋酸能够增加风味的多样性，含量水平高时则会让葡萄酒变质。

附加资源

年份表

气候条件的变化的确会影响每个年份的酿酒葡萄的规模与品质。在非常凉爽或极其炎热的气候条件下，葡萄也许无法在收获前达到最佳的成熟度，因而年份的差异在这些地方实属普遍。在品质葡萄酒与可收藏葡萄酒方面，年份的差异也会影响酒的质量。以下是我们常用的年份参考资源：

· bbr.com/vintages
· robertparker.com/resources/vintage-chart
· jancisrobinson.com/learn/vintages
· winespectator.com/vintagecharts

葡萄酒的等级评定

在你知道自己想要什么（假设为门多萨的马尔贝克酒，或是杜罗河岸的丹魄酒），却又不知道该购买哪一瓶时，葡萄酒的等级评定就能派上用场了。最实用的葡萄酒等级评定包括品酒评注与陈化预估。

评论家等级评定网站：
· Wine Enthusiast Magazine（免费）
· Decanter（免费）
· Wine Spectator（付费）
· Wine Advocate（付费）
· James Suckling（付费）
· Vinous（付费）

消费者等级评定网站：
· CellarTracker（捐助）
· Vivino（免费）

延伸阅读

入门读物 / 中级读物

值得一看的入门读物和中级读物（从最易到最难）：
· *The Essential Scratch & Sniff Guide to Becoming a Wine Expert*
· *How to Drink Like a Billionaire*
· *Kevin Zraly's Windows on the World*
· *The Wine Bible*
· *Taste Like a Wine Critic*
· *I Taste Red*

地区餐酒指南

包含酒庄清单、葡萄酒与排名的有序指南。如果你计划去某个地区旅行，想要选择几座酒庄一探究竟，这样的指南就颇有益处。
· *Gambero Rosso's Italian Wine*
· *Platter's South African Wine Guide*
· *Falstaff Ultimate Wine Guide Austria*
· *Halliday Wine Companion (Australia)*
· *Asian Wine Review*

参考书目

葡萄酒专业人士的参考书目：
· *Wine Grapes*
· *Native Wine Grapes of Italy/ Italian Wine Unplugged*
· *Wine Atlas of Germany*
· *The Oxford Companion to Wine*

工艺 / 酿酒书籍

葡萄酒酿造者的必备教科书：
· *Principles and Practices of Winemaking*
· *Understanding Wine Chemistry*
· *Grape Grower's Handbook*

葡萄酒认证

如果你对葡萄酒行业的工作或成为葡萄酒知识教育者颇有兴趣，可以考虑以下课程，获得知识认证：

· **高级侍酒师理事会(Court of Masters Sommeliers)：**非常适合侍酒师、教育者及酒店业从业者。

· **葡萄酒及烈酒教育基金会(Wine and Spirit Education Trust)：**非常适合侍酒师、教育者及酒店业从业者。

· **葡萄酒教育者协会(Society of Wine Educators)：**非常适合教育者、消费者与葡萄酒零售商。

· **国际侍酒师协会(International Sommelier Guild)：**非常适合侍酒师与酒店业专业人士。

· **葡萄酒学者协会(Wine Scholar Guild)：**针对法国、意大利与西班牙的葡萄酒的深度教程。

在线资源

需要有关葡萄酒、葡萄、产区或话题的更多信息？以下是在线寻求答案的几个好地方：
· winefolly.com（免费）
· wine-searcher.com（免费）
· guildsomm.com（免费与付费）
· jancisrobinson.com（免费与付费）

特别鸣谢

若是没有以下各个大学与研究中心的个人与团体提供的唾手可得的免费研究与数据，就不可能有本书的成书：

· 阿德莱德大学（澳大利亚）

· 加利福尼亚大学戴维斯分校（美国）

· 盖森海姆大学（德国）

· Fondazione Edmund Mach基金会

· 葡萄酒协会

· 国际葡萄与葡萄酒组织

· 东南大学（中国南京）

若是没有葡萄酒专业人士的贡献，本书也无法成形。他们自发自主地对葡萄酒进行了分类、组织、研究、提问、调查、评级、批驳、记述与描绘，并对众多和葡萄酒相关的子课题进行了简化。

最后，我们还要感谢：

桑迪·哈马克

布兰登·卡内罗

鲍勃与雪莉

伊恩·考博

玛格丽特·帕克特

弗雷德里克·帕纳约蒂斯

罗伯特·艾维

马泰奥·卢内里

许姆·安德森

杰西斯·鲁宾孙

杰夫·克鲁斯

卡伦·麦克尼尔

马特·斯坦普

索菲娅·佩尔培拉

贾森·怀斯

瑞安·欧帕兹

布赖恩·麦克林蒂克

安娜·法比亚诺

达斯廷·威尔逊

摩根·哈里斯

凯文·兹拉利

布赖恩·奥蒂斯

里克·马丁内斯

雅典娜·柏查尼斯

埃文·戈尔茨坦

考特尼·夸特里尼

拉雅·帕尔

本·安德鲁斯

莉萨·佩罗蒂-布朗

迈卡·许尔塔

德林·普罗克特

资料来源

Anderson, Kym. *Which Winegrape Varieties are Grown Where? A Global Empirical Picture*. Adelaide: University Press. 2013.

Robinson, Jancis, Julia Harding, and Jose F. Vouillamoz. *Wine Grapes: A Complete Guide to 1,368 Vine Varieties, Including Their Origins and Flavors*. New York: Ecco/HarperCollins, 2012. Print.

D'Agata, Ian. *Native Wine Grapes of Italy*. Berkeley: U of California, 2014. Print.

Waterhouse, Andrew Leo, Gavin Lavi Sacks, and David W. Jeffery. *Understanding Wine Chemistry*. Chichester, West Sussex: John Wiley & Sons, 2016. Print.

Fabiano, Ana. *The Wine Region of Rioja*. New York, NY: Sterling Epicure, 2012. Print.

"South Africa Wine Industry Statistics." Wines of South Africa. SAWIS, n.d. Web. 8 Feb. 2018. <wosa.co.za/The-Industry/Statistics/SA-Wine-Industry-Statistics/>.

Dokumentation Österreich Wein 2016 (Gesamtdokument). Vienna: Österreich Wein, 18 Sept. 2017. PDF.

Hennicke, Luis. "Chile Wine Annual Chile Wine Production 2015." Global Agricultural Information Network, 2015, Chile Wine Annual Chile Wine Production 2015.

"Deutscher Wein Statistik (2016/2017)." The German Wine Institute, 2017.

"ÓRGA NOS DE GESTIÓN DE LAS DENOMINACIONES DE ORIGEN PROTEGIDAS VITIVINÍCOLAS." Ministerio De Agricultura y Pesca, Alimentación y Medio Ambiente.

Arapitsas, Panagiotis, Giuseppe Speri, Andrea Angeli, Daniele Perenzoni, and Fulvio Mattivi. "The Influence of Storage on the chemical Age of Red Wines." Metabolomics 10.5 (2014): 816-32. Web.

Ahn, Y., Ahnert, S. E., Bagrow, J. P., Barabási, A., "Flavor network and the principles of food pairing" *Scientific Reports*. 15 Dec. 2011. 20 Oct. 2014. <nature.com/srep/2011/111215/srep00196/full/srep00196.html>.

Klepper, Maurits de. "Food Pairing Theory: A European Fad." *Gastronomica: The Journal of Critical Food Studies*. Vol. 11, No. 4 Winter 2011: 55-58

Hartley, Andy. "The Effect of Ultraviolet Light on Wine Quality." Banbury: WRAP, 2008. PDF.

Villamor, Remedios R., James F. Harbertson, and Carolyn F. Ross. "Influence of Tannin Concentration, Storage Temperature, and Time on Chemical and Sensory Properties of Cabernet Sauvignon and Merlot Wines." *American Journal of Enology and Viticulture* 60.4 (2009): 442-49. Print.

Lipchock, S V., Mennella, J.A., Spielman, A.I., Reed, D.R. "Human Bitter Perception Correlates with Bitter Receptor Messenger RNA Expression in Taste Cells 1,2,3." *American Journal of Clinical Nutrition*. Oct. 2013: 1136–1143.

Shepherd, Gordon M. "Smell Images and the Flavour System in the Human Brain." Nature 444.7117 (2006): 316-21. Web. 13 Sept. 2017.

Pandell, Alexander J. "How Temperature Affects the Aging of Wine" *The Alchemist's Wine Perspective*. 2011. 1 Nov. 2014. <wineperspective.com/STORAGE%20TEMPERATURE%20&%20AGING.htm>

"pH Values of Food Products." *Food Eng*. 34(3): 98-99

"Table 1: World Wine Production by Country: 2013-2015 and % Change 2013/2015" *The Wine Institute*. 2015. 9 February 2018. <wineinstitute.org/files/World_Wine_Production_by_Country_2015.pdf>.

索引

关于两位作者

———

玛德琳·帕克特与她的搭档贾斯汀·海默克于 2011 年共同创立了葡萄酒评论家网站。帕克特是一位认证侍酒师，拥有设计专业背景，开发出了利用信息设计简化葡萄酒知识的方法。海默克则设计出了网站的基础构架，使之成为葡萄酒知识的免费开放性资源。

葡萄酒大师网站的信息图表、文章及视频很快使之成为最受欢迎的葡萄酒博客之一。帕克特与海默克还为包括法国葡萄酒（The Wines of France）与侍酒师协会（The Guild of Sommeliers）在内的专业贸易组织开发过工具。

2015 年，他们发行了自己的第一本书，荣登《纽约时报》最佳畅销书榜，成为亚马逊网 2015 年精选最佳食谱。同年，玛德琳·帕克特还参与了杰森·怀斯的纪录片《葡萄酒进瓶的那些事》（Somm: Into the Bottle）的拍摄。

葡萄酒评论家网站如今能够提供包括葡萄酒地图、海报、品鉴工具及免费学习资源在内的大量教育产品。该网站曾得到《福布斯》《纽约时报》《华尔街日报》及生活骇客网站等媒体的报道，并将继续带领新一代人进入葡萄酒的世界。